国家职业资格培训教材
技能型人才培训用书

机械基础（中级）

第2版

国家职业资格培训教材编审委员会　组编
夏奇兵　主编

机械工业出版社

本书是“国家职业资格培训教材”中的基础课教材之一，是根据《国家职业技能标准》中机械加工、修理等职业对中级工共同的基本知识要求，按照岗位培训需要的原则编写的。

本书的主要内容有：金属切削原理与刀具、机械制造工艺基础知识、机床夹具、液气压传动基础知识、数控机床加工基础知识。本书每章均附有复习思考题，书末附有与之配套的试题库和答案，以便于企业培训、考核鉴定和读者自测自查。

本书既可作为各级职业技能鉴定培训机构、企业培训部门的培训教材，又可作为读者考前复习和自学用书，还可以作为职业技术院校、技工院校的专业课教材。

图书在版编目（CIP）数据

机械基础：中级/夏奇兵主编；国家职业资格培训教材编审委员会组编. —2版. —北京：机械工业出版社，2013.8（2024.9重印）
国家职业资格培训教材. 技能型人才培训用书
ISBN 978-7-111-43568-6

Ⅰ.①机… Ⅱ.①夏…②国… Ⅲ. ①机械学-技术培训-教材 Ⅳ.①TH11

中国版本图书馆CIP数据核字（2013）第178384号

机械工业出版社（北京市百万庄大街22号 邮政编码100037）
策划编辑：马 晋 责任编辑：马 晋 王晓洁 张振勇
版式设计：霍永明 责任校对：张 薇
封面设计：饶 薇 责任印制：张 博
北京中科印刷有限公司印刷
2024年9月第2版第5次印刷
169mm×239mm · 15.75印张 · 304千字
标准书号：ISBN 978-7-111-43568-6
定价：35.00元

电话服务	网络服务
客服电话：010-88361066	机 工 官 网：www.cmpbook.com
010-88379833	机 工 官 博：weibo.com/cmp1952
010-68326294	金 书 网：www.golden-book.com
封底无防伪标均为盗版	机工教育服务网：www.cmpedu.com

国家职业资格培训教材（第2版）

编 审 委 员 会

本书主编　夏奇兵

本书参编　陈新昌　胡雅育　黄　忠　蔡慧萍

第2版序

在“十五”末期，为贯彻落实“全国职业教育工作会议”和“全国再就业会议”精神，加快培养一大批高素质的技能型人才，机械工业出版社精心策划了与原劳动和社会保障部《国家职业标准》配套的《国家职业资格培训教材》。这套教材涵盖41个职业工种，共172种，有十几个省、自治区、直辖市相关行业200多名工程技术人员、教师、技师和高级技师等从事技能培训和鉴定的专家参加编写。教材出版后，以其兼顾岗位培训和鉴定培训需要，理论、技能、题库合一，便于自检自测，受到全国各级培训、鉴定部门和广大技术工人的欢迎，基本满足了培训、鉴定和读者自学的需要，在“十一五”期间为培养技能人才发挥了重要作用，本套教材也因此成为国家职业资格鉴定考证培训及企业员工培训的品牌教材。

2010年，《国家中长期人才发展规划纲要（2010—2020年）》、《国家中长期教育改革和发展规划纲要（2010—2020年）》、《关于加强职业培训促就业的意见》相继颁布和出台，2012年1月，国务院批转了七部委联合制定的《促进就业规划（2011—2015年）》，在这些规划和意见中，都重点阐述了加大职业技能培训力度、加快技能人才培养的重要意义，以及相应的配套政策和措施。为适应这一新形势，同时也鉴于第1版教材所涉及的许多知识、技术、工艺、标准等已发生了变化的实际情况，我们经过深入调研，并在充分听取了广大读者和业界专家意见的基础上，决定对已经出版的《国家职业资格培训教材》进行修订。本次修订，仍以原有的大部分作者为班底，并保持原有的“以技能为主线，理论、技能、题库合一”的编写模式，重点在以下几个方面进行了改进：

1. 新增紧缺职业工种——为满足社会需求，又开发了一批近几年比较紧缺的以及新增的职业工种教材，使本套教材覆盖的职业工种更加广泛。

2. 紧跟国家职业标准——按照最新颁布的《国家职业技能标准》（或《国家职业标准》）规定的工作内容和技能要求重新整合、补充和完善内容，涵盖职业标准中所要求的知识点和技能点。

3. 提炼重点知识技能——在内容的选择上，以“够用”为原则，提炼出应重点掌握的必需专业知识和技能，删减了不必要的理论知识，使内容更加精练。

4. 补充更新技术内容——紧密结合最新技术发展，删除了陈旧过时的内容，补充了新的技术内容。

5. 同步最新技术标准——对原教材中按旧技术标准编写的内容进行更新，所有内容均与最新的技术标准同步。

6. 精选技能鉴定题库——按鉴定要求精选了职业技能鉴定试题，试题贴近教材、贴近国家试题库的考点，更具典型性、代表性、通用性和实用性。

7. 配备免费电子教案——为方便培训教学，我们为本套教材开发配备了配套的电子教案，免费赠送给选用本套教材的机构和教师。

8. 配备操作实景光盘——根据读者需要，部分教材配备了操作实景光盘。

一言概之，经过精心修订，第2版教材在保留了第1版精华的同时，内容更加精练、可靠、实用，针对性更强，更能满足社会需求和读者需要。全套教材既可作为各级职业技能鉴定培训机构、企业培训部门的考前培训教材，又可作为读者考前复习和自测使用的复习用书，也可供职业技能鉴定部门在鉴定命题时参考，还可作为职业技术院校、技工院校、各种短训班的专业课教材。

在本套教材的调研、策划、编写过程中，得到了许多企业、鉴定培训机构有关领导、专家的大力支持和帮助，在此表示衷心的感谢！

虽然我们已经尽了最大努力，但是教材中仍难免存在不足之处，恳请专家和广大读者批评指正。

国家职业资格培训教材第2版编审委员会

第1版序一

当前和今后一个时期，是我国全面建设小康社会、开创中国特色社会主义事业新局面的重要战略机遇期。建设小康社会需要科技创新，离不开技能人才。“全国人才工作会议”、“全国职教工作会议”都强调要把“提高技术工人素质、培养高技能人才”作为重要任务来抓。当今世界，谁掌握了先进的科学技术并拥有大量技术娴熟、手艺高超的技能人才，谁就能生产出高质量的产品，创出自己的名牌；谁就能在激烈的市场竞争中立于不败之地。我国有近一亿技术工人，他们是社会物质财富的直接创造者。技术工人的劳动，是科技成果转化为生产力的关键环节，是经济发展的重要基础。

科学技术是财富，操作技能也是财富，而且是重要的财富。中华全国总工会始终把提高劳动者素质作为一项重要任务，在职工中开展的“当好主力军，建功‘十一五’，和谐奔小康”竞赛中，全国各级工会特别是各级工会职工技协组织注重加强职工技能开发，实施群众性经济技术创新工程，坚持从行业和企业实际出发，广泛开展岗位练兵、技术比赛、技术革新、技术协作等活动，不断提高职工的技术技能和操作水平，涌现出一大批掌握高超技能的能工巧匠。他们以自己的勤劳和智慧，在推动企业技术进步，促进产品更新换代和升级中发挥了积极的作用。

欣闻机械工业出版社配合新的《国家职业标准》为技术工人编写了这套涵盖41个职业的172种“国家职业资格培训教材”。这套教材由全国各地技能培训和考评专家编写，具有权威性和代表性；将理论与技能有机结合，并紧紧围绕《国家职业标准》的知识点和技能鉴定点编写，实用性、针对性强，既有必备的理论和技能知识，又有考核鉴定的理论和技能题库及答案，编排科学，便于培训和检测。

这套教材的出版非常及时，为培养技能型人才做了一件大好事，我相信这套教材一定会为我们培养更多更好的高技能人才做出贡献！

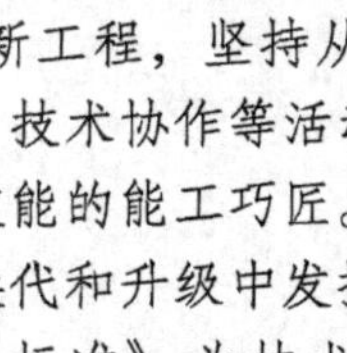

（李永安　中国职工技术协会常务副会长）

第1版序二

为贯彻“全国职业教育工作会议”和“全国再就业会议”精神，全面推进技能振兴计划和高技能人才培养工程，加快培养一大批高素质的技能型人才，我们精心策划了这套与劳动和社会保障部最新颁布的《国家职业标准》配套的《国家职业资格培训教材》。

进入21世纪，我国制造业在世界上所占的比重越来越大，随着我国逐渐成为“世界制造业中心”进程的加快，制造业的主力军——技能人才，尤其是高级技能人才的严重缺乏已成为制约我国制造业快速发展的瓶颈，高级蓝领出现断层的消息屡屡见诸报端。据统计，我国技术工人中高级以上技工只占3.5%，与发达国家40%的比例相去甚远。为此，国务院先后召开了“全国职业教育工作会议”和“全国再就业会议”，提出了“三年50万新技师的培养计划”，强调各地、各行业、各企业、各职业院校等要大力开展职业技术培训，以培训促就业，全面提高技术工人的素质。

技术工人密集的机械行业历来高度重视技术工人的职业技能培训工作，尤其是技术工人培训教材的基础建设工作，并在几十年的实践中积累了丰富的教材建设经验。作为机械行业的专业出版社，机械工业出版社在“七五”、“八五”、“九五”期间，先后组织编写出版了“机械工人技术理论培训教材”149种，“机械工人操作技能培训教材”85种，“机械工人职业技能培训教材”66种，“机械工业技师考评培训教材”22种，以及配套的习题集、试题库和各种辅导性教材约800种，基本满足了机械行业技术工人培训的需要。这些教材以其针对性、实用性强，覆盖面广，层次齐备，成龙配套等特点，受到全国各级培训、鉴定和考工部门和技术工人的欢迎。

2000年以来，我国相继颁布了《中华人民共和国职业分类大典》和新的《国家职业标准》，其中对我国职业技术工人的工种、等级、职业的活动范围、工作内容、技能要求和知识水平等根据实际需要进行了重新界定，将国家职业资格分为5个等级：初级（5级）、中级（4级）、高级（3级）、技师（2级）、高级技师（1级）。为与新的《国家职业标准》配套，更好地满足当前各级职业培训和技术工人考工取证的需要，我们精心策划编写了这套《国家职业资格培训教材》。

这套教材是依据劳动和社会保障部最新颁布的《国家职业标准》编写的，

为满足各级培训考工部门和广大读者的需要，这次共编写了41个职业的172种教材。在职业选择上，除机电行业通用职业外，还选择了建筑、汽车、家电等其他相近行业的热门职业。每个职业按《国家职业标准》规定的工作内容和技能要求编写初级、中级、高级、技师（含高级技师）四本教材，各等级合理衔接、步步提升，为高技能人才培养搭建了科学的阶梯型培训架构。为满足实际培训的需要，对多工种共同需求的基础知识我们还分别编写了《机械制图》、《机械基础》、《电工常识》、《电工基础》、《建筑装饰识图》等近20种公共基础教材。

在编写原则上，依据《国家职业标准》又不拘泥于《国家职业标准》是我们这套教材的创新。为满足沿海制造业发达地区对技能人才细分市场的需要，我们对模具、制冷、电梯等社会需求量大又已单独培训和考核的职业，从相应的职业标准中剥离出来单独编写了针对性较强的培训教材。

为满足培训、鉴定、考工和读者自学的需要，在编写时我们考虑了教材的配套性。教材的章首有培训要点、章末配复习思考题，书末有与之配套的试题库和答案，以及便于自检自测的理论和技能模拟试卷，同时还根据需求为20多种教材配制了VCD光盘。

为扩大教材的覆盖面和体现教材的权威性，我们组织了上海、江苏、广东、广西、北京、山东、吉林、河北、四川、内蒙古等地相关行业从事技能培训和考工的200多名专家、工程技术人员、教师、技师和高级技师参加编写。

这套教材在编写过程中力求突出“新”字，做到“知识新、工艺新、技术新、设备新、标准新”；增强实用性，重在教会读者掌握必需的专业知识和技能，是企业培训部门、各级职业技能鉴定培训机构、再就业和农民工培训机构的理想教材，也可作为技工学校、职业高中、各种短训班的专业课教材。

在这套教材的调研、策划、编写过程中，曾经得到广东省职业技能鉴定中心、上海市职业技能鉴定中心、江苏省机械工业联合会、中国第一汽车集团公司以及北京、上海、广东、广西、江苏、山东、河北、内蒙古等地许多企业和技工学校的有关领导、专家、工程技术人员、教师、技师和高级技师的大力支持和帮助，在此谨向为本套教材的策划、编写和出版付出艰辛劳动的全体人员表示衷心的感谢！

教材中难免存在不足之处，诚恳希望从事职业教育的专家和广大读者不吝赐教，批评指正。我们真诚希望与您携手，共同打造职业培训教材的精品。

国家职业资格培训教材编审委员会

前　言

随着市场经济的发展，各行各业对人才的需求也更为迫切。一个企业不但要有高素质的管理人才和科技人才，更要有高素质的一线技术工人。企业有了技术过硬、技艺精湛的操作技能型人才，才能确保产品的加工质量，才能有较高的劳动生产率和较低的物资消耗，使企业获得较好的经济效益。同时，技能人才是支持企业不断推出新产品占领市场，在市场中处于领先地位的重要因素。为了满足各级职业技能鉴定培训机构、企业部门等对机械加工、修理等职业进行机械基础知识培训的需要，我们于2005年编写了《机械基础（中级）》一书。该书自出版以来，得到了广大读者的广泛关注和热情支持，全国各地很多读者纷纷通过电话、信函、电子邮件等形式向我们提出很多宝贵的意见和建议。

但是随着时间的推移，机械加工、修理等技术有了较快发展，新的国家标准和行业技术标准也相继颁布和实施，为了进一步提高技术工人的职业素质，中华人民共和国人力资源和社会保障部针对各职业制定了新的《国家职业技能标准》（2009年修订），为此我们对第1版教材进行了修订。本教材依据新标准中机械加工、修理等职业规定的中级工必须掌握的理论知识，以“实用、够用”为宗旨，按照岗位培训需要编写。在修订过程中，删除了陈旧过时的内容，补充更新了新的技术内容，对旧的国家标准和技术标准进行了更新，并且参照读者提出的意见和建议对相应内容进行了重新编写。

《机械基础（中级）》第2版的主要内容有：金属切削原理与刀具、机械制造工艺基础知识、机床夹具、液气压传动基础知识、数控机床加工基础知识。本书每章均附有复习思考题，书末附有与之配套的试题库和答案，以便于企业培训、考核鉴定和读者自测自查。

本书在编写过程中得到了有关院校领导及行业专家的指导、支持和帮助，在此一并表示衷心的感谢。

由于编者水平有限，书中难免存在错误和不妥之处，欢迎广大读者批评指正。

编　者

目　录

第一章

金属切削原理与刀具

培训学习目标 了解刀具材料的性能及其适用范围，刀具切削部分的几何参数及其合理选择、刀具刃磨的方法；掌握磨削原理及砂轮的选择、切削变形、总切削力、切削热与切削温度、刀具磨损与刀具寿命、断屑等规律。

第一节 刀具材料

一、刀具材料应具备的性能

在金属切削过程中，刀具的切削部分是在较大的总切削力、较高的切削温度和剧烈的摩擦条件下进行工作的。刀具寿命的长短和切削效率的高低，首先取决于刀具材料是否具有良好的切削性能，此外，刀具材料的工艺性能对刀具本身的制造与刃磨质量也有很大的影响。因此，刀具切削部分的材料应满足下列要求：

1. 高硬度

刀具切削部分的硬度，必须高于工件材料的硬度，常温下硬度应达到60HRC以上。某些难以加工的材料，对刀具硬度的要求则更高。

2. 高耐磨性

耐磨性表示刀具材料抵抗磨损的能力，通常硬度越高的材料其耐磨性也越好。

3. 足够的强度和韧性

刀具材料应具备足够的强度和韧性，才能保证刀具在正常切削过程中能够承受总切削力、冲击和振动，才能防止刀具发生崩刃或脆性断裂。一般用抗弯强度和冲击韧度来衡量它们的好坏。

4. 高的耐热性

耐热性是指刀具材料在高温下保持切削性能的能力，它是刀具材料的主要性能指标，一般用温度来表示。

5. 良好的工艺性

为了便于刀具的制造，要求刀具具有良好的可加工性和热处理性。可加工性主要是指切削加工性能和焊接性能。热处理性是指热处理变形小、脱碳层薄和淬透性好等。

此外，还应考虑刀具材料的经济性，否则将难以大量推广使用。

二、刀具材料的种类

1. 碳素工具钢

碳素工具钢是指碳的质量分数为0.65%～1.35%的优质高碳钢。用作刀具的钢号一般是T10A和T12A。常温硬度60～64HRC。当切削刃温度至200～250℃时，其硬度和耐磨性就会迅速下降，从而丧失切削性能。碳素工具钢多用于制造低速手用工具，如锉刀、手用锯条等。

2. 合金工具钢

为了改善碳素工具钢的性能，常在其中加入适量合金元素如锰、铬、钨、硅和钒等，从而形成了合金工具钢。常用钢号有9SiCr、GCr15、CrWMn等。合金工具钢与碳素工具钢相比，其热处理后的硬度接近，而耐磨性和耐热性略高，热处理性也较好。但与高速钢相比，合金工具钢的切削速度、使用寿命又远不如高速钢，使其应用受到很大的限制。因此，合金工具钢一般仅用于取代碳素工具钢，做一些低速、手动刀具，如手用丝锥、手用铰刀、圆板牙等。

3. 高速钢

高速钢是一种含钨、钼、铬、钒等合金元素较多的高合金工具钢。高速钢主要优点是具有高的硬度、强度和耐磨性，且耐热性和淬透性良好，其允许的切削速度是碳素工具钢和合金工具钢的两倍以上。高速钢是一种综合性能好、应用范围较广的刀具材料，常用来制造结构复杂的刀具，如成形车刀、铣刀、钻头、铰刀、拉刀、齿轮刀具等。

高速钢按其用途和性能不同，可分通用型高速钢和高生产率高速钢；按其化学成分不同，又可分为钨系高速钢和钨钼系高速钢。高速钢的力学性能及主要用途见表1-1。

（1）通用型高速钢　是指加工一般金属材料用的高速钢。常用钢号有W18Cr4V、W6Mo5Cr4V2。

表 1-1　高速钢的力学性能及主要用途

类型	牌　号	硬度 HRC	抗弯强度/MPa	冲击韧度/(MJ/m^2)	600℃时高温硬度 HRC	主要用途
通用型高速钢	W18Cr4V	63～66	3430	0.18～0.32	48.5	现在应用较少
	W6Mo5Cr4V2	63～66	4500～4700	0.3～0.4	47～48	广泛应用
	W6Mo5Cr4V3	65～67	3200	0.25	51.7	耐磨性好、形状简单的刀具
高生产率高速钢	W6Mo5Cr4V2Co8	66～68	3000	0.3	54	成形铣刀、切齿刀具等复杂刀具
	W6Mo5Cr4V2Al	67～69	3430～3730	0.23～0.3	55	切齿刀具、螺纹刀具、拉刀、成形铣刀
	W2Mo9Cr4VCo8	67～70	2650～3730	0.23～0.3	55	成形铣刀、拉刀、螺纹刀具等

1）W18Cr4V 属钨系高速钢，它具有性能稳定、刃磨及热处理工艺控制方便等优点，但因钨价较贵、且使用寿命短，故使用较少。

2）W6Mo5Cr4V2 属钨钼系高速钢，它的碳化物分布均匀，抗弯强度、冲击韧度和高温塑性都比 W18Cr4V 好，但磨削工艺略差。因其使用寿命长、价格低，故被广泛使用。

（2）高生产率高速钢　是在通用型高速钢中再加入一些合金元素，以进一步提高它的耐热性和耐磨性，其切削速度可达 50～100m/min。主要用于不锈钢、耐热钢、高强度钢等难加工材料的切削加工。有高钒高速钢和超硬高速钢等。

1）高钒高速钢（W12Cr4V4Mo）由于钒、碳含量的增加而提高了其耐磨性，刀具寿命比通用型高速钢延长 2～4 倍，但是随着钒含量的提高使其磨削性能变差，故应用较少。

2）超硬高速钢是为了加工一些难于加工的材料而发展起来的。其常温硬度、高温硬度、耐热性和耐磨性都比通用型高速钢高，具有良好的综合性能，可以加工高温合金、钛合金、难熔合金、超高强度等难以加工的材料。

钴高速钢（如：W2Mo9Cr4VCo8）是一种综合性能较好的超硬高速钢，在国外使用较广，但因我国钴资源缺乏，价格昂贵，故使用不多。铝高速钢（如：W6Mo5Cr4V2Al）是我国在钨钼系高速钢（W6Mo5Cr4V2）的基础上研制的一种新型高速钢，其性能已接近钴高速钢，但价格却低得多。铝高速钢的淬火温度较窄，氧化脱碳倾向较严重，因此在使用时需严格控制其热处理工艺。

（3）粉末冶金高速钢　粉末冶金高速钢是用高压氩气或纯氮气雾化熔融的高速钢水，得到高速钢粉末，然后在高温高压下，将粉末压制成致密的钢坯，最后再轧制（或锻造）成材。

粉末冶金高速钢颗粒细小，有良好的各向同性的力学性能，热处理变形小，磨削加工性也显著改善。可用于切削难加工材料，适于制造各种形状复杂的高性能刀具、精密刀具和断续切削的刀具。但因粉末冶金高速钢的冶炼成本高，价格较贵，所以在国内应用较少。

4. 硬质合金

硬质合金是用粉末冶金方法制造的合金材料，它是由高硬度、高熔点和金属碳化物（WC、TiC 等）粉末用钴等金属粘结剂在高温下烧结而成。

硬质合金的硬度较高，常温下可达 89～93HRA，耐磨性和耐热性均高于工具钢，在 800～1000℃时仍能进行正常切削，其切削速度是高速钢的几倍，刀具寿命也提高了几十倍，并能加工高速钢刀具难以切削加工的材料，因此被广泛应用。但是它存在抗弯强度和冲击韧度比高速钢低，刃口不能磨得像高速钢刀具那样锋利等不足之处。

国际标准化组织对切削刀具用的硬质合金制订了国际标准（ISO）分类，将其分成 K、P、M 三大类。

（1）K 类硬质合金（WC-Co） 这类硬质合金的成分包括质量分数为 90%～97% 的 WC 和 3%～10% 的 Co，个别牌号中含质量分数约为 2% 的稀有金属 TaC（NbC）。其硬度一般为 74～80HRC，抗弯强度为 1.0～1.5GPa，耐热温度为 800～900℃。由于其韧性、磨削性能和导热性较好，主要用于加工脆性材料（如铸铁）、有色金属及其合金等。

国内常用牌号有 YG3、YG6、YG6X、YG8 和 YG8C[⊖]。牌号中 Y 表示硬质合金，G 表示钴，G 后面的数字表示钴的质量分数的百分数。合金中钴的质量分数越高，韧性越好，适用于粗加工；反之，当切削较平稳，要求硬度和耐磨性较高时，应选用钴含量较低的牌号。牌号中 X 表示细晶粒，因此，YG6X 要比 YG6 硬度高、耐磨性好，但抗弯强度略有降低。此外，由于 K 类硬质合金与钢发生粘结的温度较低，所以不宜用于切削钢材料。

（2）P 类硬质合金（WC-TiC-Co） 这类硬质合金的成分包括质量分数为 5%～40% 的 TiC，其余为 WC 和 Co。由于含 TiC 后，提高了与钢的粘结温度及防扩散性能，并使其耐磨性提高，但抗弯强度、磨削性能和导热系数下降，其低温脆性较大。因此，P 类硬质合金不适宜加工脆性材料，而适用于高速切削一般钢材。

国内常用牌号有 YT5、YT14、YT15 和 YT30。牌号中的 Y 表示硬质合金，T 表示 TiC，T 后面质量分数越高的牌号其硬度和耐磨性就越高，而抗弯强度和导热系数则越低，故适用于精加工；反之，当碳化钛含量少，钴含量多时，其强度和韧性也就越高，故适用于粗加工。

⊖ 虽然新的国际标准分类将硬质合金分为 K、P、M 三大类，但国内绝大部分仍使用旧标准。

当加工含钛的不锈钢和钛合金时，不宜选用 P 类硬质合金，这是因为 P 类硬质合金与加工材料中钛元素之间的化学惰性较大，会发生严重的粘结现象，加剧刀具磨损。

（3）M 类硬质合金（WC-TiC-TaC(NbC)-Co） 这类硬质合金的成分包括质量分数为5% ~10% 的 TiC 和 TaC（NbC），其余为 WC 和 Co。由于加入一定数量的稀有金属 TaC（NbC），能使硬质合金的晶粒细化，从而提高了抗弯强度、疲劳强度和冲击韧度，也提高了耐磨性、高温硬度和抗氧化能力。总之，这类合金具有较好的综合切削性能，适用于加工铸铁和有色金属，也可加工钢，故有“通用合金”之称。但由于价格较贵，主要用于切削难加工材料。国内常用牌号有 YW1 和 YW2 等。

常用硬质合金牌号及其应用场合见表 1-2。

表 1-2 常用硬质合金牌号及其应用场合

类别号	组别号	国内常用牌号	性能比较		用 途
K	K01	YG3	↑硬度、耐磨性、韧性、进给量↑	↓抗弯强度、韧性、进给量↓	铸铁、有色金属及其合金的精加工、半精加工。要求无冲击
	K10	YG6X			铸铁、冷硬铸铁高温合金的精加工和半精加工
	K20	YG6			铸铁、有色金属及其合金的半精加工、粗加工
	K30	YG8			铸铁、有色金属及其合金的粗加工、也可用于断续切削
P	P01	YT30			碳素钢、合金钢的精加工
	P10	YT15			碳素钢、合金钢连续切削时粗加工、半精加工、精加工，也可用于断续时精加工
	P20	YT14			
	P30	YT5			碳素钢、合金钢的粗加工。可用于断续切削
M	M10	YW1			不锈钢、高强度钢与铸铁的半精加工与精加工
	M20	YW2			不锈钢、高强度钢与铸铁的粗加工与半精加工

（4）TiC、TiN 基硬质合金（金属陶瓷） 以 TiC、TiN、TiCN 为基本成分，镍、钼作粘结剂，相当于 ISO 的 P 类硬质合金。国内常用牌号有 YN05、YN10 等，硬度高于 WC 基硬质合金，为 90 ~93HRA，有较好的耐磨性，化学稳定性好，抗粘结、抗氧化能力强，摩擦因数较小，耐磨性高，但冲击韧度较差。主要用于合金钢、淬硬钢的精加工和半精加工。

（5）超细晶粒硬质合金 普通硬质合金的 WC 粒度为几个微米，若用细化晶粒的方法使晶粒达到 0.2 ~1μm（大部分在 0.5μm 以下）便成为超细晶粒硬质合金。由于其硬质相和粘结剂高度分散，所以提高了硬度和耐磨性，同时也增加了强度和韧性。由于晶粒细，可磨出锋利的切削刃，因此具有良好的切削性能。适用于不锈钢、钛合金等难加工材料的断续加工，并允许选用较低的速度进行切削加工。

5. 超硬刀具材料及其他刀具材料

超硬刀具材料主要是指金刚石、立方氮化硼和陶瓷。

（1）金刚石　金刚石是自然界中最硬的材料，其硬度可达10000HV。天然金刚石价格昂贵，很少使用。人造金刚石以石墨为原料经高温烧结而成，主要用于高速精细车削、镗削有色金属及其合金和非金属材料。切削铜合金或铝合金时切削速度可达800～3800m/min。由于金刚石刀具具有较高的耐磨性，加工尺寸稳定，且使用寿命长，所以常应用在数控机床、组合机床和自动机床上，加工后表面粗糙度值可达 $Ra0.1 \sim 0.025\mu m$。金刚石刀强度低、脆性大、对振动敏感，只能微量切削；与铁有较强的化学亲合力，故不适合加工钢铁材料。

（2）立方氮化硼　立方氮化硼是用高温高压的方法制成的，它的优点是化学稳定性好，切削温度在1000℃以上不会氧化，因此在高速切削淬硬钢、冷硬铸铁时，刀具的粘结、扩散磨损较小。同时其耐热性比金刚石好，摩擦因数小，硬度和耐热性仅次于金刚石。立方氮化硼具有良好的切削性能和磨削工艺性，能用一般金刚石砂轮磨削。

立方氮化硼刀具一般是采用硬质合金为基体的复合立方氮化硼双层刀片，主要用于加工高硬度（64～70HRC）的淬硬钢和冷硬铸铁、高温合金等难加工材料。

（3）陶瓷　陶瓷的主要成分是氧化铝（Al_2O_3），其硬度、耐热性和耐磨性均比硬质合金高，允许的切削速度比硬质合金高20%～25%。在切削时，摩擦因数小，切削时不粘刀，不容易产生积屑瘤，能获得较小的表面粗糙度值且尺寸稳定。其缺点是脆性大，切削时易崩刃，因此，在使用范围上受到很大的限制。目前我国研制的金属陶瓷材料，主要用于切削硬度为45～55HRC的工具钢和淬火钢。

第二节　刀具的几何参数及其合理选择

一、刀具的几何参数

在保证加工质量和刀具使用寿命的前提下，能够满足提高生产效率，降低成本的刀具几何参数，称为刀具的合理几何参数。具体包括以下内容：

1. 切削刃的形式

有直线刃、折线刃、圆弧刃、月牙弧刃、波形刃等，如图1-1所示。

2. 刀面形式

（1）前面形式　常用的前面形式如图1-2所示。

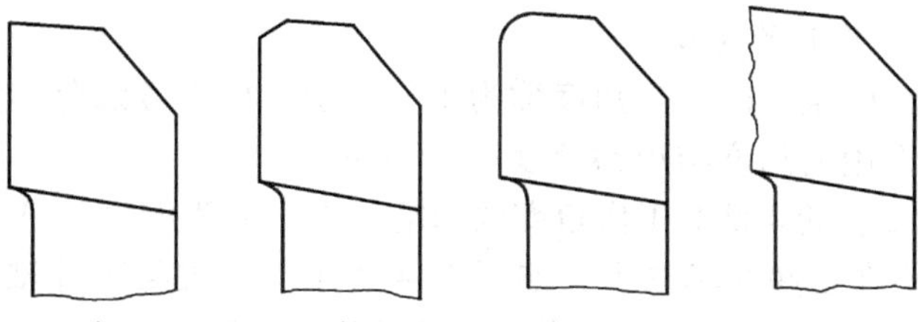

a)　　b)　　c)　　d)

图 1-1　切削刃的形式

a）直线刃　b）折线刃　c）圆弧刃　d）月牙弧刃

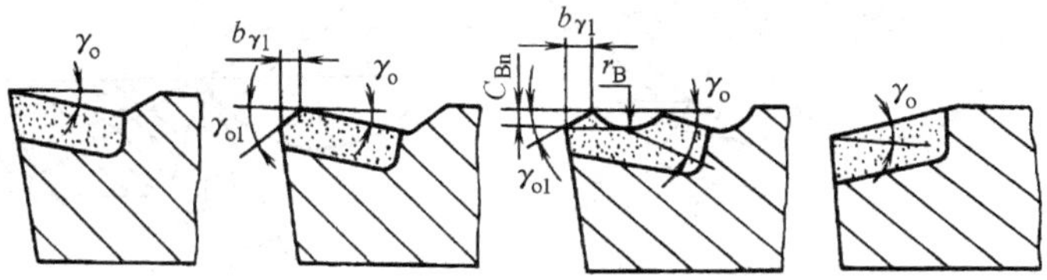

a)　　b)　　c)　　d)

图 1-2　前面形式

1）正前角平面型（图 1-2a）。其特点是结构简单、切削刃锐利，但强度低、传热能力差。多用于切削脆性材料或用于精加工刀具、成形刀具和多刃刀具。

2）正前角平面带倒棱型（图 1-2b），是沿切削刃磨出很窄的棱边，称为负倒棱。它可以提高切削刃的强度和增大传热能力。多用于粗加工铸铁或连续切削。一般倒棱参数选取 $b_{\gamma1}=(0.5\sim1.0)f$，$\gamma_{o1}=-10^\circ\sim-5^\circ$（式中 f 为进给量）。

3）正前角曲面带倒棱型（图 1-2c），是在平面带倒棱的前面上又磨出一个曲面，称卷屑槽。在粗加工和半精加工时采用较多。

4）负前角型（图 1-2d）。在切削高强度、高硬度材料时，为使脆性较大的硬质合金刀片承受一定的冲击力，而采用负前角。

（2）后面形式　在一些特殊情况下，如铰刀、拉刀等定尺寸刀具，为了保证刀具直径，常采用后角 $\alpha_{o1}=0^\circ$，$b_{\alpha1}=0.2\sim0.8$mm 的刃带（图 1-3a）。在切削刚性差的工件时，采用刃带 $b_{\alpha1}=0.1\sim0.3$mm，$\alpha_{o1}=-20^\circ\sim-5^\circ$的消振棱，以增加阻尼，防止或减小振动（图 1-3b）。

3. *刀具的几何角度*

刀具由六个基本角度组成：前角 γ_o、后角 α_o、主偏角 κ_r、副偏

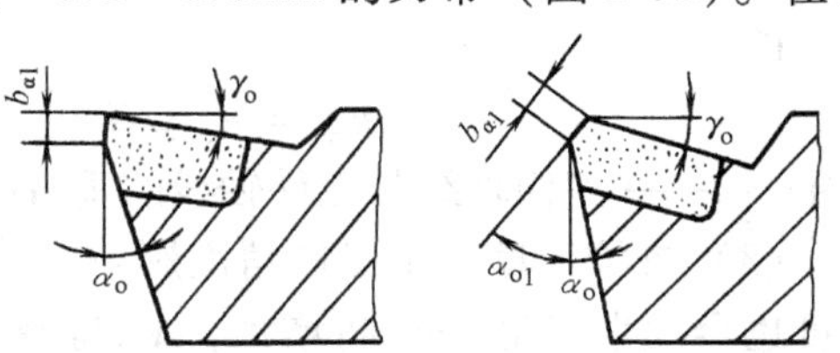

a)　　b)

图 1-3　后面形式

角 κ_r'、副后角 α_o'及刃倾角 λ_s。

4. *刀具在工作时的角度*

工作参考系中定义的刀具角度称为工作角度。如果考虑合成运动和实际安装情况，实际起作用的角度与刃磨角度往往不同。

（1）刀具安装的高低对工作角度的影响　以车刀为例（外圆车刀或切断刀），当装刀时刀尖不在工件的轴线上，如图 1-4 所示，刀尖与工件轴线相差为 h，此时，通过切削刃的切削平面，基面将发生变化，所以刀具角度也随着发生变化。

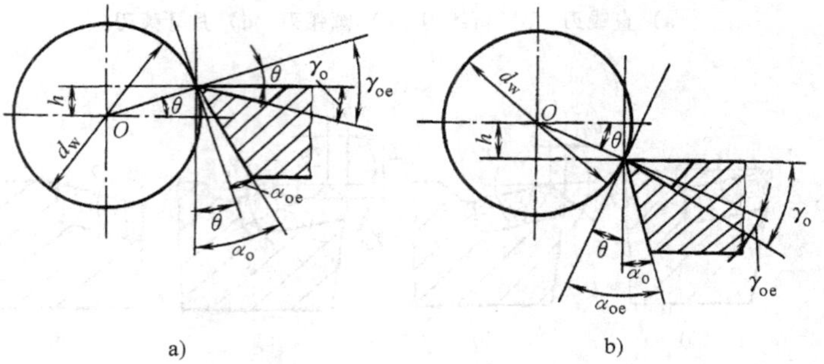

图 1-4　切断刀安装高、低对 γ_o、α_o 的影响

切削刃高于轴线中心 $\gamma_{oe}=\gamma_o+\theta$

$\alpha_{oe}=\alpha_o-\theta$

切削刃低于轴线中心 $\gamma_{oe}=\gamma_o-\theta$

$\alpha_{oe}=\alpha_o+\theta$

如加工孔时，刀具角度的变化正好同上述相反。

（2）刀柄中心线与进给方向不垂直时对工作角度的影响　在图 1-5 中，由于刀具中心线与工件轴线不垂直引起 κ_r 与 κ_r'的变化。

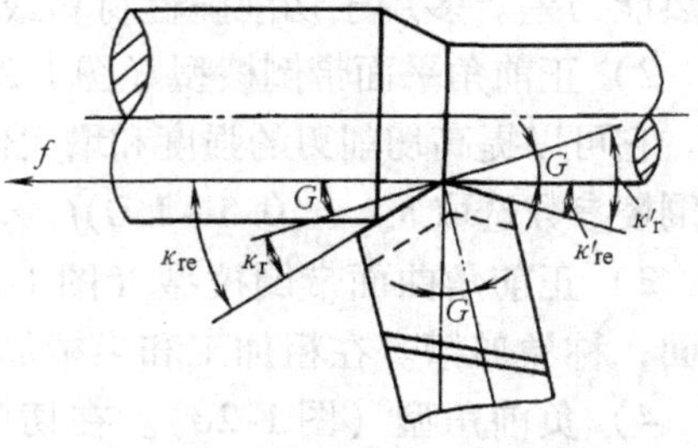

图 1-5　刀柄轴线与工件轴线不垂直对工作角度的影响

即

$$\kappa_{re}=\kappa_r\pm G \qquad \kappa_{re}'=\kappa_r'\mp G$$

式中　G——刀柄轴线与工件轴线的垂直线之间夹角（°）。

（3）进给运动对于工作角度影响　当切削时考虑进给运动时，刀具的几何角度也会发生变化，γ_{oe}将增大，α_{oe}将减小。在一般纵车或横车进给量不大时，可忽略不计。但大进给量时要考虑，特别是车削螺纹，尤其是多线螺纹时，γ_{oe}和 α_{oe}变化很大，这时一定要对工作角度进行计算。

二、刀具几何参数的合理选择

1. 前角的选择

（1）前角的大小对切削性能的影响　前角是刀具上最主要的角度之一，它的主要作用有：

1）影响切削变形和总切削力的大小。增大前角，可使刃口锐利，从而减小切削刃和前面对切削层的挤压，使切削变形减小，因此总切削力和切削温度均减小。

2）影响加工表面质量。增加前角可抑制积屑瘤和鳞刺的产生，并可减轻振动，从而提高加工表面质量。

3）影响刀具使用寿命。前角太大，楔角变小，使切削刃和刀尖强度变弱，散热体积减小，切削温度提高，刀具磨损加剧，使刀具寿命降低；前角太小，总切削力和切削温度增高，也会使刀具寿命降低。

4）影响断屑效果。增大前角，切削变形小，不利于断屑；减小前角，切削变形大，有利于断屑。

（2）前角的合理选择　既要切削刃锐利，又要有一定的强度和一定的散热体积，所以在切削不同材料的工件时的前角也不相同，如图 1-6 所示。当刀具达到最高寿命时的前角，称为合理前角 γ_{opt}。

对于不同的刀具材料，有各自对应的最高寿命的合理前角，如图 1-7 所示，由于硬质合金的抗弯强度较低，冲击韧度低，所以合理前角也就小于高速钢刀具的合理前角。

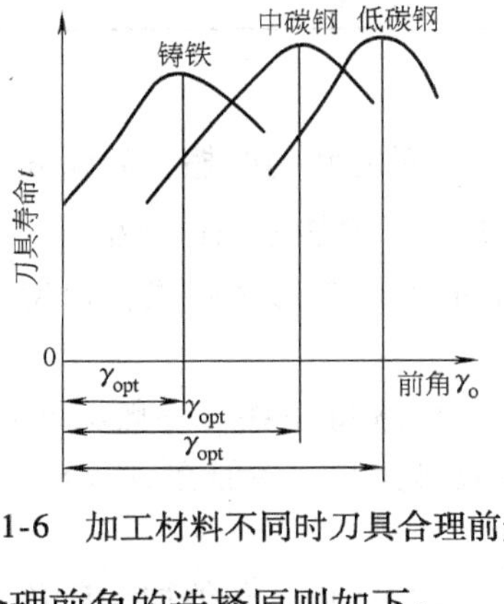

图 1-6　加工材料不同时刀具合理前角

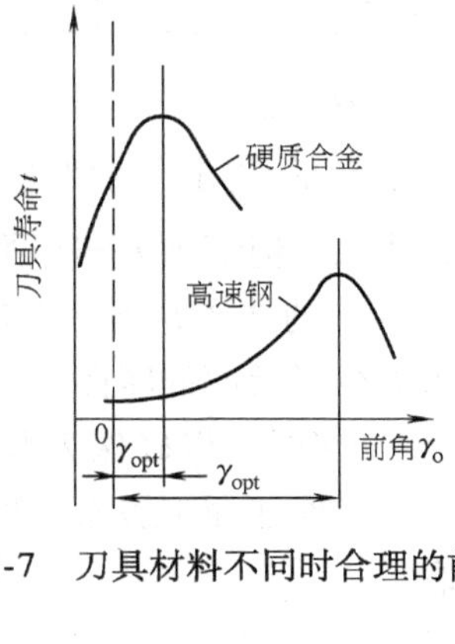

图 1-7　刀具材料不同时合理的前角

合理前角的选择原则如下：

1）当工件材料的强度和硬度低时，可取较大的前角；反之，应取较小的前角。当加工特硬工件（如淬火钢）时，前角甚至可取负值。

2）当加工脆性材料时，可取较小的前角；当加工塑性材料时，应取较大的前角。

3）不同的刀具材料，应选取不同的前角。高速钢刀具的前角一般大于硬质合金刀具的前角。

4）粗加工、断续切削和承受冲击载荷时，为保证切削刃强度，应取较小的前角，甚至负前角。

5）不同用途的刀具，应取不同的前角，如标准铣刀、铰刀等。为了防止切削刃畸变、增加切削刃强度，可选较小前角，为了减小设计、制造、加工的误差通常选用前角为0°。

硬质合金车刀合理前角的参数值见表1-3。

表1-3　硬质合金车刀合理前角 γ_{opt} 参考值

<table>
<tr><th rowspan="2">工件材料</th><th colspan="2">合理前角 γ_{opt}/(°)</th></tr>
<tr><th>粗车</th><th>精车</th></tr>
<tr><td>低碳钢</td><td>20～25</td><td>25～30</td></tr>
<tr><td>中碳钢</td><td rowspan="2">10～15</td><td rowspan="2">15～20</td></tr>
<tr><td>合金钢</td></tr>
<tr><td>淬火钢</td><td colspan="2">−15～−5</td></tr>
<tr><td>不锈钢(奥氏体)</td><td>15～20</td><td>20～25</td></tr>
<tr><td>灰铸铁</td><td rowspan="2">10～15</td><td rowspan="3">5～10</td></tr>
<tr><td>铜及铜合金</td></tr>
<tr><td>铝及铝合金</td><td>30～35</td></tr>
<tr><td>钛合金($\sigma\leqslant$1.77MPa)</td><td colspan="2">5～10</td></tr>
</table>

2. 后角的选择

（1）后角的作用　主要是减小后面与加工表面之间的摩擦，后角 α_o 越大，切削刃越锋利，但切削刃和切削部分强度同时减弱，散热体积也减小。

（2）后角的选择原则　应使刀具具有足够的散热能力和强度，保持刀具的锋利性和减少对后面的摩擦。

1）粗加工时，以确保刀具强度为主，后角可取得小些，一般 $\alpha_o=4°\sim6°$；精加工时，以保证加工表面质量为主，后角可取得大些，一般在 $\alpha_o=8°\sim10°$ 范围内选取。

2）当加工高硬度材料时，因前角很小，甚至为负角，必须加大后角，才能保证切削刃的锋利；当加工脆性材料时，总切削力集中在切削刃附近，故宜取较小后角。

3）刀具尺寸精度高（拉刀、铰刀等），应取较小的后角，以增大刀具重磨次数，延长刀具的使用寿命。

4）对于不同的刀具材料，如图 1-8 所示，由实验曲线可见，在最高寿命条件下，硬质合金的后角比高速钢的大。

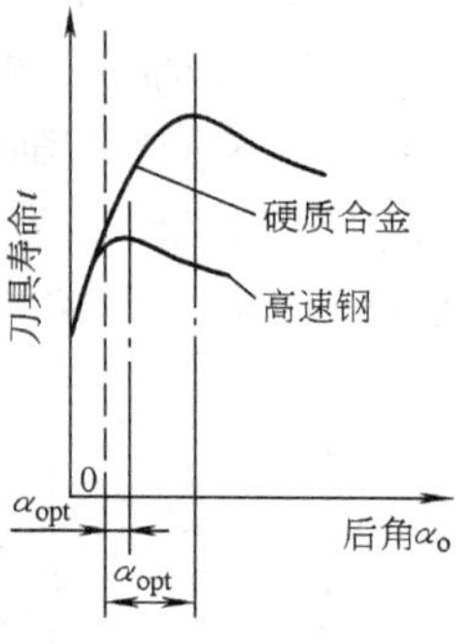

图 1-8　刀具的合理后角

硬质合金刀具合理后角的参考值见表 1-4。

3. 主偏角和副偏角的选择

（1）主偏角和副偏角对切削性能的影响

1）减小主偏角和副偏角，使加工残留面积高度降低，以便减小表面粗糙度值，其中副偏角影响较大。

2）主偏角的变化会改变各切削分力之间的比例。实验表明，主偏角对切削力 F_c 影响较小，对背向力 F_p 和进给力 F_f 影响较大；减小副偏角，则 F_p 增大，F_f 减小；反之，则 F_p 减小，F_f 增大。

表 1-4　硬质合金刀具合理后角 α_{opt} 参考值

工件材料	合理后角 α_{opt}/(°)	
	粗车	精车
低碳钢	8 ~ 10	10 ~ 12
中碳钢	5 ~ 7	6 ~ 8
合金钢	5 ~ 7	6 ~ 8
淬火钢	8 ~ 10	
不锈钢(奥氏体)	6 ~ 8	8 ~ 10
灰铸铁	4 ~ 6	6 ~ 8
铜及铜合金(脆)	6 ~ 8	
铝及铝合金	8 ~ 10	10 ~ 12
钛合金($\sigma \leqslant$1.77MPa)	10 ~ 15	

3）影响断屑效果，增大主偏角，使切削厚度增加，切削宽度减小，切屑容易折断。

（2）主偏角对切削速度的影响　如图 1-9 所示，由实验曲线可知，在保持一定刀具寿命条件下，高速钢刀具的主偏角减小，切削速度可增大。硬质合金刀具的主偏角在 60°处最佳，主偏角太大或太小都会使刀具寿命降低。

1）粗加工、半精加工的硬质合金车刀，一般选择较大的主偏角，以减少振动，延长刀具寿命。

2）加工高强度、高硬度材料时，为了增强刀尖强度，减轻单位切削刃上的负荷，改善散热条件，延长刀具寿命，应取较小的主偏角。

3）车细长轴时，由于工件刚度不足，应取较大的主偏角，以减小背向力和振动。

4）在不影响切削的条件下，取副偏角 $\kappa_r'=5°\sim10°$。

5）精加工时，为了减小表面粗糙度值，应取较小副偏角，同时可磨出一段修光刃，一般 $\kappa_r'=0°$，修光刃的长度为 $(1.2\sim1.5)f$，如图1-10所示。

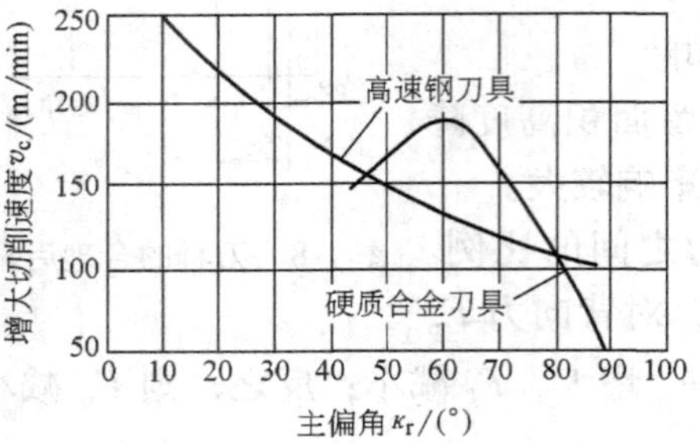

图1-9　主偏角对切削速度的影响

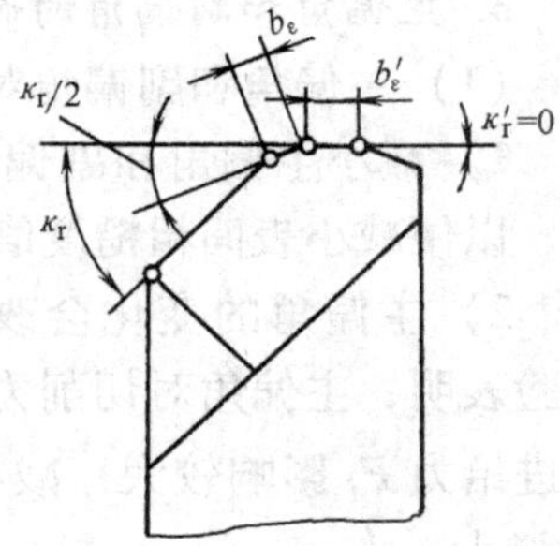

图1-10　车刀的修光刃

6）切断刀、锯片铣刀和槽铣刀等，为了保证切削部分强度和重磨后变化小，只能取很小的副偏角 $\kappa_r'=1°\sim2°$。

4. 刃倾角的选择

（1）刃倾角对切削性能的影响

1）控制切屑的流出方向，如图1-11所示为外圆车刀刃倾角 λ_s 对排屑方向的影响。精车时，刃倾角宜选用正值，使切屑流向待加工表面，防止划伤已加工表面。

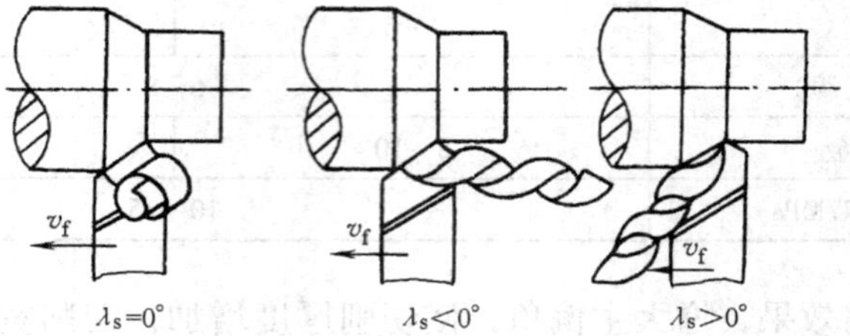

图1-11　刃倾角对排屑方向的影响

2）增大刃倾角的绝对值，可使实际工作前角 γ_{oe} 增大，切削刃变得锋利。

3）负刃倾角使切削部分强度增加，切削时刀尖可避免冲击，散热条件好，可以延长刀具的寿命。

（2）刃倾角的选择　主要考虑加工性质及切削刃受力状况，其参数值见表1-5。

表 1-5　硬质合金车刀刃倾角参考值

工件材料	合理刃倾角 λ_s/（°）	
	粗车	精车
低碳钢	0	0 ~ 5
中碳钢	−5 ~ 0	
铸铁、中碳钢断续切削	−10 ~ −5	
不锈钢	−5 ~ 0	
45 钢淬火（40 ~ 50HRC）	−12 ~ −5	
灰铸铁、青铜、脆黄铜	−5 ~ 0	0
灰铸铁断续切削	−15 ~ −10	0
铝及铝合金、纯铜	5 ~ 10	

第三节　金属切削过程

金属切削过程是指刀具切除工件上一层多余的金属，从形成切屑到已加工表面的全过程。金属切削加工中的各种物理现象，如总切削力、切削热、刀具磨损与刀具使用寿命，卷屑与断屑规律等都与切屑形成过程有着密切关系。因而要提高加工质量、降低成本、提高劳动生产率就必须掌握切削过程的规律。

一、切削变形和切屑形成过程

1. 切削层变形的实质

切削层变形是指切削层在刀具的挤压作用下，经过剧烈的变形后形成切屑脱离工件的过程。它包括切削层沿滑移面的滑移变形和切屑在前面上排出时的滑移变形两个阶段。

在形成切屑的过程中，存在着金属的弹性变形和塑性变形。为了进一步分析切削层变形的特殊规律，通常把切削刃作用部分的金属层划分为三个变形区，如图 1-12 所示。

第Ⅰ变形区从 *OA* 线开始发生塑性变形，到 *OM* 线的剪切滑移基本完成。

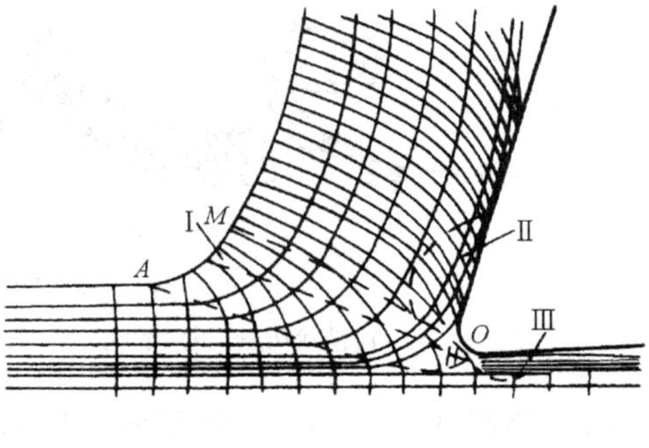

图 1-12　三个变形区

第Ⅱ变形区，即与前面相接触的附近区域，切屑沿前面排出时进一步受到前面的挤压和摩擦，切屑进一步发生变形。

第Ⅲ变形区是已加工表面靠近切削刃处的区域。这一区域内的金属表面受到切削刃钝圆部分和后面的挤压、摩擦与回弹，造成纤维化和加工硬化。

2. 切屑形成过程

切屑形成过程如图1-13所示，当切削层金属接近滑移面 *OA* 时将发生弹性变形，进入滑移面 *OA* 后将发生塑性变形。塑性变形的形成是在切削力作用下，金属产生不能恢复原状的滑移，随着滑移量的不断增大，当到 *OM* 面时塑性变形超过金属的极限强度，金属就断裂下来形成切屑。切屑形成后经过第二变形区，其底层因受前面摩擦而发生沿前面方向的滑移，变形比外层更严重。底层长度也大于外层长度，因而发生卷曲，塑性变形越大卷曲也越厉害，最后切屑离开前面，变形结束。

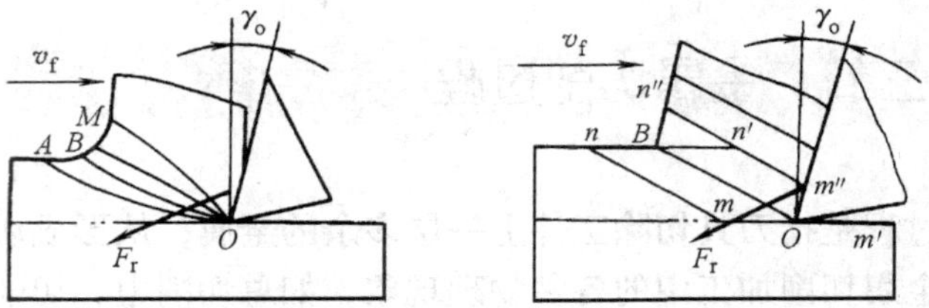

a)　　b)

图 1-13　切屑形成过程

a）金属滑移　b）切屑形成模型

3. 切屑的类型

在切屑的形成过程中由于工件材料和切削条件的不同，形成的切屑形状也就不同，一般切屑的形状有带状切屑、节状切屑、粒状切屑和崩碎切屑四种如图 1-14 所示。

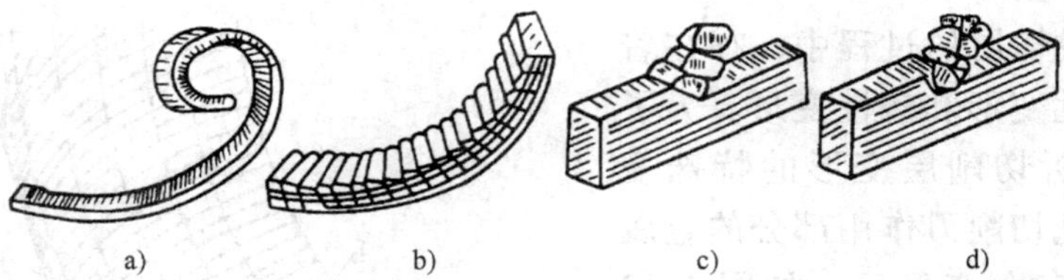

a)　　b)　　c)　　d)

图 1-14　切屑的类型

a）带状切屑　b）节状切屑　c）粒状切屑　d）崩碎切屑

（1）带状切屑　在切削过程中，如果滑移面上的滑移没有达到破裂强度时（即塑性变形不充分），那么就形成连绵不断的带状切屑（图 1-14a）。在切屑靠近前面的一面很光滑，另一面呈毛茸状。当切削塑性较大的金属材料（如碳素钢、合金钢、铜及铜合金、铝及铝合金）或刀具前角较大、切削速度较高时，经常会出现这类切屑。

（2）节状切屑　在切削过程中，如果滑移面上的滑移比较充分，达到材料的破裂强度时，则滑移面上局部材料就会破裂成节状，但与前面接触的一面还相互连接未被折断，称为节状切屑（图 1-14b）。当切削纯铜或高速、较大进给切削钢材时，易得到这类切屑。

（3）粒状切屑　在切削过程中，如果整个滑移面上均超过材料的破裂强度时，则切屑就成为粒状切屑（图 1-14c）。用低速大进给切削弹塑性材料时，会出现这类切屑。

（4）崩碎切屑　在切削铸铁、黄铜等脆性金属材料时，切削层几乎不经过塑性变形阶段就产生崩裂，得到的切屑呈不规则的粒状（图 1-14d）。加工后的工件表面也较为粗糙。

二、积屑瘤

1. 积屑瘤的形成

（1）积屑瘤　当切削塑性金属材料时，在切削速度选择中速条件下，常有一些从切屑和工件上带来的金属“冷焊”在前面上，在切削刃上形成一个楔块，如图 1-15 所示。这块金属的硬度较高（约为工件硬度的 3～4 倍），能够代替切削刃切削，并在前面上形成新的前角，这个楔块就是积屑瘤。

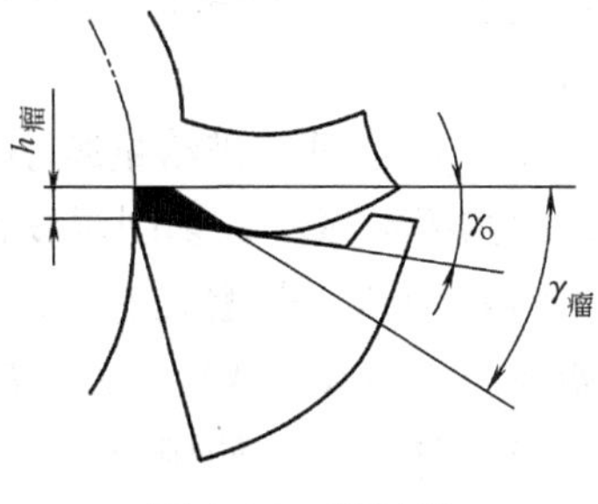

图 1-15　积屑瘤

（2）积屑瘤的形成　在切削过程中，切屑经过第Ⅱ变形区时对刀具的压力很大，产生很大的摩擦力，同时产生很高的温度。在高温、高压和很大的摩擦力作用下，使切屑底层和上层产生相对滑移，底层流速较上层减慢。这层流速较慢的金属，称为滞流层。在刀具与切屑的接触面处其流速接近于零，它与刀具前面发生粘结或冷焊，逐层堆积焊合，最后形成积屑瘤，并改变了前面的几何形状。此后，切屑就沿着积屑瘤的表面流出。

2. 积屑瘤对切削加工的影响

当积屑瘤增大到突出于切削刃之外时，改变了原来的背吃刀量和切削宽度，因此会在已加工表面上划出纵向沟纹。通常积屑瘤是不稳定的，它在外力和振动作用下会发生局部的断裂或剥落。由于积屑瘤不能形成稳定的刀面与切削刃，因此便造成了切削过程中的不稳定性，使切削力时大时小，容易引起振动，并使工件加工表面粗糙度值增大。对于成形刀而言，产生积屑瘤会使切削刃形状发生变化，从而直接影响加工精度。因此，精加工时一定要设法避免积屑瘤的产生。粗加工时虽然工件的尺寸精度与表面质量要求不高，积屑瘤的产生可以增大前角保护刀尖，减小切削力，对切削有一定的好处，但也不希望它产生。尤其对硬质合金刀具，应尽量避免积屑瘤的产生，否则，不仅容易引起振动，而且会加剧刀具的磨损。

3. 积屑瘤形成的主要因素

（1）工件材料　当切削硬度低，塑性金属时，金属变形大，切屑与前面之间的摩擦力和接触长度都较大，容易产生积屑瘤。当切削脆性金属时，切屑一般成崩碎状，积屑瘤产生的可能性较小。

（2）切削速度　如图1-16所示的曲线可知：当切削速度较低$v_c<3$m/min时，切屑流动较慢，摩擦力未超过切屑分子的结合力，不会产生积屑瘤；当切削速度较高$v_c>60$m/min时，切削温度很高，切屑底层金属变软，摩擦因数明显降低，积屑瘤也不会产生；当中等速度v_c约等于20m/min时，切削温度为300℃左右，这时摩擦因数最大，最容易产生积屑瘤。

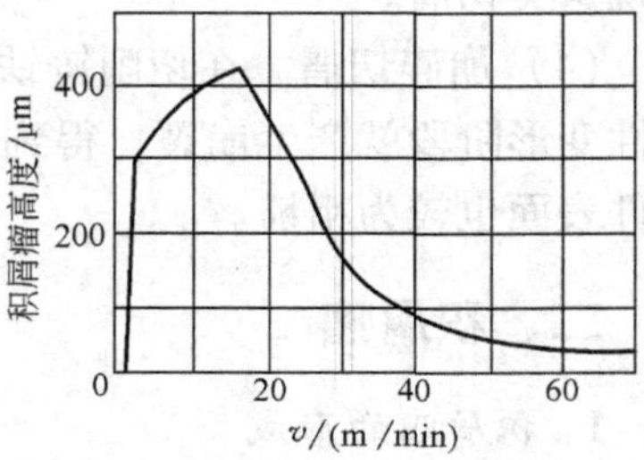

图1-16　切削速度对积屑瘤的影响

（3）进给量　进给量减小，切削厚度变薄，使切屑与前面之间接触长度变短，摩擦因数减小，切削温度低，因此也不容易产生积屑瘤。

（4）前角　若增大前角，则总切削力减小、切削温度下降，切削变形减小。检验证明前角大到40°一般不容易产生积屑瘤。

（5）切削液　使用合适的切削液，并保证充分的流量，也能减小切屑与刀面间的摩擦因数以减小积屑瘤。

三、切屑的形状与控制

在现代切削加工中，控制切屑形状对正常生产和人身安全有着极其重要的意义。特别是在自动生产线上切削加工时，对切屑的形状有严格的控制要求。

1. 切屑的卷曲

切屑的卷曲是由于切屑的内部变形或切屑流出时碰撞在工件或刀具刀面上的障碍物造成的。

切屑在流出过程中，受到前面的挤压和摩擦作用，使切屑内部产生变形，离前面越近的切削层变形越严重，沿前面产生滑移，结果使底层的长度比上层长。

于是切屑一边流动一边向上卷曲，最后脱离前面。一般常在前面上磨制（压制）断（卷）屑槽或装置断屑板，也能加速切屑卷曲。

2. 切屑的形状

根据工件材料、刀具几何参数和切削用量的具体情况，切屑的形状一般有“C”形屑、带状屑、螺旋屑等，如图 1-17 所示。

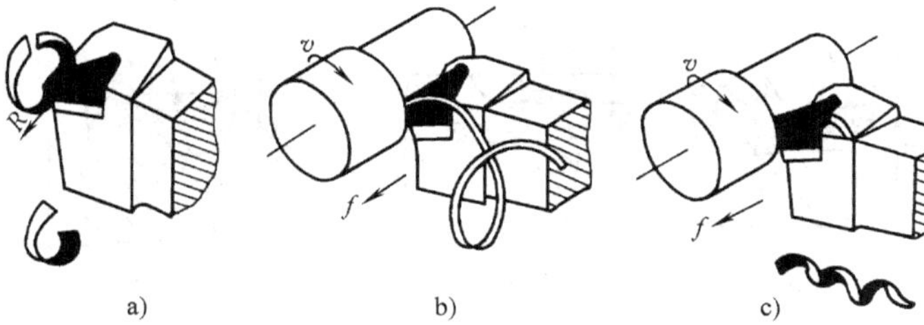

图 1-17　切屑的各种形状

a）“C”形屑　b）带状屑　c）螺旋屑

（1）“C”形屑　采用带卷屑槽的车刀加工一般碳素钢或合金钢时，易形成“C”形切屑（图 1-17a）。这种切屑不会缠绕在工件或刀具上，也不易伤人，是一种比较好的屑形。但是“C”形屑一般是碰撞在车刀后面或工件表面上才折断的，因而会影响切削的平稳性和工件的表面质量。在精加工时，为了保证切削平稳性和工件的表面质量，应防止产生“C”形屑，而希望形成长螺旋屑（图 1-17c）。

（2）带状屑　当高速切削塑性金属材料时，如不采用适当断屑措施，则易形成带状屑（图 1-17b）。带状屑经常会缠绕在工件或刀具上，划伤已加工表面，损坏刀具，甚至伤人，一般情况下，应尽量避免形成带状屑或长螺旋屑。总之，在切削过程中，必须根据具体的加工条件和情况进行具体的分析，正确地控制切屑的形状。

3. 断屑

切屑经过卷曲，致使切屑韧性降低，硬度、强度提高，性能变脆，一旦碰到工件或刀具的后面就折断，从而达到断屑的目的。

（1）影响断屑的因素

1）前角：增大刀具的前角，切削变形减小；减小刀具的前角，切削变形增大。所以采用较小的前角有利于断屑。

2）主偏角：增大刀具的主偏角，会使切削厚度增大，切削变形增大，容易断屑。

3）切削用量：加大进给量，会使切削厚度增大，切屑容易折断；降低切削速度，切削变形增大，也易于断屑。反之则不利于断屑。

为了达到有效断屑的目的，在前面上磨出断屑槽或安置断屑槽的断屑板，迫使切屑流入卷屑槽增加卷曲变形，使得切屑进一步硬化和脆化，达到断屑的目的。

（2）断屑槽的形状 常用断屑槽的形状有直线形、直线圆弧形和全圆弧形三种，如图1-18所示。

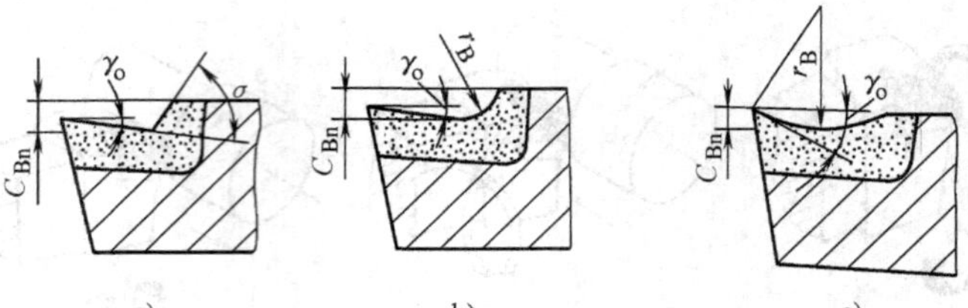

图1-18 断屑槽形状
a）直线形 b）直线圆弧形 c）全圆弧形

直线形断屑槽和直线圆弧形断屑槽适用于加工碳素钢、合金钢和工具钢等。一般取前角 $\gamma_o=5°\sim15°$，断屑槽半径 $r_B=(0.1\sim0.2)C_{Bn}$。

全圆弧形断屑槽适用于切削纯铜、不锈钢等高塑性的材料，将刀具的前角选得大些（$\gamma_o=20°\sim30°$），可以提高切削刃的强度和延长刀具的使用寿命。其断屑槽深度 C_{Bn}、断屑槽半径 r_B 和前角 γ_o 的关系为 $C_{Bn}=r_B(1-\cos\gamma_o)$。

断屑槽深度 C_{Bn} 与进给量 f 及背吃刀量 a_p 有关：进给量大，槽要深；背吃刀量大，槽也要加深。通常切削中碳钢时，$C_{Bn}=(2\sim4)f$，切削合金钢时 $C_{Bn}=(1\sim3)f$。

4. 分屑

对韧性金属材料进行切削时，为了改善切削条件，可将宽的切屑分成狭窄的切屑，以减小切削变形、切削力和切削热，延长刀具寿命，因而可以采用较大的切削用量来提高生产效率。为了达到这一目的，通常在刀具的主切削刃磨出分屑槽。

四、总切削力及其影响

1. 总切削力的来源

切削过程中，刀具切削部分在切削工件时所产生的全部切削力为总切削力。如图1-19所示中 F 与 F' 是分别作用在车刀和工件上的一个切削部分总切削力。

切削时作用在刀具上的力来源于两个方面：一是三个变形区产生的变形抗力；二是前面与切屑和后面与工件之间的摩擦力。

2. 切削分力及其作用

在生产上为了测量和应用方便，常把总切削力 F 分解为相互垂直的三个分力，即：切削力 F_c、背向力 F_p 和进给力 F_f，如图 1-20 所示。

切削力 F_c 是主运动切削速度方向的分力，又称为切向力；背向力 F_p 是横向进给方向的分力，又称径向力；进给力 F_f 是纵向进给方向的分力，又称轴向力。

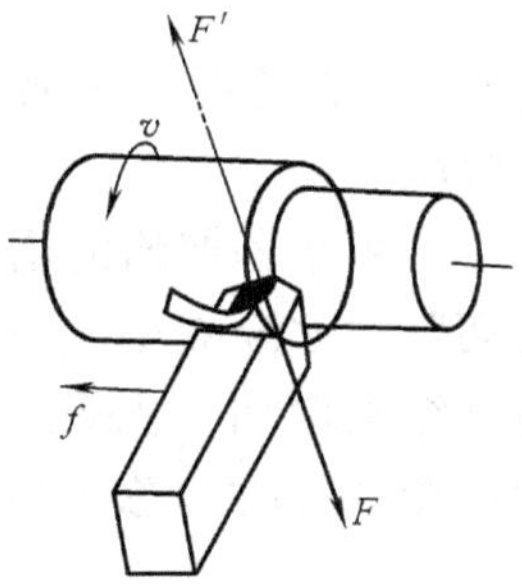

图 1-19　总切削力

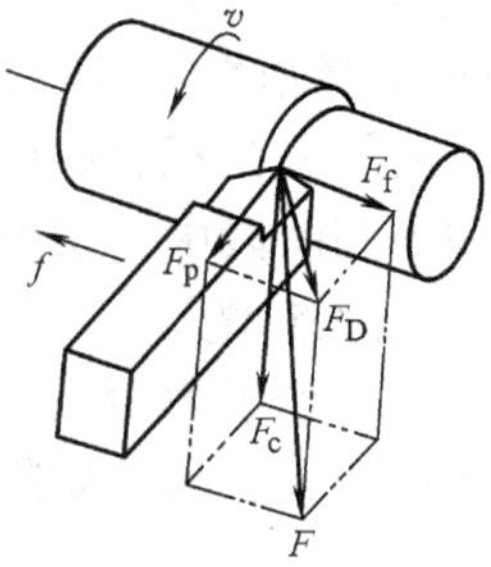

图 1-20　切削力的分解

由图 1-20 可知，总切削力 F 与各分力之间关系为

$$F = \sqrt{F_c{}^2 + F_D{}^2} = \sqrt{F_c{}^2 + F_p{}^2 + F_f{}^2}$$

一般情况下，切削力 F_c 是三个分力中最大的一个分力，它消耗了切削功率的 95% 左右，是设计与使用刀具的主要依据，并且也是验算机床和夹具中主要零部件的强度和刚性以及确定机床电动机功率的主要依据。此外它还是切削加工时选择切削用量应考虑的重要因素。

背向力 F_p 不消耗功率，对工艺系统变形及工件的加工质量将产生一定的影响，特别是在刚度较差的工件加工中影响更显著。

进给力 F_f 消耗总功率约 5% 左右，主要作用于机床进给系统，因此是用来验算机床进给系统中主要零部件强度和刚度的依据。

3. 影响总切削力的主要因素

影响总切削力的因素很多，主要有工件材料、切削用量、刀具几何参数三个方面。

（1）工件材料　对总切削力有很大影响，它是通过材料的硬度、强度、塑性变形、切屑与刀具间的摩擦因数等来影响总切削力的。工件材料的强度和硬度越高，变形抗力越大，则总切削力也越大；工件材料塑性或韧性越高，在切削过程中产生的变形抗力和摩擦力也就越大，故总切削力也越大；切削脆性材料时，由于塑性变形小，崩碎切屑与前面的摩擦小，所以总切削力小。

（2）切削用量　对总切削力影响最大的是背吃刀量 a_p，其次是进给量 f，而切削速度 v_c 的影响最小。

1）若背吃刀量 a_p 和进给量 f 增加，则分别使切削厚度、切削宽度增大。切削面积也增大，故变形抗力和摩擦力增加，从而使总切削力增大。但 a_p 和 f 对总切削力影响的程度不相同，当 a_p 增加一倍时，总切削力约增加一倍；而当 f 增大一倍时，总切削力只增加60% ~80%，这对指导生产实践具有重要的作用。如为了提高生产率，采用大进给切削比采用大背吃刀量切削省力。

2）切削速度对总切削力的影响：

① 当加工弹塑性材料时，切削速度对总切削力的影响是由于积屑瘤与工件摩擦而造成的。分为积屑瘤存在和积屑瘤消失两个阶段。

在有积屑瘤阶段中，切削速度从低速逐渐增大时，由于积屑瘤的增大而使刀具实际前角也逐渐增大，切削变形减小，从而使总切削力逐渐减小。当积屑瘤达到最大值时，总切削力为最小值。此时，若切削速度继续增加，积屑瘤则逐渐减小，切削变形增大，故总切削力也逐渐增大。当积屑瘤消失时，总切削力增至最大值。

在积屑瘤消失以后阶段中，随着切削速度的增加，由于切削温度逐渐升高，摩擦因数逐渐减小，此时总切削力又重新缓慢下降，渐趋平稳。

② 当加工脆性材料时，因塑性变形小，故切削速度对总切削力的影响不大。

（3）刀具几何参数　前角 γ_o、主偏角 κ_r、刃倾角 λ_s、刀尖圆弧半径 r_ε 等对总切削力都有影响。

1）前角 γ_o 越大，切削变形越小，总切削力 F 也越小；反之，总切削力越大。

2）当主偏角 κ_r 增大时，由于切削厚度 h_D 增大，切削变形减小，总切削力 F 也减小。一般情况下，主偏角 κ_r =60° ~75°时，切削力 F_c 为最小，如图 1-21 所示，背向力 F_p 随主偏角的增大而减小；进给力 F_f 则随之而增大。所以，车削细长工件时，为了减小 F_p 的作用，往往采用较大的主偏角 κ_r >60°。

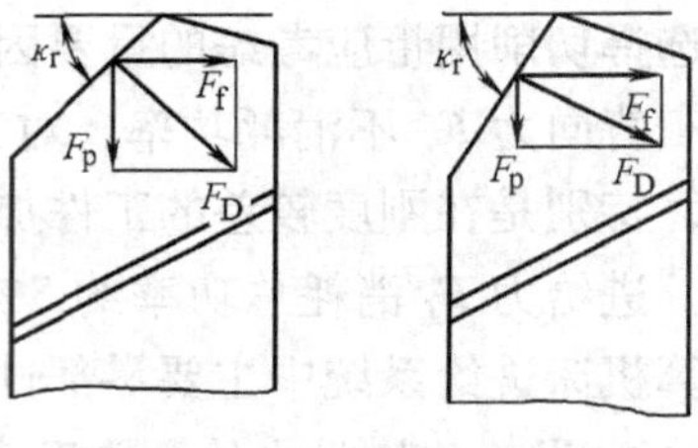

图 1-21　主偏角对 F_p 和 F_f 力的影响

3）刃倾角 λ_s 对切削力 F_c 的影响很小，但对 F_p 和 F_f 两力的影响较显著。刃倾角减小时，F_p 增大，F_f 减小，而 F_c 基本不变。所以，当工艺系统刚度较差时，为了避免振动，应选用大的刃倾角；反之，尤其是在粗车时，应选用小的刃倾角，以延长刀具寿命。

4）在相同的前角下，用具有负倒棱的刀具进行切削时，由于刃口变钝，切削变形增大，故总切削力也增大。

5）刀尖圆弧半径 r_ε 大时，圆弧刃参加切削的长度增加，从而使切削变形和摩擦力增大，所以总切削力也增大。同时，由于切削刃上圆弧部分平均主偏角减小，当 r_ε 加大时，F_p 将随之增大，为了防止振动，应采用较小的刀尖圆弧半径。

五、切削热与切削温度

切削热与切削温度是切削过程中的又一个重要的物理现象，研究切削热的产生和传导，以及它对工件和刀具的影响，具有重要的实用意义。

1. 切削热的来源

切削热的来源有两个方面：一是在刀具的作用下，切削层金属的变形所消耗的功转变的切削热；二是切屑与前面、工件与后面之间的摩擦所消耗的功转化的切削热。

切削热的产生主要集中在三个区域。第Ⅰ变形区、第Ⅱ变形区和第Ⅲ变形区，切削过程中产生的切削热通过切屑、工件、刀具和周围介质（空气、切削液）传导出去。

2. 切削温度

所谓切削温度一般指切屑、工件与刀具接触表面上的平均温度。实际上切屑、工件和刀具上各点处的温度均不相同。由图1-22和图1-23可知，刀具上的最高温度在刀尖附近，因为在这里切削变形最大，切屑与刀具的摩擦也最大，且热量集中不易传散所致。

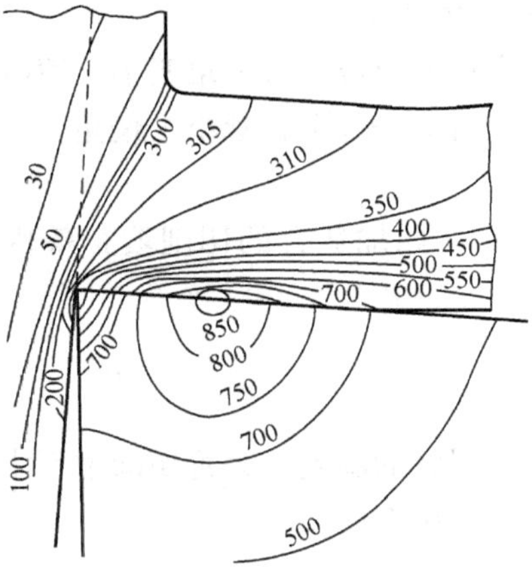

图1-22 刀具切屑和工件的温度分布

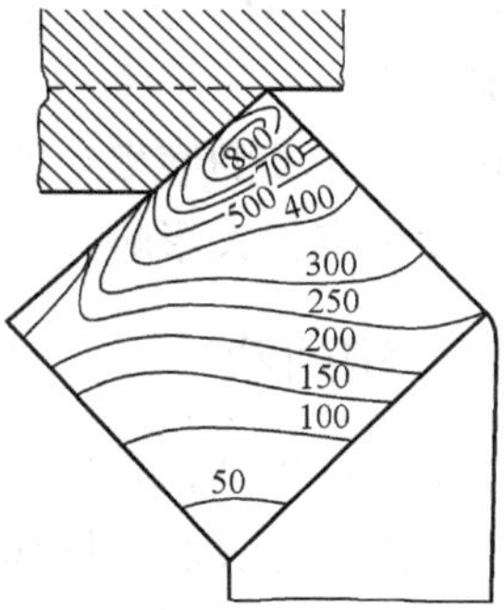

图1-23 刀具前面上的切削温度分布

切削弹塑性材料时，刀具前面的温度比后面高。因为前面与切屑接触，而后面与温度较低的工件接触。切削脆性材料时，最高温度则发生在刀具后面上，温度也比切削弹塑性材料低。切屑的温度在积屑瘤附近最高，工件的最高温度在刀尖附近。

切削温度对切削过程中积屑瘤的产生、刀具的磨损以及工件的加工精度等都有很大影响。研究切削温度的目的是要控制刀具上的最高温度，防止刀具过快磨损。

3. 影响切削温度的因素

在切削过程中，产生切削热的多少和切削温度的高低是随切削条件的改变而变化的，影响切削温度的主要因素有工件材料、切削用量、刀具几何参数和冷却条件等。

（1）工件材料　工件材料的硬度、强度越高，切削时所消耗的功就越多，产生的切削热越多，切削温度就越高；工件材料的热导率越低，则切削区的热量传导慢，切削温度也越高。

（2）切削用量　是影响切削温度的主要因素，其规律是：切削用量 v_c、f、a_p 增大，切削温度增加，其中 v_c 对切削温度的影响最大，而 f、a_p 的影响较小。因此，在相同的金属切除率条件下，为了减小切削温度的影响，防止刀具的迅速磨损，保持刀具寿命，增大背吃刀量 a_p 或进给量 f 比增大速度 v_c 更有利。

（3）刀具几何参数

1）前角 γ_o 增大，会使切削过程中的变形和摩擦减小，产生的切削热少，切削温度也低。但前角也不能太大，否则刀具散热体积减小，使切削温度上升，并且刀具的强度也将削弱。一般情况下前角 γ_o 不大于 15°。

2）主偏角 κ_r 增大，则刀具切削刃的工作长度减短，刀尖角变小，使散热条件变差，切削温度升高；反之，在工件刚度许可的条件下，减小主偏角，则可降低切削温度。

此外，刀具的磨损程度和工件的冷却条件（如加适合的切削液）等因素对切削温度也有很大影响。

六、切削液

在切削过程中，合理使用切削液能降低切削区的温度，改善切削过程中摩擦情况，提高工件表面质量和精度并延长刀具的使用寿命。

1. 切削液的作用

（1）冷却作用　切削液浇注到切削区域后，通过切削液的热传导、对流和汽化，使切屑、刀具和工件上热量散去，从而起到冷却作用。切削液冷却性能的好坏，取决于它的热导率、比热容、汽化热、汽化速度、流量和流速等。一般水溶液的冷却性能最好，油类最差，乳化液介于两者之间且接近于水。

（2）润滑作用　切削液的润滑作用是通过切削液渗入到切屑、刀具与工件的接触表面之间，并粘附在金属表面形成润滑膜，以减小摩擦因数，抑制积屑瘤，从而达到提高工件表面加工质量和延长刀具使用寿命的目的。

（3）清洗作用　切削液能冲走切削过程中产生的细屑或砂粒粉末，从而起到清洗、防止刮伤已加工表面和机床导轨面的作用。

（4）防锈作用　在切削液中加入防锈添加剂能在金属表面形成保护膜，使机床、工件和刀具不受周围介质腐蚀，起防锈作用。

2. 切削液的选用

常用切削液有水溶液、乳化液和切削油三种。水溶液是以水为主要成分并加入防锈添加剂的切削液，主要起冷却作用。乳化液是切削加工中使用较广的切削液，它是油和水的混合液体，其中还加入适量的脂肪酸、钠皂和钾皂等乳化剂。切削油主要起润滑作用，常用有全损耗系统用油、轻柴油和煤油等。切削液的选用，应根据不同工件材料、工艺要求和工种特点来选择使用。

1）粗加工时，由于加工余量和切削用量较大，会产生大量的切削热，故导致刀具迅速磨损。这时使用切削液的主要目的是降低切削温度，所以应选用冷却为主的低浓度乳化液或含表面活性剂的水溶液。

2）精加工时，工件表面质量要求较高，一般应选用润滑性能较好的高浓度乳化液或含极压添加剂的切削油。另外，当采用高速钢制成的复杂刀具和成形刀具加工时（如螺纹加工、铰削、齿轮加工等），通常切削速度比较低，为了减小磨损，以保持刀具的尺寸和形状精度，一般应选用润滑性能好的极压切削油或高浓度的极压乳化液。

当用硬质合金刀具切削时，为了避免刀具因骤冷而产生裂纹，一般不使用切削液，如果一定要采用，必须做到连续、充分地供给切削液。

3. 切削液的使用方法

合理选择切削液后，还应正确使用。常见的切削液使用方法有浇注法、高压法、喷雾法等几种。

（1）浇注法　将切削液直接浇到切削区。它的特点是使用简单，应用广泛，但冷却润滑效果较差。

（2）高压法　将切削液以较高的工作压力和较大的流量迅速喷向切削区，常见有内排屑和外排屑两种方式。它的特点是由于切削液的高速流动，改善了渗透性，加强了切削的对流，提高了冷却效果；缺点是飞溅严重，需加防护罩。

（3）喷雾法　用较大压力的压缩空气，将切削液击成雾状，高速喷射到切削区。它的特点是切削液经雾化后容易渗入切削区，渗透性好；高温下，雾化水珠很快汽化，带走大量切削热，冷却效果好。

常用切削液的选用见表1-6。

表 1-6 常用切削液的选用

加工种类		工件材料					
		碳素钢	合金钢	不锈钢及耐热钢	铸铁与黄铜	青铜	铝
车削与镗孔	粗加工	质量分数为3%～5%乳化液	1. 质量分数为5%～15%的乳化液 2. 质量分数为5%的石墨或硫化乳化液 3. 质量分数为5%的氧化石蜡油制乳化液	1. 质量分数为10%～30%的乳化液 2. 质量分数为10%的硫化乳化液	1. 一般不用 2. 质量分数为3%～5%的乳化液	一般不用	1. 一般不用 2. 中性或含有游离酸小于4mg的弱酸性乳化液
	精加工	石墨化或硫化乳化液，质量分数为10%～15%的乳化液（低速时），质量分数为5%的乳化液（高速时）		1. 氧化煤油 2. 煤油质量分数为75%，油酸或植物油质量分数为25% 3. 煤油质量分数为60%，松节油质量分数为20%，油酸质量分数为20%	1. 质量分数为7%～10%的乳化液 2. 硫化乳化液		1. 煤油 2. 松节油 3. 煤油与矿物油的混合物
切断与车槽		1. 质量分数为15%～20%的乳化液 2. 硫化乳化液 3. 硫化油 4. 活性的矿物油		1. 氧化煤油 2. 煤油质量分数为75%，油酸或植物油质量分数为25% 3. 硫化油质量分数为85%～87%，油酸或植物油质量分数为13%～15%			
铝化与铰孔				质量分数为3%的肥皂加质量分数为2%的亚麻油水溶液（用于不锈钢钻孔）硫化切削油（不锈钢镗孔）	1. 一般不用 2. 煤油（用于铸铁） 3. 菜油（用于黄铜）	1. 质量分数为7%～10%的乳化液 2. 硫化乳化液	1. 一般不用 2. 煤油 3. 煤油与菜油的混合物
车螺纹		1. 硫化乳化液 2. 氧化煤油 3. 煤油质量分数为75%，油酸或植物油质量分数为25% 4. 硫化切削油 5. 变压器油质量分数为70%，氧化石蜡质量分数为30%		1. 氧化煤油 2. 硫化切削油 3. 煤油质量分数为60%，松节油质量分数为20%，油酸质量分数为20% 4. 硫化油质量分数为60%，煤油质量分数为25%，油酸质量分数为15%	1. 一般不用 2. 煤油（用于铸铁） 3. 菜油（用于黄铜）	1. 一般不用 2. 菜油	1. 硫化油质量分数为30%，煤油质量分数为15%，2号或3号锭子油质量分数为55% 2. 硫化油质量分数为30%，煤油质量分数为15%，油酸质量分数为30%，2号或3号锭子油质量分数为25%

（续）

加工种类	工件材料					
	碳素钢	合金钢	不锈钢及耐热钢	铸铁与黄铜	青铜	铝
磨削	1. 苏打水 + 水 2. 豆油 + 硫磺粉 3. 乳化油			质量分数为 3% ~ 5% 的乳化液		硫化蓖麻油质量分数为 1.5%，煤油质量分数为 90%，其余为水
拉削	1. 硫化切削油 2. 切削油 3. 氯化石蜡 + 煤油					

复习思考题

1. 金属切削刀具切削部分的材料应具备哪些要求？
2. 高速钢有哪几类？它们的性能如何？试分别写出各种常用高速钢的钢号。
3. 硬质合金有哪几类？它们的性能如何？分别适用于加工什么材料？
4. 刀具几何参数包括哪四个方面？
5. 当切削刃高于或低于工件中心时，刀具的前角与后角有何变化？
6. 简述前角和后角如何选择。
7. 简述主偏角、副偏角如何选择。
8. 简述刃倾角的功用。
9. 三个变形区是怎样划分的？各有哪些特点？
10. 常见的切屑类型有哪四类？
11. 积屑瘤是如何形成的？它对切削加工有什么影响？
12. 影响切屑变形的因素有哪些？
13. 分屑槽的作用是什么？
14. 总切削力是怎样产生的？三个切削分力的划分有什么实际意义？
15. 影响总切削力的主要因素是什么？
16. 切削热是如何产生的？
17. 切削液的作用有哪些？常用的切削液有哪三种？

第二章

机械制造工艺基础知识

培训学习目标 初步理解和掌握零件机械加工工艺规程制订的原则、步骤和方法，了解毛坯的种类，掌握工艺路线拟定的方法、加工余量的确定及工序尺寸公差的确定。

第一节 机械加工工艺的基本概念

一、工艺过程及其组成

1. 工艺过程的概念

直接改变生产对象的形状、尺寸、相对位置和性质等，使其成为成品或半成品的过程称为工艺过程，它是生产过程中的主要部分。其中，采用机械加工的方法，直接改变毛坯的形状、尺寸和表面质量等，使其成为零件的过程称为机械加工工艺过程。

2. 工艺过程的组成

机械加工工艺过程往往是比较复杂的。在工艺过程中，根据被加工零件的结构特点、技术要求，在不同的生产条件下，需要采用不同的加工方法及其加工设备，并通过一系列加工步骤，才能使毛坯成为零件。

机械加工工艺过程是由一个或若干个按顺序排列的工序组成的，而工序又可分为安装、工位、工步和行程。毛坯依次通过这些工序就成为成品。

（1）工序　一个或一组操作者，在一个工作地对同一个或同时对几个工件所连续完成的那一部分工艺过程，称为工序。划分工序的主要依据是工作地是否变动和工作是否连续。如图 2-1 所示阶梯轴，一般情况下其工序划分见表 2-1。

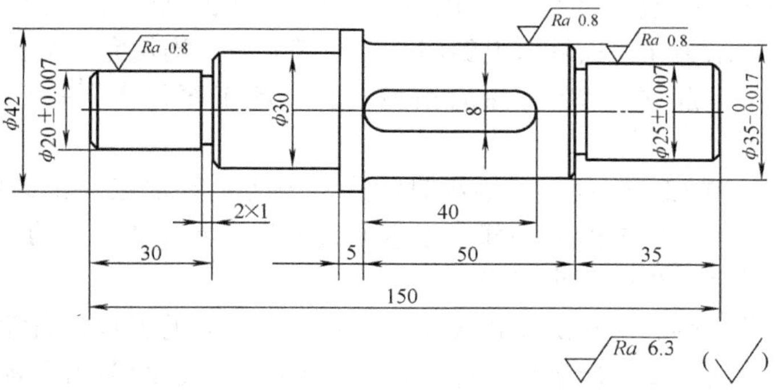

图 2-1 阶梯轴

表 2-1 阶梯轴的工艺过程

工序号	工序名称	工作地点
1	铣端面、钻中心孔	专用机床
2	车外圆、端面、沟槽、倒角	车床
3	铣键槽	铣床
4	去毛刺	钳台
5	磨外圆	磨床

在表 2-1 的工序 2 中，先车工件的一端，然后调头装夹，再车另一端。如果先车好一批工件的一端，然后调头再车这批工件的另一端，这时对每个工件来说，两端的加工已不连续，所以即使在同一台车床上加工也应算作两道工序。

工序是组成工艺过程的基本单元，也是生产计划的基本单元。

（2）安装　工件在加工前，先要把工件放在一个准确的位置上。确定工件在机床上或夹具中占有正确位置的过程称为定位。工件定位后必须将它固定，使其在加工过程中始终保持定位位置不变的操作称为夹紧。将工件在机床上或夹具中定位、夹紧的过程称为装夹。

工件（或装配单元）经一次装夹后所完成的那一部分工序称为安装。在一道工序中，工件可能被装夹一次或多次，才能完成加工。表 2-1 中的工序 2 要进行两次装夹：先装夹工件一端，车端面、外圆，称为安装 1；再调头装夹，车另一端面及外圆，称为安装 2。

工件在加工中应尽量减少装夹次数，因为多一次装夹，就会增加装夹的时间，还会增加装夹误差。

（3）工位　为了减少工件的装夹次数，常采用各种回转工作台、回转夹具或移动夹具，使工件在一次装夹中，先后处于几个不同的位置进行加工。

为了完成一定的工序部分，一次装夹工件后，工件（或装配单元）与夹具或设备的可动部分一起相对刀具或设备的固定部分所占据的每一个位置，称为工位。如图2-2所示为在普通钻床上钻四个轴向等分孔，当钻完一个孔后，工件随夹具的回转部分一起转过90°，然后钻另一孔，此工序包含了一个安装，四个工位。

（4）工步　在加工表面（或装配时的连接表面）和加工（或装配）工具不变的情况下，所连续完成的那一部分工序称为工步。如表2-1中的工序2，每个安装中都有车端面、外圆两个工步。

为简化工艺文件，对于那些连续进行的若干个相同的工步，通常都看作一个工步。例如，加工图2-3所示的零件，在同一工序中，连续钻四个ϕ15mm的孔，就可看作一个工步。

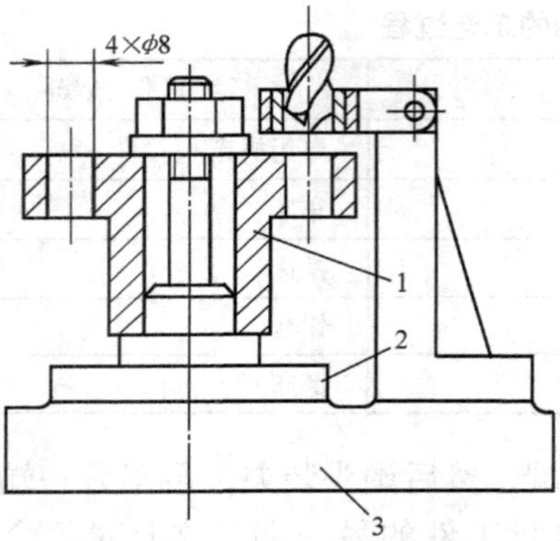

图2-2　在四个工位上钻孔

1—工件　2—夹具回转部分

3—夹具固定部分

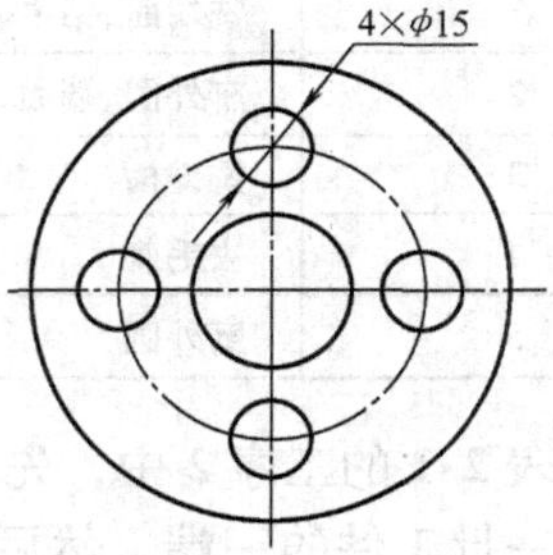

图2-3　简化相同工步的实例

为了提高生产率，用几把刀具同时加工几个表面，这也可看作一个工步，称为复合工步。如图2-4所示的铣端面、钻中心孔，每个工位都是用两把刀具同时铣两端面或钻两端中心孔，它们都是复合工步。

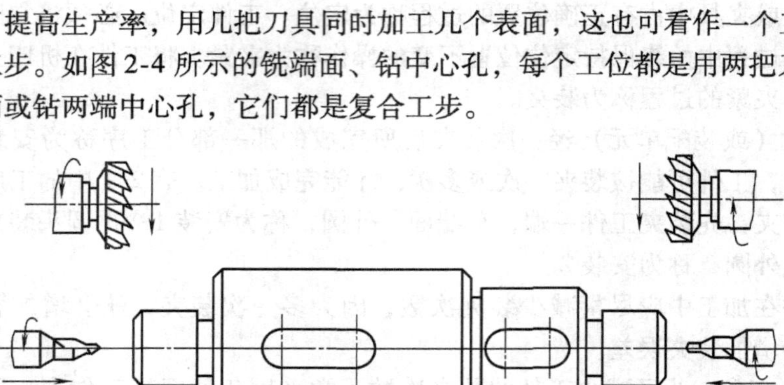

图2-4　铣端面和钻中心孔

除上述工步概念外，还有辅助工步，它是由人和（或）设备连续完成的一部分工序，该部分工序不改变工件的形状、尺寸和表面粗糙度，但它是完成工步所必需的，如更换工具等。引入辅助工步的概念是为了能精确计算工步工时。

（5）行程　行程（进给次数）有工作行程和空行程之分，工作行程是指刀具以加工进给速度相对工件所完成一次进给运动的工步部分；空行程是指刀具以非加工进给速度相对工件完成一次进给运动的工步部分。

引入行程的概念是为了反映工步中的进给次数和工序卡片中相吻合，并能精确计算工步工时。

二、生产纲领和生产类型

各种机械产品的结构、技术要求等差异很大，但它们的制造工艺则存在着很多共同的特征。这些共同的特征取决于企业的生产类型，而企业的生产类型又由企业的生产纲领决定的。

1. 生产纲领

生产纲领是指企业在计划期内应当生产的产品产量和进度计划。计划期常定为 1 年，所以生产纲领也称年产量。

零件的生产纲领要计入备品和废品的数量，可按下式计算

$$N = Qn(1 + \alpha + \beta)$$

式中　N——零件的年产量（件/年）；

Q——产品的年产量（台/年）；

n——每台产品中，该零件的数量（件/台）；

α——备品的百分率（%）；

β——废品的百分率（%）。

2. 生产类型

生产类型是指企业（或车间、工段、班组、工作地）生产专业化程度的分类。一般分为单件生产、成批生产和大量生产三种类型。

（1）单件生产　产品品种很多，同一产品的产量很少，各个工作地的加工对象经常改变，而且很少重复生产。例如，重型机械制造、专用设备制造和新产品试制都属于单件生产。

（2）成批生产　一年中分批轮流地制造几种不同的产品，每种产品均有一定的数量，工作地的加工对象周期性地重复。例如，机床和纺织机械的制造一般属于成批生产。

每一次投入或产出的同一产品（或零件）的数量称为生产批量，简称批量。

批量可根据零件的年产量及一年中的生产批数计算确定。一年的生产批数根据用户的需要、零件的特征、流动资金的周转、仓库容量等具体情况确定。

按批量的多少，成批生产又可分为小批、中批和大批生产三种。在工艺上，小批生产和单件生产相似，常合称为单件小批生产；大批生产和大量生产相似，常合称为大批大量生产。

（3）大量生产　产品的产量很大，大多数工作地按照一定的生产节拍进行某种零件的某道工序的重复加工。例如，汽车、自行车、手表和轴承等的制造常属大量生产。

生产类型的具体划分，可根据生产纲领和产品及零件的特征或工作地每月担负的工序数，参考表2-2确定。

表2-2　生产类型与生产纲领的关系

（单位：件/年）

生产类型	零件的生产纲领		
	重型机械(重量>30 kg)	中型机械(重量为4～30 kg)	轻型机械(重量<4 kg)
单件生产	≤5	≤20	≤100
小批生产	5～100	20～200	100～500
中批生产	100～300	200～500	500～5000
大批生产	300～1000	500～5000	5000～50000
大量生产	>1000	>5000	>50000

根据上述划分生产类型的方法可以发现，同一企业或车间可能同时存在几种生产类型的生产。判断企业或车间的生产类型，应根据企业或车间中占主导地位的工艺过程的性质来确定。

统计表明，目前我国机械工业中，批量为10～100件的零件约占生产零件种类总数的70%。就其调查结果而言，无论是零件种类还是零件产值，单件和小批生产的零件都占多数。

随着科学技术的发展、市场需求的变化及竞争的加剧，产品更新换代的周期越来越短，多品种小批量生产的趋势还会不断增长。

3. 各种生产类型的工艺特征

生产类型不同，零件和产品的制造工艺、所用设备及工艺装备、对工人的技术要求、采取的技术措施和达到的技术经济效果也会不同。各种生产类型的工艺特征归纳在表2-3中，在制订零件机械加工工艺规程时，先确定生产类型，再参考表2-3确定该生产类型下的工艺特征，制订出正确合理的工艺规程。

表 2-3 各种生产类型的工艺特征

特点 类型 项目	单件小批生产	中批生产	大批大量生产
加工对象	经常变换	周期性变化	固定不变
毛坯及余量	木模手工造型，自由锻。毛坯精度低，加工余量大	部分采用金属模铸造或模锻，毛坯精度和余量中等	采用金属模机器造型、模锻或其他高效方法，毛坯精度高，加工余量小
机床设备	通用机床，机群式排列，数控机床	部分通用机床，按工件类别分工段排列设备	采用高效专用及自动机床，按流水线和自动线排列设备
工艺装备	通用工装为主，必要时专用夹具	采用专用夹具，部分采用专用刀具和量具	采用高效专用夹具、复合刀具、专用量具或自动检验装置
工件装夹方法	通用夹具和划线找正	采用专用夹具装夹，少数用划线找正	全部采用夹具装夹
装配方法	广泛采用修配法	互换法	互换法
操作工人技术水平	需技术水平高的工人	一般	较低
工艺文件	工艺过程卡片，关键工序采用工序卡片	工艺过程卡片，关键零件采用工序卡片	工艺过程卡片，工序卡片，关键工序采用调整卡和检验卡
生产率	比较低	一般	高
成本	比较高	一般	低

表 2-3 中一些项目的结论都是在传统的生产条件下归纳的。由于大批量生产采用专用高效设备及工艺装备，因而产品成本低，但往往不能适应多品种生产的要求；而单件小批生产由于采用通用设备及工艺装备，因而容易适应品种的变化，但产品成本高，有时还跟不上市场的需求。因此，目前各种生产类型的企业既要适应多品种生产的要求，又要提高经济效益，它们的发展趋势是既要朝着生产过程柔性化的方向发展，又要上规模、扩大批量，以提高经济效益。成组技术为这种发展趋势提供了重要的基础，各种现代先进制造技术都是在这种要求下应运而生的。

第二节 机械加工工艺规程概述

一、机械加工工艺规程

1. 工艺规程的概念

任何一个零件都可以用几种不同的加工工艺来制造。在一定的生产条件下，零件由毛坯通过不同的工艺过程最后变成成品，把这些过程中的各有关内容以文字的形式规定下来，所形成的工艺文件称为工艺规程。工艺规程一经确定，有关人员就必须按既定的工艺规程生产。

2. 工艺规程的作用

工艺规程是在总结实践经验的基础上，依据科学的理论和必要的工艺实验后制订的，它反映了加工中的客观规律。因此，工艺规程既是指导工人操作和用于生产、工艺管理工作的主要技术文件，又是新产品投产前进行生产准备、技术准备的依据，还是新建、扩建车间或工厂的原始资料。此外，先进的工艺规程还起着交流和推广先进经验的作用，典型和标准的工艺规程能缩短工厂的生产准备时间。工艺规程是经过逐级审批的，因而也是工厂生产中的工艺纪律，有关人员必须严格执行，任何违反工艺规程的生产都是不允许的，否则它将会使生产陷入混乱状态。但工艺规程也不是一成不变的，随着科学技术的进步和生产的发展，工艺规程会出现某些与生产实际不相适应的问题，因而工艺规程应定期整顿和修改，及时吸取合理化建议、技术创新成果、新技术和新工艺，使工艺规程具有合理性和先进性。

3. 工艺规程的类型

根据国家指导性技术文件的规定，工艺规程的类型有：

（1）专用工艺规程　针对每一个产品和零件所制定的工艺规程。

（2）通用工艺规程

1）典型工艺规程：为一组结构相似的零件所设计的通用工艺规程。

2）成组工艺规程：按成组技术原理将零件分类成组，针对每组零件所设计的通用工艺规程。

3）标准工艺规程：已纳入标准的工艺规程。

按照规定，机械加工工艺规程有：

① 机械加工工艺过程卡片。

② 机械加工工序卡片。

③ 标准零件或典型零件工艺过程卡片。

④ 单轴自动车床调整卡片。

⑤ 多轴自动车床调整卡片。

⑥ 机械加工工序操作指导卡片。

⑦ 检验卡片等。

属于装配工艺规程的有：

① 工艺过程卡片。

② 工序卡片。

4. 机械加工工艺过程卡片和机械加工工序卡片的格式

最常用的机械加工工艺过程卡片和机械加工工序卡片的格式见表 2-4 和表 2-5。

表 2-4 机械加工工艺过程卡片

<table>
<tr><td colspan="2" rowspan="2">工 厂</td><td colspan="6" rowspan="2">机械加工工艺过程卡片</td><td>产品型号</td><td></td><td>零(部)件图号</td><td></td><td colspan="2">共 页</td></tr>
<tr><td>产品名称</td><td></td><td>零(部)件名称</td><td></td><td colspan="2">第 页</td></tr>
<tr><td colspan="2">材料牌号</td><td></td><td>毛坯种类</td><td></td><td colspan="3">毛坯外形尺寸</td><td colspan="2"></td><td>每毛坯件数</td><td>每台件数</td><td>备注</td><td></td></tr>
<tr><td rowspan="2">工序号</td><td rowspan="2">工序名称</td><td colspan="6" rowspan="2">工 序 内 容</td><td rowspan="2">车间</td><td rowspan="2">工段</td><td rowspan="2">设备</td><td rowspan="2">工艺装备</td><td colspan="2">工时</td></tr>
<tr><td>准终</td><td>单件</td></tr>
<tr><td></td><td></td><td colspan="6"></td><td></td><td></td><td></td><td></td><td></td><td></td></tr>
<tr><td></td><td></td><td></td><td></td><td></td><td></td><td></td><td></td><td></td><td>编制(日期)</td><td>审核(日期)</td><td>会签(日期)</td><td></td><td></td></tr>
<tr><td></td><td></td><td></td><td></td><td></td><td></td><td></td><td></td><td></td><td rowspan="2"></td><td rowspan="2"></td><td rowspan="2"></td><td rowspan="2"></td><td rowspan="2"></td></tr>
<tr><td>标记</td><td>处记</td><td>更改文件号</td><td>签字</td><td>日期</td><td>标记</td><td>处记</td><td>更改文件号</td><td>签字</td></tr>
<tr><td colspan="8"></td><td>日期</td><td colspan="5"></td></tr>
</table>

表 2-5　机械加工工序卡片

工　厂	机械加工工序卡片	产品型号		零(部)件图号		共　页
		产品名称		零(部)件名称		第　页

材料牌号		毛坯种类		毛坯外形尺寸		每毛坯件数		每台件数		备注	

（工序简图）	车间	工序号	工序名称	材料牌号
	毛坯种类	毛坯外形尺寸	每坯件数	每台件数
	设备名称	设备型号	设备编号	同时加工件数
	夹具编号	夹具名称		切削液
				工序工时
				准终 / 单件

工步号	工步内容	工艺装备	主轴转速/(r/min)	切削速度/(m/min)	进给量/(mm/r)	背吃刀量/(mm)	进给次数	工时定额 机动	工时定额 辅助

										编制（日期）	审核（日期）	会签（日期）		
标记	处记	更改文件号	签字	日期	标记	处记	更改文件号	签字	日期					

二、工艺规程制订的基本要求及主要依据

1. 制订工艺规程的基本要求

制订工艺规程的基本要求是，在保证产品质量的前提下，尽量提高生产率和降低成本。同时，还应在充分利用本企业现有生产条件的基础上，尽可能采用国内外先进工艺技术和经验并保证良好的劳动条件。由于工艺规程是直接指导生产和操作的重要技术文件，所以工艺规程还应做到正确、完整、统一和清晰，所用技术语言、符号、计量单位和编号等都要符合相应标准。

2. 制订工艺规程的主要依据(即原始资料)

制订工艺规程必须根据产品对象(零件结构、加工质量要求)、生产规模、毛坯性质和具体生产条件进行。因此，在制订工艺规程前，应具备以下原始资料：

1）产品的装配图和零件图。

2）产品的生产纲领。

3）现有生产条件和资料，它包括毛坯的生产条件或协作关系、工艺装备及专用设备的制造能力、有关机械加工车间的设备和工艺装备的条件、操作者的技术水平以及各种工艺资料和标准等。

4）国内、国际同类产品的有关工艺资料。

5）其他有关的资料、图册等。

3. 制订工艺规程的步骤

1）熟悉和分析制订工艺规程的主要依据，确定零件的生产纲领和生产类型，进行零件的结构工艺性分析。

2）确定毛坯，包括选择毛坯类型及其制造方法。

3）拟订工艺路线。

4）确定各工序切削加工的设备、工艺装备和辅助工具。

5）确定各工序的加工余量，计算工序尺寸及其公差。

6）确定各主要工序的技术要求及检验方法。

7）确定各工序的切削用量和时间定额。

8）进行技术经济分析，选择最佳方案。

9）填写工艺文件。

第三节　工艺审查与毛坯选择

一、零件结构工艺性分析

1. 零件结构工艺性的概念

零件图是编制工艺规程最主要的原始资料。在编制工艺规程时，应先根据零

件图了解该零件的功用、结构特点及与其他零件的关系，分析各项公差和技术要求的制订依据，从中找出主要技术要求和关键技术问题。

零件的结构工艺性是指所设计的零件在能满足使用要求的前提下，制造的可行性和经济性。因此，在保证产品或零件使用要求的前提下，其结构应能满足机械制造过程的工艺要求，有利于应用先进的、高效率的加工方法，从而降低生产成本，提高劳动生产率。

产品的制造过程包括毛坯制造、机械加工、热处理、装配，油漆和包装等，这些过程都直接影响产品的经济指标。所以，在评定结构工艺性时，应全面分析零件各个制造过程的工艺性和整个生产过程的工艺性。

在零件整个制造过程中，机械加工的工作量和耗费的费用最多，所以机械加工的结构工艺性就显得特别重要，从机械加工的角度来看，对零件结构工艺性有如下要求：

1）减少加工表面的面积。这不仅可以减少加工的劳动量，减少材料和刀具的消耗，还能减少装配接触面，有利于提高装配精度。如图 2-5 所示的轴承架与机体的结合面，可用两个小平面代替整个结合面，以减少加工面的面积。如图 2-5a 轴承座底平面较大、图 2-5c 孔的有效长度过长，加工时就会增加劳动量、材料和刀具的消耗，且不利于提高装配精度。改进后的结构如图 2-5b、d 就比较合理。

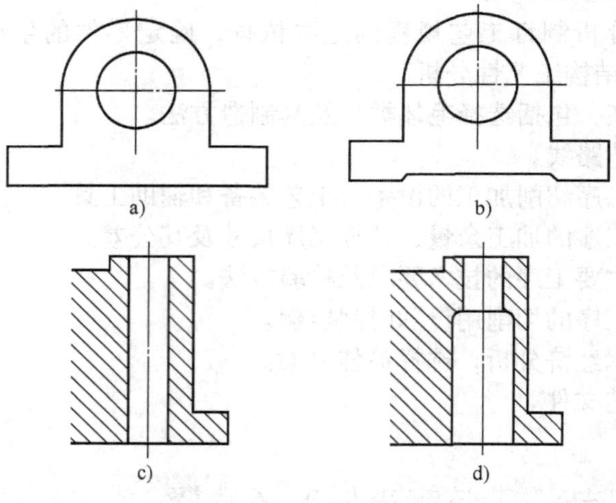

图 2-5　加工表面的面积

a)、c) 改进前结构　b)、d) 改进后结构

2）零件结构应便于加工和装夹。使刀具或量具能够接近待加工面，以减少加工时间，避免使用特殊夹具。如图 2-6 所示的油孔，改进后的结构可免用专用工具。如图 2-7 所示的孔的位置，改进后的结构可用标准麻花钻加工，使零件在

加工过程中便于装夹和减少安装次数。如图 2-8 所示的车床小刀架，为了便于加工底面导轨，特地铸出两只安装凸台。图 2-9 所示的零件，改进前的结构钻孔时要多次安装，改进后则可使各孔在一次安装中加工完毕。

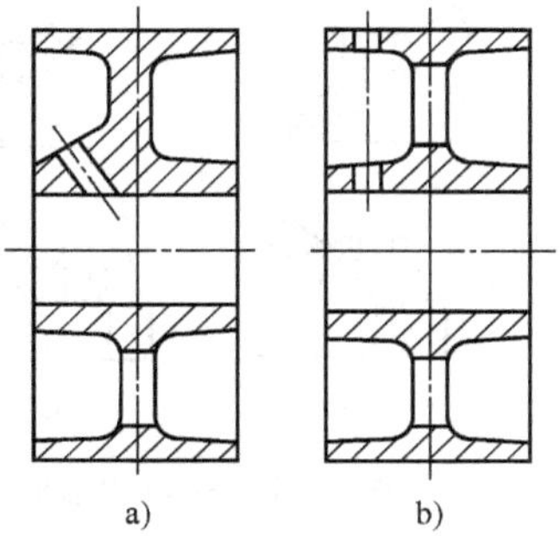

图 2-6　油孔的位置

a）改进前结构　b）改进后结构

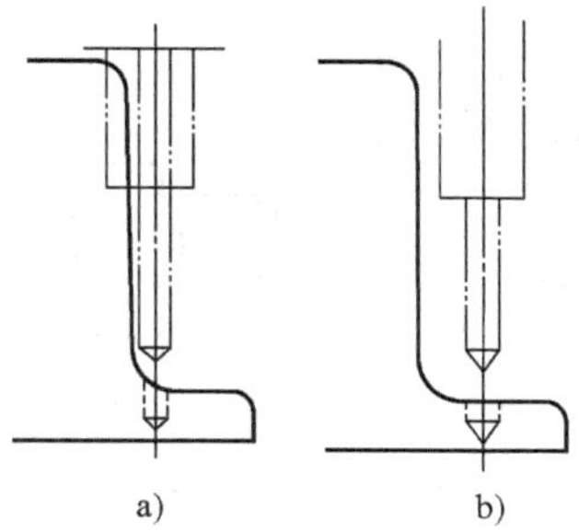

图 2-7　易于刀具接近加工表面的零件结构

a）改进前结构　b）改进后结构

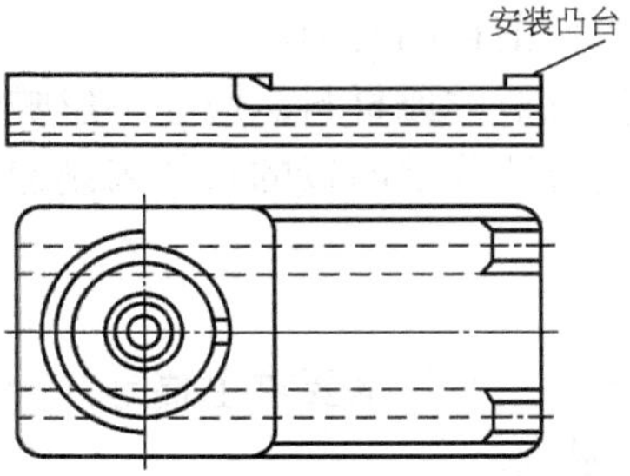

图 2-8　铸有凸台的小刀架

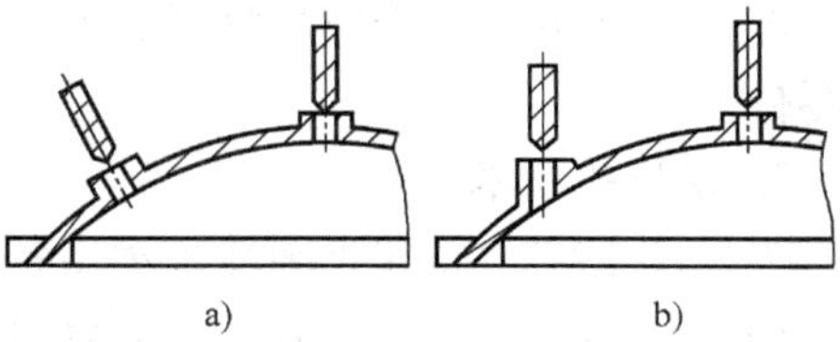

图 2-9　减少安装次数的结构

a）改进前结构　b）改进后结构

零件的结构应考虑到所用的加工方法和刀具，设计退刀结构，如图 2-10 所示的螺纹退刀槽和砂轮越程槽。

3）零件的结构应考虑到加工时的安全。图 2-11a 所示的结构，由于麻花钻刚性较差，当其轴线与孔的入口或出口平面呈倾斜位置时会引起单侧切削而容易折断。改进后的结构如图 2-11b 所示，保证了在整个切削过程中两个切削刃同时对称切削。

4）减少钻孔深度。钻深孔时要用专用钻头，钻头要多次重复退出，以排除切屑。因而增加了辅助时间。孔的深度增加，钻头的引偏程度也会增大，所以应尽可能使孔的深度不大于孔径的 5 倍，如图 2-5d 所示。

5）零件的结构应能在给定的生产条件和生产规模下采用先进工艺。零件的结构应具有良好的刚性，这样有利于采用较大的切削用量和先进刀具。在大批量

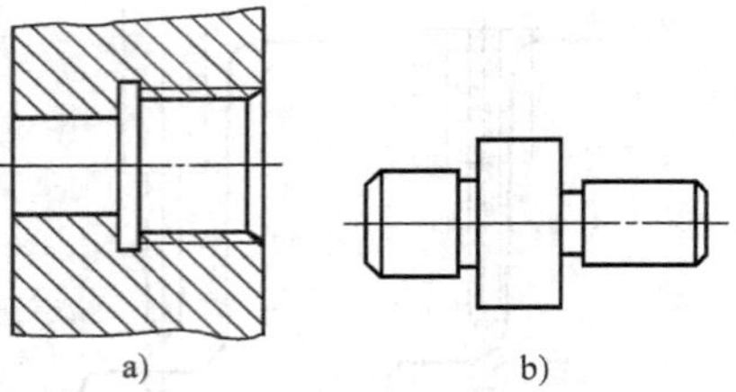

图 2-10　退刀结构

a）螺纹退刀槽　b）砂轮越程槽

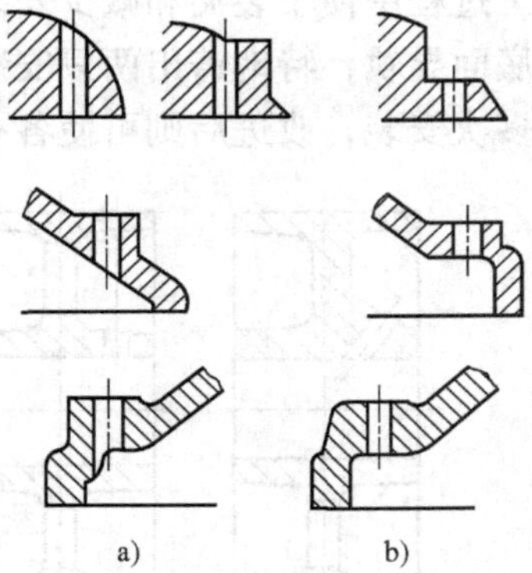

图 2-11　孔端的结构

a）改进前结构　b）改进后结构

生产时，零件的结构要适应高生产率切削的加工。

6）同一零件多个加工面的尺寸尽可能一致。例如阶梯轴上各退刀槽的宽度，各键槽的宽度、齿轮模数、孔径、螺纹孔等应尽量统一，并符合标准，以便使用数量较少的标准刀具来加工，同时减少换刀等所消耗的时间。

此外，在满足结构工艺性要求的同时，还应注意节约原材料。应在不影响使用性能的条件下，以价廉的材料和适当的毛坯制造方法代替昂贵的材料来制造各种零件。

2. 零件的技术要求

零件图上应全面和正确地表示出各项技术要求，这些技术要求主要是：

1）加工表面的尺寸精度、形状精度和表面粗糙度。

2）各加工表面之间的相互位置精度。

3）采用的材料、硬度和热处理要求及其他特殊要求。

零件的各项技术要求一方面影响零件的工作性能，另一方面又直接关系到制造过程的经济性，甚至可能性。随着加工精度的提高，加工工时将急剧地增加。提高加工表面的精度之后，必然同时得到较低的表面粗糙度值，但随着表面粗糙度值的降低，加工费用也将急剧地增加。因此，在保证产品的工作要求时应选用最低的精度等级，这样既满足了零件的使用要求，又降低了制造成本。

二、毛坯的种类及其特征

机械加工常用的毛坯主要有：铸件、锻件、型材、焊接件等。

1. 铸件

铸件是用铸铁、非铁金属及其合金等材料铸成的毛坯，其中铸钢件用得较少。主要铸造方法所得铸件的工艺特征如下。

（1）木模手工造型铸件　由于木模本身制造精度低，使用时容易变形，而且手工造型误差较大，因而铸件的精度较低，制造时生产率也低，但使用设备简单，所得铸件的尺寸大且形状复杂。故适用于单件和小批量生产。

（2）金属模机器造型铸件　这种铸件精度较高，尺寸公差可达1～2mm，铸造时生产率较高，但需要一套特殊的金属模板，费用较高。它适用于形状不甚复杂的中小型铸件的大批和大量生产。

（3）金属型铸造铸件　铸件精度较高，尺寸公差可达0.1～0.5mm，机械性能较好，表面光整，铸造时生产率较高，但需要一套专用金属型。因此，金属型铸造适用于大批、大量生产，尺寸不大，结构不太复杂的有色金属件，如内燃机活塞等。

（4）离心铸造铸件　铸件组织较致密，可以改善工件的力学性能和提高耐磨性。由于铸件质量高，废品率少，并没有浇冒口，故可节约大量金属。这种铸造广泛适用于形状不甚复杂，对称空心的连续回转体，如套筒、内燃机缸套、管子、法兰盘等，但铸造时需要特殊设备，适用于大批、大量生产。

（5）压力铸造铸件　压力铸造是金属型铸造的特殊方式，即浇注时，液体金属是在一定的压力下充满金属型腔内的。这种方法能铸造薄壁、形状较复杂的毛坯，并可带有螺纹、凸轮、小孔等，铸件尺寸公差可达0.1～0.01mm，而且表面光整。机械加工时，只需要精加工，甚至可不加工，因而加工时间少，并能节省很多金属。压力铸造主要适用于铸造形状较复杂，尺寸较小，重量较轻的铝、锌、铜等有色金属件。这种铸件常用作仪器和小型精密机械的毛坯。

（6）熔模铸造　又称失蜡铸造，铸件毛坯精度较高，表面光洁，机械加工量少，一般只需磨削或抛光加工。但熔模铸造毛坯生产比较复杂，因此只适用于铸造形状复杂而不易加工的小型零件。

2. 锻件

原材料经过锻造，使其强度和冲击韧度有较大的提高，因此用这种毛坯制造的零件可承受较大载荷、交变载荷或冲击载荷。

锻件毛坯有两种：一种是自由锻造锻件，另一种是模锻件。前者所得毛坯精度低，表面粗糙，余量大，且锻件结构比较简单，生产率低，适用于单件、小批量生产。模锻件毛坯精度高，生产率高，表面光洁，余量少，而且能锻出形状较复杂的零件。经模锻后，材料的纤维组织分布比较均匀，从而改善了力学性能，模锻需要特殊的设备和锻模，故适用于生产批量较大的中小型锻件。

3. 型材

常用的型材有圆形、方形、六角形和其他特殊成型断面形状的棒料和条料以及管料和各种不同厚度的板料。

棒料分为普通精度的热轧料和高精度的冷拉料两类。热轧料的尺寸精度较低，冷拉棒料则有较高的精度和良好的力学性能。

4. 焊接件

对结构形状复杂，尺寸较大，不便用其他方法制造的毛坯件，则可采用焊接件。焊接件可减轻结构重量并可获得所要求的刚度和强度，生产程序简单、周期短、效率高；适合制造容器、锅炉、船舶、桥梁、骨架等。

第四节　工件的装夹和基准

一、工件常用的装夹方法

工件的装夹包括定位与夹紧两个内容，装夹将直接影响工件的加工精度。另外，工件装夹的快慢，还影响生产率的高低。工件常用的装夹方法有直接找正装夹、划线找正装夹和夹具装夹三种。

1. 直接找正装夹

用这种方法时，工件在机床上应有的位置是通过一系列的找正而获得的。具体的方法是在工件直接装上机床后，用指示表或划线盘上的划针，以目测法校正工件位置，一边校验，一边找正，被找正的表面是工件的定位基准。

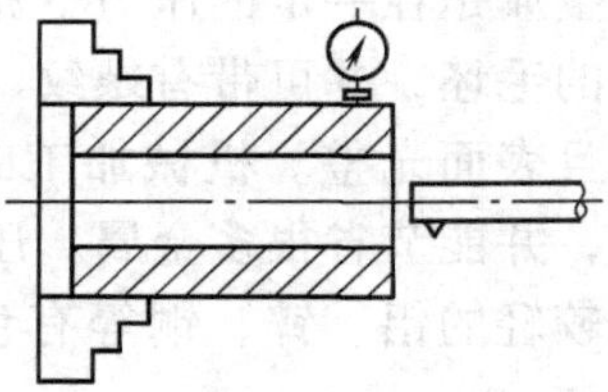

图 2-12　直接找正装夹

图 2-12 所示为在车床单动卡盘上用指示表找正定位，使本工序加工的内孔表面与已加工的外圆表面保持较高的同轴度要求。在其他机床上加工时，也常用这类直接找正装夹的方法。

直接找正装夹法的定位精度与所用量具精度、操作者的技术水平有关，找正时费时，生产率低，故仅用于单件、小批生产中（如工具车间、修理车间等）。

2. 划线找正装夹

对于一些尺寸和重量大，结构复杂的工件，往往先在待加工处划线，然后安装在机床上，按所划的线进行找正定位，因为所划的线本身有一定宽度，在划线时尚有划线误差，校正工件位置时还有观察误差。因此，该方法多用于生产批量较小、毛坯精度低，以及大型工件等不宜使用夹具的粗加工中。

3. 夹具装夹

夹具是机床的一种附加装置，它在机床上与刀具间正确的相对位置，在工件未装夹前已预先调整好。所以在加工一批工件时不必再逐个找正定位，就能保证工件与机床、刀具间的正确位置，这种装夹方法生产效率高，在成批和大量生产中广泛使用。

二、定位基准的分类及选择

1. 基准及其分类

机械零件由若干表面组成，各表面之间有确定的尺寸及位置公差要求。用来确定零件或部件几何要素间几何关系所依据的点、线、面称为基准。它是计算、测量或标注尺寸的起点。根据基准的作用不同，可以分为设计基准与工艺基准两大类。

（1）设计基准　在设计图样上所采用的基准，称为设计基准。例如，图2-13所示的主轴箱箱体，顶面 F 的设计基准是底面 D；孔Ⅳ的设计基准在垂直方向是底面 D，在水平方向是导向面 E；孔Ⅱ的设计基准是孔Ⅲ和孔Ⅳ的轴心线，图上分别用 R_2 和 R_3 表示。作为设计基准的点、线、面在工件上不一定具体存在。例如孔的中心线、轴心线和基准中心平面等，而常常由某些具体表面来体现，这些表面称为基面。

（2）工艺基准　在工艺过程中采用的基准称为工艺基准。它可分为装配基准、测量基准、定位基准及工序基准。

1）装配基准。装配基准是产品装配时用来确定零件或部件在机器中的相对位置所用的基准。图2-14中的齿轮，以内孔 A、端面 B 及键槽 C 在轴上装配，这些表面即为齿轮的装配基准。

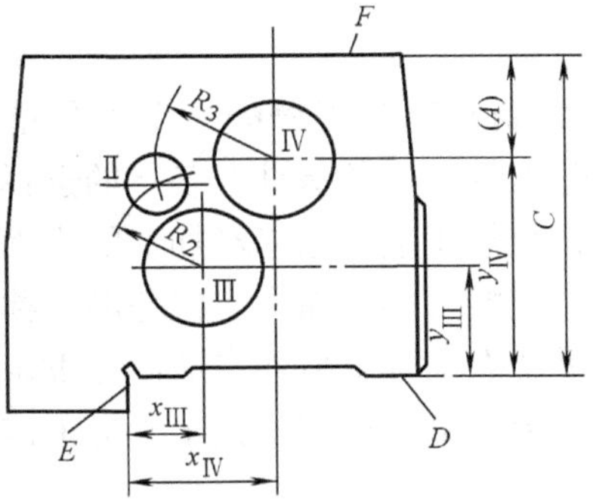

图2-13　主轴箱箱体的设计基准

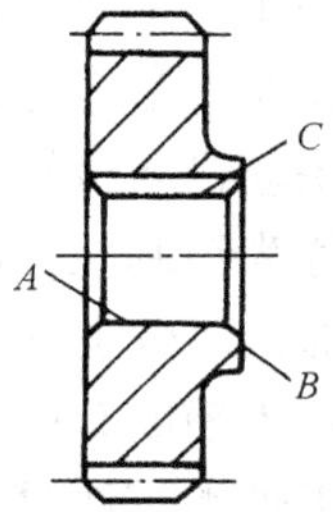

图2-14　装配基准

2）测量基准。测量基准是测量时所采用的基准。图2-15中直径为 d 的轴心线是测量直径为 D 的外圆对直径为 d 的外圆同轴度误差的测量基准。

3）定位基准。定位基准是在加工时用作定位的基准。图2-13所示的箱体镗孔时，若以底面 D 及导向面 E 定位，则 D 面及 E 面与定位元件接触，它们就是镗孔时的定位基准。

4）工序基准。工序基准是在工序图上用来确定本工序所加工表面加工后的尺寸、形状、位置的基准。如图2-16所示的工件，两个孔在水平位置方向的尺寸为l_2，设计基准为左侧面。钻孔时如果从工艺上考虑需要按l_3加工，则B面即为工序基准，加工尺寸l_3叫做工序尺寸。

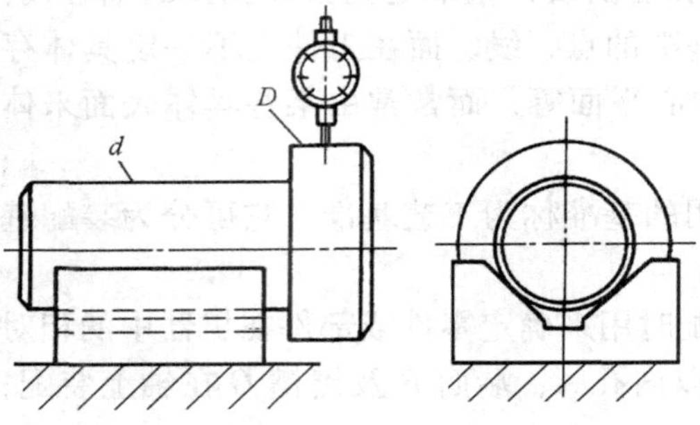

图2-15　测量基准

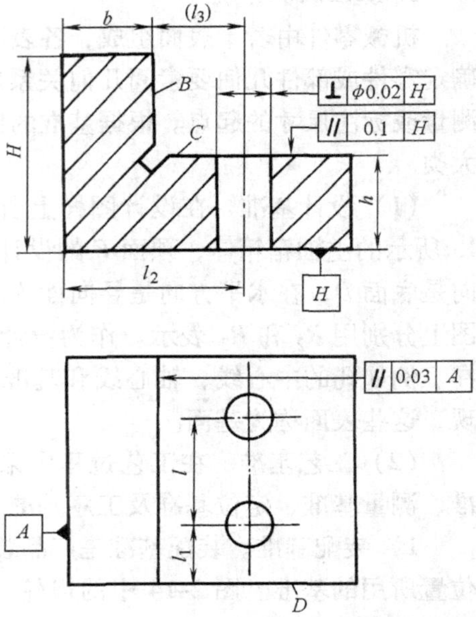

图2-16　工序基准

2. 定位基准的选择

选择工件上哪些表面作为定位基准，是制定工艺规程的一个十分重要的问题。定位基准分为粗基准、精基准和辅助基准等。各种基准有各自的选择原则。

当毛坯进入机械加工的第一道工序时，只能用毛坯上未经加工的表面作定位基准，称为粗基准；由经过加工并且具有一定精度的表面作定位基准，称为精基准。有时，工件上缺乏合适的定位基面，需要在工件上另外增加出专供定位用的基面，称为辅助基面。辅助基面在零件的功用上毫无作用，完全为加工需要而设置。加工轴类零件时用的中心孔就是一例。

（1）粗基准的选择原则

1）余量均匀原则。若工件必须首先保证某重要表面余量均匀，则应选该表面为粗基准。如图2-17所示，为选择机床床身粗基准的两种方案。因为机床床身导轨面是最重要的表面，要求硬度高而均匀，在铸造毛坯时，导轨面需向下放置，以使表面层的金相组织细密均匀，没有气孔、夹砂等缺陷。加工时，希望只切去一层较薄的金属层，使表面层保留细密均匀的金相组织和均匀一致的物理力学性能，所以应选用图 2-17a 的加工方案。先以导轨面为粗基准，加工床腿底平面，再以床腿底平面为精基准加工导轨面，这样可使导轨面余量比较少而均匀。

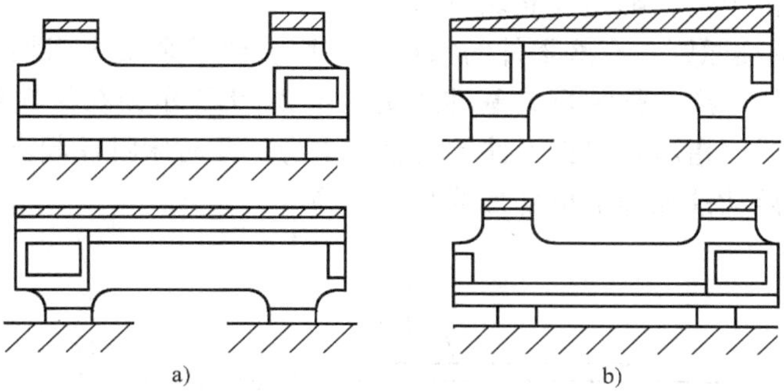

图 2-17 床身加工粗基准两种方案的方案比较
a）正确 b）错误

2）保证不加工面位置正确的原则。若工件必须首先保证加工表面与不加工表面的位置要求，则应选不加工表面为粗基准，以达到壁厚均匀，外形对称等要求。若有好几个不加工表面，则粗基准应选位置精度要求较高者。如图 2-18 所示的工件，设计上要求外圆 1 与加工后的内孔 2 保证一定的同轴度要求，则应选不加工表面 1 来作为粗基准来加工内孔 2。若工件上每个表面都要加工，则应以余量最小的表面作为粗基准，以保证各表面都有足够余量。

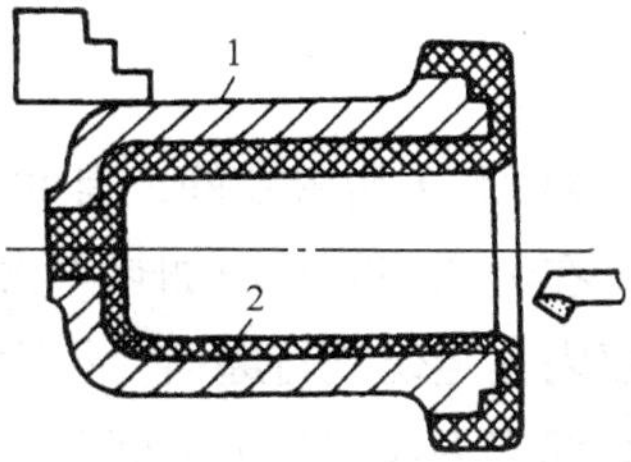

图 2-18 以不加工表面为粗基准
1—外圆 2—内孔

3）粗基准平整光洁，定位可靠原则。选为粗基准的表面，应尽可能平整，并有足够的面积，且不能有飞边、浇冒口或其他缺陷。

4）粗基准只能有效使用一次原则。由于粗基准定位精度低，两次装夹不能保证工件与机床、刀具的相对正确位置。所以在同一尺寸方向上粗基面通常只允许使用一次，以免定位误差太大。在以后的工序中，应选择精基准定位。

（2）精基准的选择原则 精基准的选择原则主要应考虑减少定位误差和装夹方便。其选择原则是：

1）基准重合原则。选用设计基准作为定位基准，称为基准重合原则。这样可以避免基准不重合引起的误差，特别是对于零件的最后精加工工序，更应遵循这一原则。例如，机床主轴锥孔最后精磨工序应选择支承轴颈定位。

2）基准统一原则。选用统一的定位基准加工各表面，以保证各表面间相互位置精度，称为基准统一原则。采用统一基准能用同一组基面加工大多数表面，有利于保证各表面间的相互位置要求，避免基准转换带来误差，而且简化了夹具的设计和制造，缩短了生产的准备周期，降低了费用。轴类零件的中心孔，箱体零件的一面两销定位，都是基准统一的实例。

3）自为基准原则。有些零件的精加工工序，要求余量小而均匀，可用加工表面本身作为精基准，称为自为基准原则。图 2-19 所示为在导轨磨床上磨削床身导轨，安装后用指示表找正工件导轨表面本身，此时床脚仅起支承作用。此外珩磨、铰孔及浮动镗孔等都是自为基准的实例。

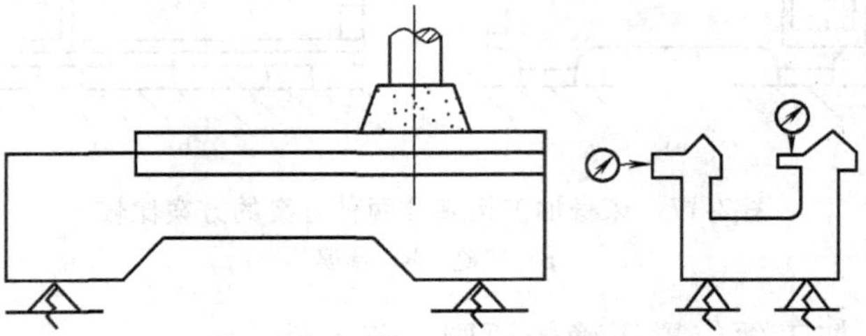

图 2-19　自为基准原则应用

4）对于精密零件，有时还用互为基准，反复加工的原则。例如加工精密齿轮，在齿圈高频感应加热淬火后，淬火变形可能造成齿圈对内孔不同轴误差。若直接以内孔定位进行磨齿，齿面磨削余量不均匀，淬硬层又较薄，可能将某处的淬硬层全部磨去或有些地方磨不出，从而影响质量。要使磨削余量小而均匀，应先以齿圈为基准磨内孔，再以内孔为基准磨齿圈，齿圈与内孔互为基准，反复加工。

此外，选择的精基准还应能使工件定位正确，夹具结构简单，夹紧稳定可靠，操作方便。精基准应具有一定的面积，必要时可增加工艺凸台，以扩大定位面。

（3）辅助基准　工件定位时，为了保证加工表面的位置精度，大多优先选择设计基准或装配基准为定位基准，这些基准一般均为零件的重要工作表面。但有些工件为了装夹方便、定位稳定或易于实现基准统一，常常人为地造成一种定位基准，这种基准就是辅助基准。如图 2-20 所示零件上的工艺凸台和轴类零件加工所用的中心孔等，就是为了满足加工工艺需要才作出的辅助基准。此外，零件上的有关表面，因工艺上宜作为定位基准，而提高其加工精度和表面质量，这种表面也属于辅助基准。例如，丝杠的外圆表面，从螺旋副的传动看是非配合的次要表面，但在丝杠螺纹加工中，外圆表面是导向基面，它的圆度和圆柱度误差直接影响螺纹的加工精度，所以应提高其形状精度，并降低其表面粗糙度。

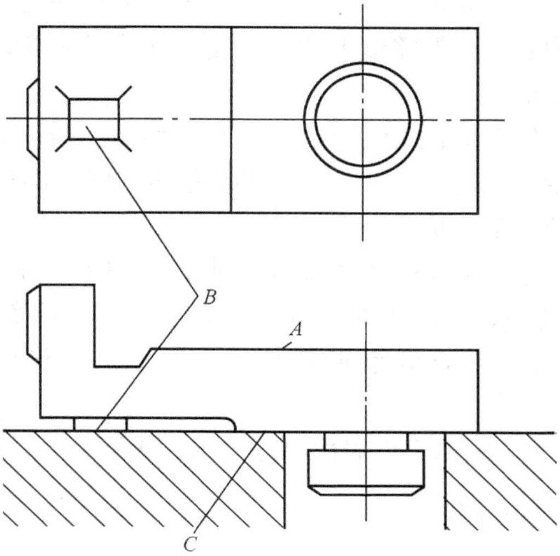

图 2-20 具有工艺凸台的刀架毛坯
A—加工面 B—工艺凸台 C—定位面

第五节 工艺路线的拟订

拟订工艺路线是制订工艺规程的关键一步，它不仅影响零件的加工质量和效率，而且影响设备投资、生产成本，甚至工人的劳动强度。拟订工艺路线时，在选择好定位基准后，还需要考虑以下几个方面的问题。

一、表面加工方法的选择

表面加工方法的选择，就是为零件上每一个有质量要求的表面选择一套合理的加工方法。在选择时，一般先根据表面精度和表面粗糙度要求选择最终的加工方法，然后再确定精加工前前期工序的加工方法。选择加工方法，既要保证零件表面的质量，又要争取高生产效率，同时还应考虑以下因素：

1）首先应根据每个加工表面的技术要求，确定加工方法和分几次加工。

2）应选择相应的能获得经济精度和经济表面粗糙度的加工方法。加工时，不要盲目采用高的加工精度和低的表面粗糙度值的加工方法，以免增加生产成本，浪费设备资源。

3）应考虑工件材料的性质。例如，淬火钢精加工应采用磨床加工，但有色金属的精加工（为避免磨削时堵塞砂轮）则应采用金刚镗或高速精细车削等。

4）要考虑工件的结构和尺寸。例如，对于IT7级精度的孔，采用镗、铰、拉和磨削等都可达到要求。但箱体上的孔一般不宜采用拉或磨削，大孔宜选择镗削，小孔则宜选择铰削。

5）要根据生产类型选择加工方法。大批量生产时，应采用生产率高、质量稳定的专用设备和专用工艺装备加工。单件小批生产时，则只能采用通用设备和工艺装备以及一般的加工方法。

6）应考虑本企业的现有设备情况和技术条件以及充分利用新工艺、新技术的可能性。充分利用企业的现有设备和工艺手段，节约资源，发挥群众的创造性，挖掘企业潜力；同时应重视新技术、新工艺，设法提高企业的工艺水平。

7）其他特殊要求。例如工件表面纹路要求、表面力学性能要求等。

二、加工阶段的划分

当零件的加工质量要求比较高时，往往不可能在一道工序中完成全部加工工作，而必须分几个阶段来进行加工。整个工艺过程一般需划分为以下几个阶段：

（1）粗加工阶段　此阶段的任务是高效地切除各加工表面的大部分余量，使毛坯在形状和尺寸上接近成品。

（2）半精加工阶段　此阶段的任务是消除粗加工留下的误差，为主要表面的精加工做准备，并完成一些次要表面的加工。

（3）精加工阶段　此阶段的任务是从工件上切除少量余量，保证各主要表面达到图样规定的质量要求。

（4）光整加工阶段　对零件上精度和表面粗糙度要求特别高的表面还应在精加工后增加光整加工。

划分加工阶段的主要原因有：

1）保证零件加工质量。粗加工时切除的金属层较厚，会产生较大的切削力和切削热，所需的夹紧力也较大，因而工件会产生较大的弹性变形和热变形；另外，粗加工后由于内应力重新分布，也会使工件产生较大的变形。划分阶段后，粗加工造成的误差将通过半精加工和精加工予以纠正。

2）有利于合理使用设备。粗加工时可使用功率大、刚度好而精度较低的高效率机床，以提高生产率。而精加工则可使用高精度机床，以保证加工精度要求。这样既充分发挥了机床各自的性能特点，又避免了以粗干精，延长了高精度机床的使用寿命。

3）便于及时发现毛坯缺陷。由于粗加工切除了各表面的大部分余量，毛坯的缺陷如气孔、砂眼、余量不足等可及早被发现，及时修补或报废，从而避免继续加工而造成的浪费。

4）避免损伤已加工表面。将精加工安排在最后，可以保护精加工表面在加工过程中少受损伤或不受损伤。

5）便于安排必要的热处理工序。划分阶段后，在适当的时机在机械加工过程中插入热处理，可使冷、热工序配合得更好，避免因热处理带来的变形。

加工阶段的划分不是绝对的，例如，对那些加工质量不高、刚性较好、毛坯精度较高、加工余量小的工件，也可不划分或少划分加工阶段；对于一些刚性好的重型零件，由于装夹、运输费时，也常在一次装夹中完成粗、精加工，为了弥补不划分加工阶段引起的缺陷，可在粗加工之后松开工件，让工件的变形得到恢复，稍留间隔后用较小的夹紧力重新夹紧工件再进行精加工。

三、加工顺序的确定

复杂零件的机械加工要经过切削加工、热处理和辅助工序，在拟订工艺路线时必须将三者统筹考虑，合理安排顺序。

1. 切削加工工序顺序的安排原则

切削工序安排的总原则是：前期工序必须为后续工序创造条件，做好基准准备。具体原则如下：

（1）基准先行　零件加工一开始，总是先加工精基准，然后再用精基准定位加工其他表面。例如，对于箱体零件，一般是以主要孔为粗基准加工平面，再以平面为精基准加工孔系；对于轴类零件，一般是以外圆为粗基准加工中心孔，再以中心孔为精基准加工外圆、端面等其他表面。如果有几个精基准，则应该按照基准转换的顺序和逐步提高加工精度的原则来安排基面和主要表面的加工。

（2）先主后次　零件的主要表面一般都是加工精度或表面质量要求比较高的表面，它们的加工质量好坏对整个零件的质量影响很大，其加工工序往往也比较多，因此应先安排主要表面的加工，再将其他表面加工适当安排在它们中间穿插进行。通常将装配基面、工作表面等视为主要表面，而将键槽、紧固用的光孔和螺孔等视为次要表面。

（3）先粗后精　一个零件通常由多个表面组成，各表面的加工一般都需要分阶段进行。在安排加工顺序时，应先集中安排各表面的粗加工，然后根据需要依次安排半精加工，最后安排精加工和光整加工。对于精度要求较高的工件，为了减小因粗加工引起的变形对精加工的影响，通常粗、精加工不应连续进行，而应分阶段、间隔适当时间进行。

（4）先面后孔　对于箱体、支架和连杆等工件，应先加工平面后加工孔。因为平面的轮廓平整、面积大，先加工平面再以平面定位加工孔，既能保证加工时孔有稳定可靠的定位基准，又有利于保证孔与平面间的位置精度要求。

2. 热处理工序的安排

热处理工序在工艺路线中的安排，主要取决于零件的材料和热处理的目的。根据热处理的目的，一般可分为：

（1）预备热处理　预备热处理的目的是消除毛坯制造过程中产生的内应力，改善金属材料的切削加工性能，为最终热处理做准备。属于预备热处理的有调质、退火、正火等，一般安排在粗加工前、后。安排在粗加工前，可改善材料的切削加工性能；安排在粗加工后，有利于消除残余内应力。

（2）最终热处理　最终热处理的目的是提高金属材料的力学性能，如提高零件的硬度和耐磨性等。属于最终热处理的有淬火+回火、渗碳淬火+回火、渗氮等，对于仅仅要求改善力学性能的工件，有时正火、调质等也作为最终热处理。最终热处理一般应安排在粗加工、半精加工之后，精加工的前后。变形较大的热处理，如渗碳淬火、调质等，应安排在精加工前进行，以便在精加工时纠正热处理的变形；变形较小的热处理，如渗氮等，则可安排在精加工之后进行。

（3）时效处理　时效处理的目的是消除内应力、减少工件变形。时效处理分自然时效、人工时效和冰冷处理三大类。自然时效是指将铸件在露天放置几个月或几年；人工时效是指将铸件以50°~100℃/h的速度加热到500°~550℃，保温数小时或更久，然后以20°~50℃/h的速度随炉冷却；冰冷处理是指将零件置于-80°~0℃之间的某种气体中停留1~2h。时效处理一般安排在粗加工之后、精加工之前；对于精度要求较高的零件可在半精加工之后再安排一次时效处理；冰冷处理一般安排在回火处理之后，精加工之后或者工艺过程的最后。

（4）表面处理　为了表面防腐或表面装饰，有时需要对表面进行涂镀或发蓝等处理。涂镀是指在金属、非金属基体上沉积一层所需的金属或合金的过程。发蓝处理是一种钢铁的碳氮共渗处理，是指将钢件放入一定温度的碱性溶液中，使零件表面生成0.6~0.8μm致密而牢固的Fe_3O_4氧化膜的过程，依处理条件的不同，该氧化膜呈现亮蓝色直至亮黑色，所以又称为煮黑处理。这种表面处理通常安排在工艺过程的最后。

3. 辅助工序的安排

辅助工序包括工件的检验、去毛刺、清洗、去磁和防锈等。辅助工序也是机械加工的必要工序，安排不当或遗漏，会给后续工序和装配带来困难，影响产品质量甚至机器的使用性能。例如，未去毛刺的零件装配到产品中会影响装配精度或危及工人安全，机器运行一段时间后，毛刺变成碎屑后混入润滑油中，将影响机器的使用寿命；用磁力夹紧过的零件如果不安排去磁，则可能将微细切屑带入产品中，也必然会严重影响机器的使用寿命，甚至造成不必要的事故。因此，必须十分重视辅助工序的安排。

检验是最主要的辅助工序，它对保证产品质量有重要的作用。检验工序应安排在：

1）粗加工阶段结束后。

2）转换车间的前后，特别是进入热处理工序的前后。

3）重要工序之前或加工工时较长的工序前后。

4）特种性能检验，如磁力探伤、密封性检验等之前。

5）全部加工工序结束之后。

四、工序的集中与分散

拟订工艺路线时，选定了各表面的加工工序和划分加工阶段之后，就可以将同一阶段中的各加工表面组合成若干工序。确定工序数目或工序内容的多少有两种不同的原则，它和设备类型的选择密切相关。

1. 工序集中与工序分散的概念

工序集中就是将工件的加工集中在少数几道工序内完成。每道工序的加工内容较多。工序集中又可分为：采用技术措施集中的机械集中，如采用多刀、多刃、多轴或数控机床加工等；采用人为组织措施集中的组织集中，如卧式车床的顺序加工。

工序分散则是将工件的加工分散在较多的工序内完成。每道工序的加工内容很少，有时甚至每道工序只有一个工步。

2. 工序集中与工序分散的特点

（1）工序集中的特点

1）采用高效率的专用设备和工艺装备，生产效率高。

2）减少了装夹次数，易于保证各表面间的相互位置精度，还能缩短辅助时间。

3）工序数目少，机床数量、操作工人数量和生产面积都可减少，节省人力、物力，还可简化生产计划和组织工作。

4）工序集中通常需要采用专用设备和工艺装备，使得投资大，设备和工艺装备的调整、维修较为困难，生产准备工作量大，转换新产品较麻烦。

（2）工艺分散的特点

1）设备和工艺装备简单、调整方便、工人便于掌握，容易适应产品的变换。

2）可以采用最合理的切削用量，减少基本时间。

3）对操作工人的技术水平要求较低。

4）设备和工艺装备数量多、操作工人多、生产占地面积大。

工序集中与分散各有特点，应根据生产类型、零件的结构和技术要求、现有生产条件等综合分析后选用。如批量小时，为简化生产计划，多将工序适当集中，使各通用机床完成更多表面的加工，以减少工序数目；而批量较大时就可采用多刀、多轴等高效机床将工序集中。由于工序集中的优点较多，现代生产的发展多趋向于工序集中。

3. 工序集中与工序分散的选择

工序集中与工序分散各有利弊，如何选择，应根据企业的生产规模、产品的生产类型、现有的生产条件、零件的结构特点和技术要求、各工序的生产节拍，进行综合分析后选定。

一般说来，单件小批生产采用组织集中，以便简化生产组织工作；大批大量生产可采用较复杂的机械集中；对于结构简单的产品，可采用工序分散的原则；批量生产应尽可能采用高效机床，使工序适当集中。对于重型零件，为了减少装卸运输工作量，工序应适当集中；而对于刚性较差且精度高的精密工件，则工序应适当分散。随着科学技术的进步，先进制造技术的发展，目前的发展趋势倾向于工序集中。

第六节　工艺内容的设计

一、设备与工艺装备的选择

1. 设备的选择

确定了工序集中或工序分散的原则后，基本上也就确定了设备的类型。如采用工序集中，则宜选用高效自动加工设备；若采用工序分散，则加工设备可较简单。此外，选择设备时还应考虑：

1）机床精度与工件精度相适应。

2）机床规格与工件的外形尺寸相适应。

3）选择的机床应与现有加工条件相适应，如设备负荷的平衡状况等。

4）如果没有现成设备供选用，经过方案的技术经济分析后，也可提出专用设备的设计任务书或改装旧设备。

2. 工艺装备的选择

工艺装备选择的合理与否，将直接影响工件的加工精度、生产效率和经济效益。应根据生产类型、具体加工条件、工件结构特点和技术要求等选择工艺装备。

（1）夹具的选择　单件、小批生产应首先采用各种通用夹具和机床附件，如卡盘、机用虎钳、分度头等；对于大批和大量生产，为提高生产率应采用专用高效夹具；多品种中、小批量生产可采用可调夹具或成组夹具。

(2) 刀具的选择 一般优先采用标准刀具。若采用机械集中，则可采用各种高效的专用刀具、复合刀具和多刃刀具等。刀具的类型、规格和精度等级应符合加工要求。

(3) 量具的选择 单件、小批生产应广泛采用通用量具，如游标卡尺、千分尺和指示表等；大批、大量生产应采用极限量规和高效的专用检验夹具、量仪等。量具的精度必须与加工精度相适应。

二、加工余量的确定

1. 加工余量的基本概念

加工余量是指切削加工过程中所切去的金属层厚度。余量有工序余量和加工总余量（毛坯余量）之分。工序余量是相邻两工序的工序尺寸之差，加工总余量（毛坯余量）是毛坯尺寸与零件图的设计尺寸之差。

由于工序尺寸有公差，故实际切除的余量大小不等。

图 2-21 表示工序余量与工序尺寸的关系。由图可知，工序余量的公称尺寸 Z（简称基本余量或公称余量）可按下式计算：

对于被包容面 Z = 上道工序公称尺寸 − 本道工序公称尺寸

对于包容面 Z = 本道工序公称尺寸 − 上道工序公称尺寸

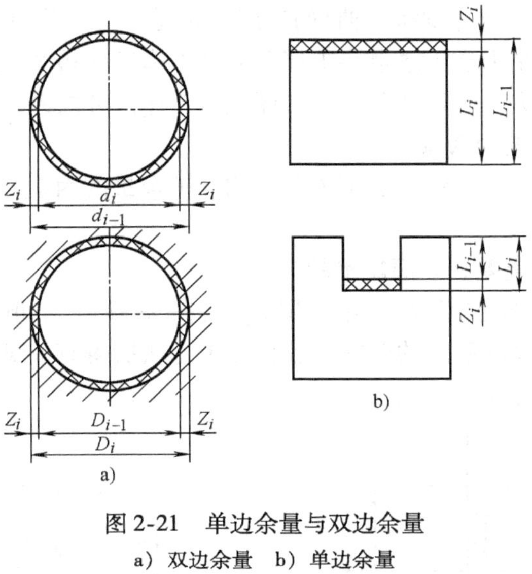

图 2-21 单边余量与双边余量

a）双边余量 b）单边余量

为了便于加工，工序尺寸的公差都按“入体原则”标注极限偏差，即被包容面的工序尺寸取上极限偏差为零；包容面的工序尺寸取下极限偏差为零；毛坯尺寸则按双向布置上、下极限偏差。工序余量和工序尺寸及其公差的计算公式

如下

$$Z = Z_{\min} + T_{i-1}$$

$$Z_{\max} = Z + T_i = Z_{\min} + T_{i-1} + T_i$$

式中　$Z_{\min}$——最小工序余量；

$Z_{\max}$——最大工序余量；

T_{i-1}——上道工序尺寸的公差；

T_i——本道工序尺寸的公差。

加工总余量等于工序余量的之和

$$Z_0 = Z_1 + Z_2 + \cdots + Z_n = \sum_{i=1}^{n} Z_i$$

式中　Z_0——加工总余量(毛坯余量)；

Z_i——各工序余量；

n——工序数。

加工余量有双边余量和单边余量之分。对于外圆和孔等回转表面，加工余量指双边余量，即以直径方向计算，实际切削的金属层厚度为加工余量的一半。平面的加工余量则是单边余量，它等于实际切削的金属层厚度。

毛坯余量(加工总余量)和每次加工所切去的余量都不可避免地存在着误差，故出现了最小余量和最大余量，它们和工序加工公差的关系如图2-22所示。

在图2-22中，被包容表面(轴)的工序余量是上道工序和本道工序的工序尺寸之差，最小余量是上道工序最小工序尺寸和本道工序最大工序尺寸之差，最大余量是上道工序最大工序尺寸和本道工序最小工序尺寸之差。

2. 影响加工余量的因素

为了合理确定加工余量，必须了解影响加工余量的因素，归纳起来有以下几个主要因素：

(1) 前工序的误差和表面缺陷的因素

1) 前工序表面粗糙度 Ra 和缺陷层 H_{i-1}(图2-23)，本道工序必须切除，并要达到本道工序对表面质量的要求。各种加工方法所得有关试验数据见表2-6。

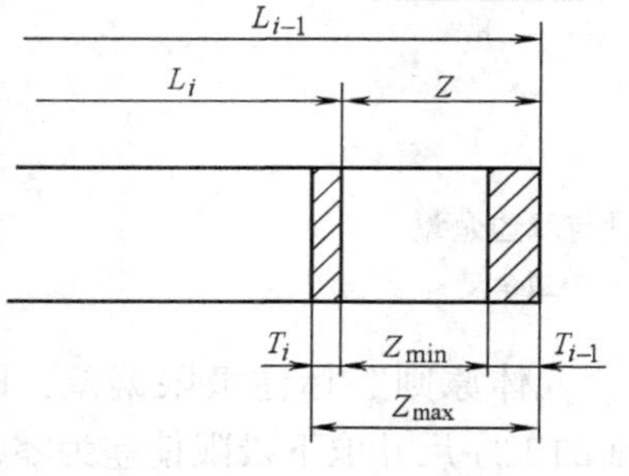

图2-22　被包容面工序余量及公差

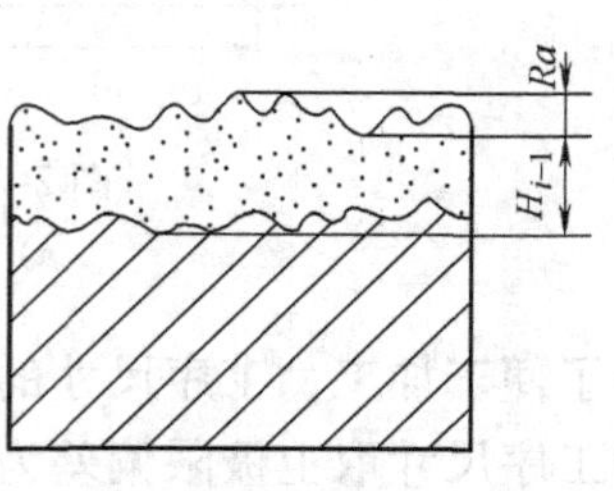

图2-23　工件的加工表面层

表 2-6　各种加工方法所得试验数据 Ra 和 H_{i-1}　　（单位：μm）

加工方法	Ra	H_{i-1}	加工方法	Ra	H_{i-1}
粗车	15～100	40～60	精扩孔	25～100	30～40
精车	5～45	30～40	粗铰	25～100	25～30
磨外圆	1.7～15	15～25	精铰	8.5～25	10～20
钻	45～225	40～60	粗车端面	15～225	40～60
扩钻	25～225	35～60	精车端面	5～54	30～40
粗镗	25～225	30～50	磨端面	1.7～15	15～35
精镗	5～25	25～40	磨内圆	1.7～15	20～30
粗扩孔	25～225	40～60	拉削	1.7～8.5	10～20
粗刨	15～100	40～50	磨平面	1.7～15	20～30
粗插	25～100	50～60	切断	45～225	60
精刨	5～45	25～40	研磨	0～1.6	3～5
精插	5～45	35～50	超级光磨	0～0.8	0.2～0.3
粗铣	15～225	40～60	抛光	0.06～1.6	2～5
精铣	5～45	25～40			

2）前道工序的尺寸公差 T_{i-1}。工序的基本余量包含了前道工序的尺寸公差。

3）前道工序的形状、位置误差 ρ_{i-1}。前道工序各表面间相互位置、形状的误差包括轴线的弯曲、偏移、偏斜、垂直度、圆度、圆柱度、平行度等误差。例如阶梯轴各中心线的同轴度误差；外圆与孔的同轴度误差，平面的弯曲、偏斜、平行度、垂直度等误差。

（2）本道工序的安装误差 ε_i　安装误差包括本道工序加工时的定位误差和夹紧误差，它会直接影响被加工表面与切削刀具之间的相对位置。当存在这种误差时，会使加工余量不足，在确定加工余量时应列入这一因素。

综合以上各个因素，列出下面的加工余量计算公式

对于外圆、孔等对称加工余量，其计算公式为

$$2Z_i \geqslant T_{i-1} + 2 \times (Ra + H_{i-1}) + 2 \times |\rho_{i-1} + \varepsilon_i|$$

对于平面等非对称加工余量，其计算公式为

$$Z_i \geqslant T_{i-1} + Ra + H_{i-1} + |\rho_{i-1} + \varepsilon_i|$$

在应用上述公式时要根据具体情况进行修正，对于采用自为基准加工的零件

（用浮动铰刀、浮动镗刀、拉刀加工孔，在无心磨床上磨削小轴等）要不计安装误差 ε_i，几何误差 ρ_{i-1} 中只有形状误差，不计位置误差，其计算公式为

$$2Z_i \geqslant T_{i-1} + 2 \times (Ra + H_{i-1}) + 2 \times \rho_{i-1}$$

对于研磨、珩磨、超精磨和抛光等光整加工主要是降低表面粗糙度值及提高形状、尺寸精度，其计算公式为

$$2Z_i \geqslant T_{i-1} + 2 \times Ra + 2 \times \rho_{i-1}$$

对于细长易弯曲变形的轴类杆件，工序加工余量应适当放大。有的需要进行热处理的零件，由于热处理容易引起工件变形，产生氧化层和尺寸发生变化，所以在确定加工余量时应考虑这些因素，否则，会因为上述原因使余量不足而产生废品。

3. *确定加工余量的方法*

确定加工余量的方法有三种：

（1）分析计算法　根据一定的试验资料和计算公式，对影响加工余量的因素逐项分析计算。这种方法确定的余量比较合理和精确，但计算时需要有全面可靠的资料，适用于贵重金属加工时余量的确定。

（2）经验估计法　根据企业的生产技术，估计零件各表面的毛坯余量和各工序的工序余量。这种方法主要由生产经验丰富的技术人员确定加工余量时采用，但有时也会因为经验所限，使确定的余量不够精确。为了防止余量不足而产生废品，估计的余量一般偏大。此方法常用于单件和小批量生产。

（3）查表修正法　以加工手册中推荐的加工余量数据为基础，结合实际加工情况进行修正，然后确定加工余量数值。这种方法确定的加工余量比较简便可靠。

三、工序尺寸及其公差的确定

工件上的设计尺寸一般都要经过几道工序的加工才能得到，每道工序所应保证的尺寸称为工序尺寸。编制工艺规程的一个重要工作就是要确定每道工序的工序尺寸及公差，在确定工序尺寸及公差时，存在工序基准与设计基准重合和不重合两种情况。

1. *基准重合时工序尺寸及其公差的确定*

基准重合时工序尺寸及其公差的确定　是指工序基准或定位基准与设计基准重合，表面多次加工时，工序尺寸及其公差的计算。工件上外圆和孔的多工序加工都属于这种情况。计算顺序是：先确定各工序余量的公称尺寸，再由后往前逐个工序推算，即由零件上的设计尺寸开始，由最后一道工序开始向前工序推算，直到毛坯尺寸。工序尺寸的公差则都按各工序的经济精度确定，并按“入体原

则”确定上、下极限偏差。

例 2-1　如图 2-24 所示，在某零件上需要加工一个孔，要求孔径为 $\phi60^{+0.03}_{0}$ mm，表面粗糙度 $Ra0.8\mu m$，需要淬硬。锻件毛坯上孔已锻出，其工艺路线为：粗镗—精镗—热处理—磨孔。

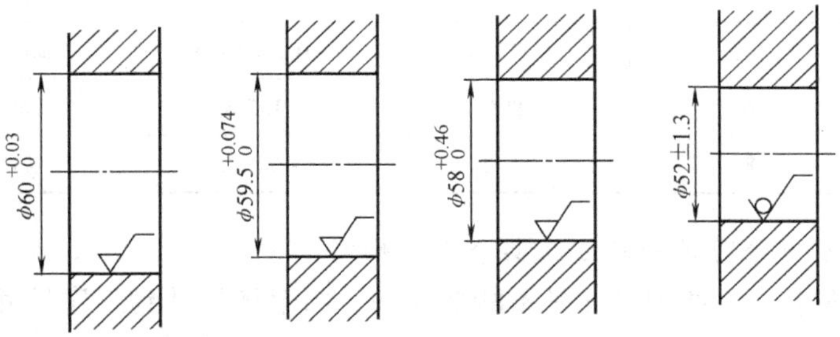

图 2-24　孔加工工序尺寸及偏差

解　1）确定加工余量。先根据工艺手册及生产经验确定各工序的加工量余量。

各工序直径上的加工量余量：

磨削余量　0.5mm

精镗余量　1.5mm

粗镗余量　6mm

加工总余量　8mm。

2）计算各工序尺寸。从精加工到粗加工确定各工序的工序尺寸。磨削是最后工序，磨削后应达到零件图上规定的设计尺寸，即 $\phi60^{+0.03}_{0}$ mm。

为了有足够的磨削余量，精镗后的孔径工序尺寸应为

$$D_1 = (60 - 0.5)\text{mm} = 59.5\text{mm}$$

为了有足够的精镗余量，粗镗后的孔径工序尺寸应为

$$D_2 = (59.5 - 1.5)\text{mm} = 58\text{mm}$$

为了有足够的粗镗余量，毛坯孔径的工序尺寸应为

$$D_3 = (58 - 6)\text{mm} = 52\text{mm}$$

3）确定各工序尺寸及上、下极限偏差。在确定各工序尺寸公差时，既要参考各工序采用的加工方法所获得的经济精度，又要保证后道工序有足够的余量。磨削前的精镗，取其加工的精度为 IT9 级，查表得其公差值 IT9 = 0.074mm；粗镗取精度为 IT13 级，查表得其公差值 IT13 = 0.46mm。按规定孔径极限偏差取单向正号。毛坯极限偏差取双向（±），其毛坯极限偏差为 ±1.3mm。具体参数见

表2-7。

表2-7　工序尺寸及上、下极限偏差的确定　（单位:mm）

工序名称	工序基本量	工序经济精度	工序尺寸	工序尺寸及其极限偏差
磨孔	0.5	IT7	60	$\phi60^{+0.03}_{0}$
精镗	1.5	IT9	60 - 0.5 = 59.5	$\phi59.5^{+0.074}_{0}$
粗镗	6	IT13	59.5 - 1.5 = 58	$\phi58^{+0.46}_{0}$
毛坯孔	8	±1.3	58 - 6 = 52	$\phi52 \pm 1.3$

2. 基准不重合时工序尺寸及其公差的确定

加工过程中，工件的尺寸是不断变化的，由毛坯尺寸到工序尺寸，最后达到满足零件性能要求的设计尺寸。一方面，由于加工的需要，在工序图及工艺卡上要标注一些专供加工用的工艺尺寸，工艺尺寸往往不是直接采用零件图上的尺寸，而是还需要另行计算；另一方面，当零件加工时，有时还需要多次转换基准，因而引起工序基准、定位基准或测量基准与设计基准不重合。这时，需要利用工艺尺寸链原理来进行工序尺寸及公差的计算。

（1）工艺尺寸链的基本概念

1）工艺尺寸链的定义。工件在加工过程中，当改变工件的某一尺寸大小，会引起其他有关尺寸的变化。同样，在机器装配过程中，零件与零件之间的有关尺寸，同样也是密切联系。这种由互相联系的尺寸按一定顺序首尾相接排列成的尺寸封闭图就称为尺寸链。一个零件在加工过程中，由有关工序尺寸所组成的尺寸链，称为工艺尺寸链；在机器设计和装配过程中，影响某项装配要求的有关零件的有关尺寸所组成的尺寸链，称为装配尺寸链。

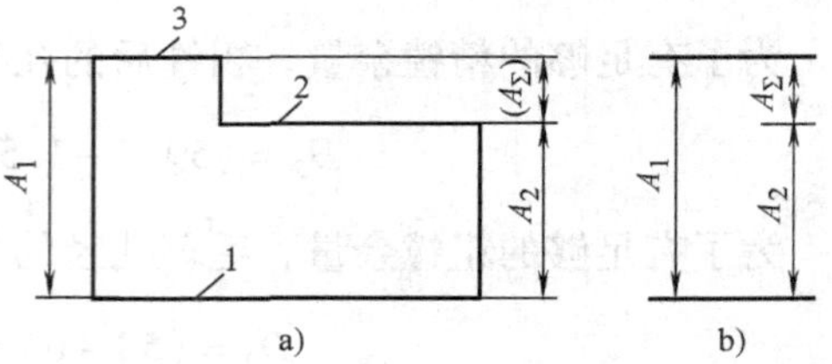

图2-25　工艺尺寸链示意图

a）工序尺寸标注　b）工艺尺寸链

在图2-25a中，零件的平面1和3已经加工，平面3为平面2的设计基准，设计尺寸是A_Σ。实际加工中，为了便于装夹，往往采用平面1作为定位基准。显然，这就造成定位基准与设计基准不重合，尺寸A_Σ将有基准不重合误差，其值决定于A_1和A_2，也就是通过直接保证尺寸A_1和A_2来间接得到A_Σ。把这三个尺寸按一定顺序首尾衔接起来，成为如图2-25b所示的封闭图形，就是该工序的工艺尺寸链。

图 2-26a 所示为齿轮轴的装配简图。图中齿轮轴经装配后应保证具有一定的轴向间隙 A_Σ，而 A_Σ 是通过齿轮轴上的左右台肩宽 A_1、两个径向球轴承宽 A_2、两个孔用挡圈厚 A_3、装至箱体的槽距 A_4 来保证的。图 A_1、A_2、A_3 和 A_4 都是直接影响间隙 A_Σ 的尺寸。这些尺寸按一定顺序首尾衔接起来就形成了一个封闭图形（图 2-26b）该封闭图形就是齿轮轴的装配尺寸链。

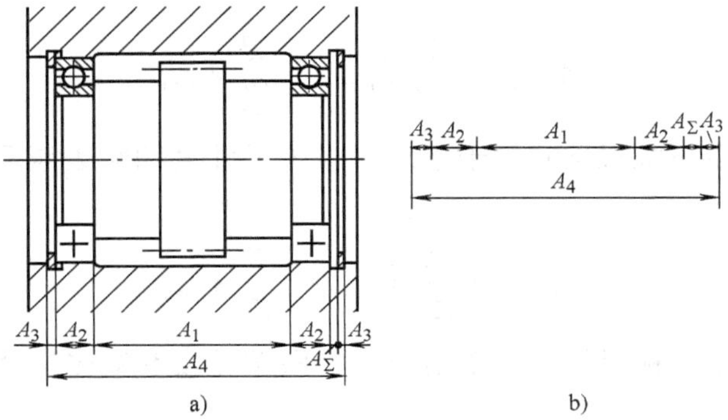

图 2-26 装配尺寸链示意图
a）装配尺寸图 b）装配尺寸链

2）工艺尺寸链的组成。组成工艺尺寸链的各个尺寸称为尺寸链的环。根据环的性质可分为封闭环和组成环。

① 封闭环。尺寸链中最终间接获得或间接保证精度的那个环，每个尺寸链中必须有一个，且只有一个封闭环。

② 组成环。除封闭环以外的其他环都称为组成环。组成环又分为增环和减环。

增环：当其余各组成环不变，某组成环的变动引起封闭环随之同向变动，则该环为增环。

减环：当其余各组成环不变，某组成环的变动引起封闭环随之异向变动，则该环为减环。

3）工艺尺寸链的特征。通过上述分析可知，工艺尺寸链的主要特性是封闭性和关联性。所谓封闭性是指尺寸链中各尺寸的排列呈封闭形式，没有封闭的不能成为尺寸链。所谓关联性是指尺寸链中任何一个直接获得的尺寸及其变化，都将影响间接获得或间接保证的那个尺寸及其精度的变化。

（2）工艺尺寸链计算的基本公式 工艺尺寸链的计算方法有两种，即极值法和概率法，这里仅介绍生产中常用的极值法。

1）封闭环的公称尺寸等于增环的公称尺寸之和减去减环的公称尺寸之和，即

$$A_0 = \sum_{i=1}^{n} \overrightarrow{A}_i - \sum_{i=n+1}^{m-1} \overleftarrow{A}_i$$

式中 n——增环的环数；

$m-1$——组成环的环数。

2）封闭环的上极限尺寸等于增环上极限尺寸之和减去减环下极限尺寸之和，即

$$A_{0\max} = \sum_{i=1}^{n} \overrightarrow{A}_{i\max} - \sum_{i=n+1}^{m-1} \overleftarrow{A}_{i\min}$$

3）封闭环的下极限尺寸等于增环下极限尺寸之和减去减环上极限尺寸之和，即

$$A_{0\min} = \sum_{i=1}^{n} \overrightarrow{A}_{i\min} - \sum_{i=n+1}^{m-1} \overleftarrow{A}_{i\max}$$

4）封闭环的上极限偏差等于增环上极限偏差之和减去减环下极限偏差之和，即

$$ES_{A_0} = \sum_{i=1}^{n} ES_{\overrightarrow{A}_i} - \sum_{i=n+1}^{m-1} EI_{\overleftarrow{A}_i}$$

5）封闭环的下极限偏差等于增环下极限偏差之和减去减环上极限偏差之和，即

$$EI_{A_0} = \sum_{i=1}^{n} EI_{\overrightarrow{A}_i} - \sum_{i=n+1}^{m-1} ES_{\overleftarrow{A}_i}$$

6）封闭环的公差等于所有组成环公差之和，即

$$T_{A_0} = \sum_{i=1}^{n} T_{\overrightarrow{A}_i} + \sum_{i=n+1}^{m-1} T_{\overleftarrow{A}_i} = \sum_{i=1}^{m-1} T_i$$

（3）工艺尺寸链的计算形式

1）正计算形式：已知各组成环尺寸求封闭环尺寸。其计算结果是唯一的，产品设计的校验常用这种形式。

2）反计算形式：已知封闭环尺寸求各组成环尺寸。由于组成环通常有若干个，所以反计算形式需将封闭环的公差值按照尺寸大小和精度要求合理地分配给各组成环。产品设计常用此形式。

3）中间计算形式：已知封闭环尺寸和部分组成环尺寸求某一组成环尺寸。该方法应用最广，常用于加工过程中基准不重合时计算工序尺寸。

3. 工艺尺寸链计算的应用

（1）定位基准与设计基准不重合时工艺尺寸链的建立和计算　在图2-27

中，其中孔Ⅰ在前道工序中已加工好。箱体的设计基准是“A”、“B”两个面。孔Ⅱ的设计基准是孔Ⅰ。若以孔Ⅰ为定位基准，直接按图样尺寸 A_2、B_2 来调整刀具，会使夹具结构复杂，定位稳定性差。理想的定位基准是“A”“B”两个面，这时需解决定位基准与设计基准不重合的尺寸换算问题。

工艺尺寸链的建立，如图 2-28 所示。

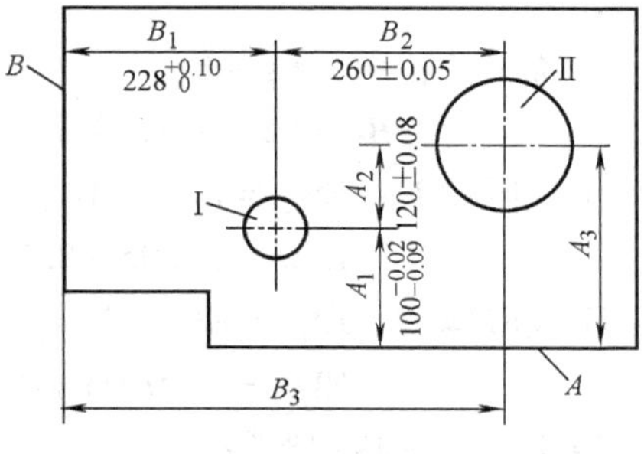

图 2-27　箱体零件简图

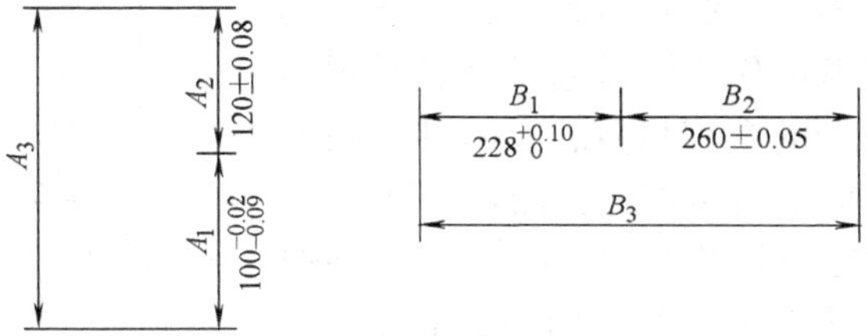

图 2-28　尺寸链图

计算 A 链：

公称尺寸：$A_2 = \overrightarrow{A_3} - \overleftarrow{A_1}$

$\overrightarrow{A_3} = A_2 + \overleftarrow{A_1} = (100 + 120)\text{mm} = 220\text{mm}$

上极限偏差：$ES_{A_2} = ES_{\overrightarrow{A_3}} - EI_{\overleftarrow{A_1}}$

$ES_{\overrightarrow{A_3}} = ES_{A2} + EI_{\overleftarrow{A_1}} = [0.08 + (-0.09)]\text{mm} = -0.01\text{mm}$

下极限偏差：$EI_{A_2} = EI_{\overrightarrow{A_3}} - ES_{\overleftarrow{A_1}}$

$EI_{\overrightarrow{A_3}} = EI_{A_2} + ES_{\overleftarrow{A_1}} = [-0.08 + (-0.02)]\text{mm} = -0.10\text{mm}$

得到：$A_3 = 220^{-0.01}_{-0.10}\text{mm}$

计算 B 链：

公称尺寸：$B_2 = \overrightarrow{B_3} - \overleftarrow{B_1}$

$\overrightarrow{B_3} = B_2 + \overleftarrow{B_1} = (228 + 260)\text{mm} = 488\text{mm}$

上极限偏差：$ES_{B_2} = ES_{\overrightarrow{B_3}} - EI_{\overleftarrow{B_1}}$

$ES_{\overrightarrow{B_3}} = ES_{B_2} + EI_{\overleftarrow{B_1}} = (0.05 + 0)\text{mm} = 0.05\text{mm}$

下极限偏差：$EI_{B_2} = EI_{\overrightarrow{B_3}} - ES_{\overleftarrow{B_1}}$

$EI_{\overrightarrow{B_3}} = EI_{B_2} + ES_{\overleftarrow{B_1}} = (-0.05 + 0.10)\text{mm} = 0.05\text{mm}$

得：$B_3 = 488\text{mm}$　　不适合(公差等于零)

采用压缩上道工序公差的方法压缩 B_1，但使平均尺寸不变(中间公差)，根据难易程度把公差缩到 0.04，即 $B_1 = 228^{+0.07}_{+0.03}\text{mm}$

则：

公称尺寸：$B_2 = \overrightarrow{B_3} - \overleftarrow{B_1}$

$B_3 = (260 + 228)\text{mm} = 488\text{mm}$

上极限偏差：$ES_{B_2} = ES_{\overrightarrow{B_3}} - EI_{\overleftarrow{B_1}}$

$ES_{\overrightarrow{B_3}} = (0.05 + 0.03)\text{mm} = 0.08\text{mm}$

下极限偏差：$EI_{B_2} = EI_{\overrightarrow{B_3}} - ES_{\overleftarrow{B_1}}$

$EI_{\overrightarrow{B_3}} = (-0.05 + 0.07)\text{mm} = 0.02\text{mm}$

得到：$B_3 = 488^{+0.08}_{+0.02}\text{mm}$

（2）测量基准与设计基准不重合时工艺尺寸链的建立和计算　零件在测量过程中经常会遇到以图样要求的设计基准作为测量基准使测量很不方便，需用结构复杂的专用量具，有时甚至根本无法进行测量，这时需要重新选择测量基准。

图 2-29a 所示零件图中尺寸 $32^{+0.20}_{0}$mm 不便于测量，因此在工艺上改为以 B 面为基准按尺寸 $8^{\ 0}_{-0.20}$mm 来加工 A 面，再以 A 面为基准按尺寸 N 来加工 C 面，从而间接地保证了尺寸 $32^{+0.20}_{0}$mm。

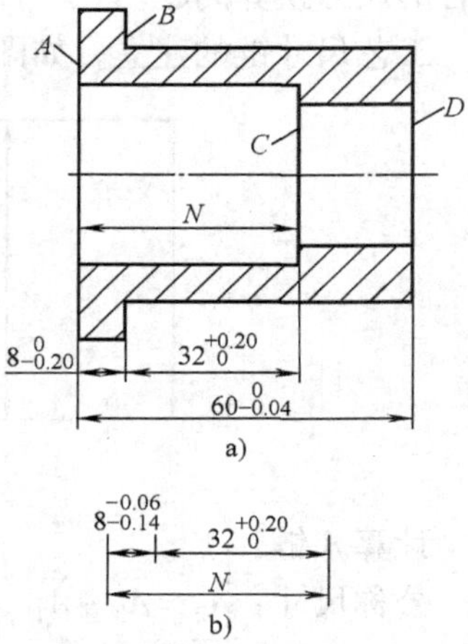

图 2-29　测量基准与设计基准不重合换算尺寸

a）零件图　b）尺寸链

工艺尺寸链的建立，如图 2-29b 所示。

工艺尺寸的计算：

公称尺寸：$32 = \overrightarrow{N} - 8$　$N = (32 + 8)\text{mm} = 40\text{mm}$

上极限偏差：$0.20 = ES_{\overrightarrow{N}} - (-0.20)$

$ES_{\overrightarrow{N}} = (0.20 - 0.20)\text{mm} = 0\text{mm}$

下极限偏差：$0 = EI_{\overrightarrow{N}} - 0$　$EI_{\overrightarrow{N}} = 0\text{mm}$

得：$N = 40$mm 上、下极限偏差为零，不适合。

若压缩 $8^{\ 0}_{-0.20}\text{mm} \longrightarrow 8^{-0.06}_{-0.14}\text{mm}$

则：上极限偏差　$N = (0.2 - 0.14)\text{mm} = 0.06\text{mm}$

下极限偏差　$N = [0 + (-0.06)] = -0.06\text{mm}$

得　$N = (40 \pm 0.06)\text{mm}$　合适。

（3）中间工序尺寸链的建立和计算　图 2-30a 所示零件为一有键槽的内孔，其加工顺序为：

镗孔尺寸至　　$D_1 = \phi 69.6^{+0.20}_{0}\text{mm}$

插键槽至尺寸 A_1

磨内孔至 $D = \phi 70^{+0.03}_{0}$mm，同时要保证键槽深度 $A = 74.9^{+0.20}_{0}$mm。

显然应该利用尺寸链正确地计算出中间工序尺寸，才能在磨内孔后同时保证 $\phi70^{+0.03}_{0}$mm 和 $74.9^{+0.20}_{0}$mm。

中间工序尺寸链的建立：如图 2-30b、c、d。

工序尺寸的计算：

计算(1)

公称尺寸：$Z=\overrightarrow{D/2}-\overleftarrow{D_1/2}=(70-69.6)/2\text{mm}=0.2\text{mm}$

上极限偏差：$ES_Z=ES_{\overrightarrow{D/2}}-EI_{\overleftarrow{D_1/2}}=(0.015-0.00)\text{mm}=0.015\text{mm}$

下极限偏差：$EI_Z=EI_{\overrightarrow{D/2}}-ES_{\overleftarrow{D_1/2}}=(0.00-0.10)\text{mm}=-0.10\text{mm}$

得到：$Z=0.2^{+0.015}_{-0.10}$mm

计算(2)

公称尺寸：$A=\overrightarrow{A_1}+\overrightarrow{Z}$　　$A_1=(74.9-0.2)\text{mm}=74.7\text{mm}$

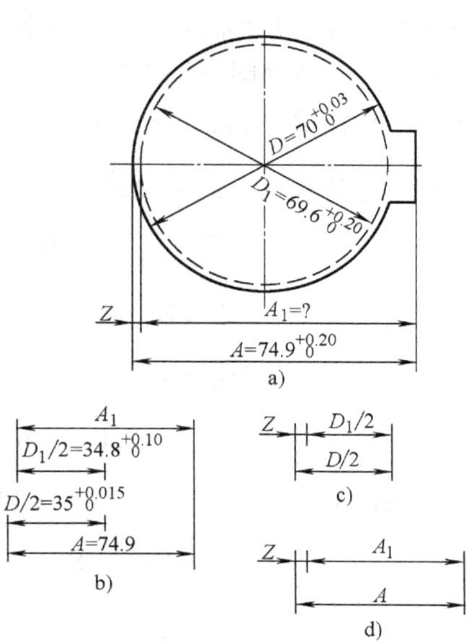

图 2-30　内孔及键槽加工的工艺尺寸链

a) 尺寸图　b)、c)、d) 尺寸链图

上极限偏差：$ES_{\overrightarrow{A_1}}=ES_A-ES_{\overrightarrow{Z}}=(0.2-0.015)\text{mm}=0.185\text{mm}$

下极限偏差：$EI_{\overrightarrow{A_1}}=EI_A-EI_{\overrightarrow{Z}}=[0.00-(-0.10)]\text{mm}=0.10\text{mm}$

得到：$A_1=74.7^{+0.185}_{+0.10}$mm

因此插键槽时，尺寸必须至 $A_1=74.7^{+0.185}_{+0.10}$mm

(4) 表面热处理工艺尺寸链的建立和计算　表面热处理工艺尺寸链的建立和计算一般分为两类：一类是渗入类（渗碳，渗氮，碳氮共渗）——通常要求保证加工完毕后渗入层的厚度（控制渗层厚度）。另一类是电镀类（镀铬，镀锌，镀铜）——通常要求保证零件一定的镀层厚度（控制镀前尺寸公差）。

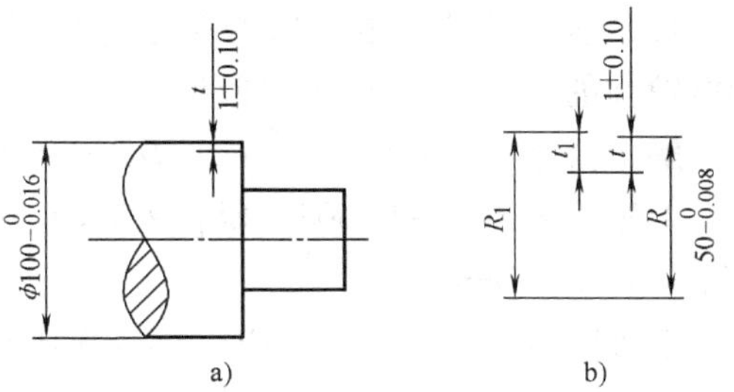

图 2-31　渗碳层深度的尺寸链换算

a) 零件图　b) 尺寸链

例 2-2　渗入类（渗碳）

如图 2-31 所示，要求加工后保证零件的渗碳层厚度为 $t=(1\pm0.1)$mm，加工顺序为：

半精车外圆至尺寸 D（半径为 R_1）——→渗碳、淬火（渗碳层深度 t_1）——→磨削

外圆至尺寸 $\phi100_{-0.016}^{\ 0}$mm （半径为 $R50_{-0.008}^{\ 0}$mm）。

查工艺手册磨削余量 0.50mm（直径方向）磨削前的尺寸精度为 $100.5_{-0.23}^{\ 0}$mm，即 $R_1=50.25_{-0.115}^{\ 0}$mm。试求 t_1。

解 公称尺寸：$t=\overrightarrow{t_1}+\overrightarrow{R}-\overleftarrow{R_1}$

$$\overrightarrow{t_1}=\overleftarrow{R_1}+t-\overrightarrow{R}=(50.25+1-50)\text{mm}=1.25\text{mm}$$

上极限偏差：$ES_t=ES_{\overrightarrow{t_1}}+ES_{\overrightarrow{R}}-EI_{\overleftarrow{R_1}}$

$$ES_{\overrightarrow{t_1}}=ES_t+EI_{\overleftarrow{R_1}}-ES_{\overrightarrow{R}}=[0.1+(-0.115)-0]\text{mm}$$

$$=-0.015\text{mm}$$

下极限偏差：$EI_t=EI_{\overrightarrow{t_1}}+EI_{\overrightarrow{R}}-ES_{\overleftarrow{R_1}}$

$$EI_{\overrightarrow{t_1}}=EI_t+ES_{\overleftarrow{R_1}}-EI_{\overrightarrow{R}}$$

$$=[-0.10+0-(-0.008)]\text{mm}$$

$$=-0.092\text{mm}$$

得到：$t_1=1.25_{-0.092}^{-0.015}$mm

所以在热处理（渗碳）时，要控制渗碳层的深度在 1.158～1.235mm 之间。

例 2-3 电镀类

某零件表面需要进行电镀，镀层厚度 8～12μm，零件的直径为 $\phi50_{-0.070}^{-0.008}$mm，镀后不加工，试求电镀前工艺尺寸及其公差。

尺寸链的建立如图 2-32 所示。

尺寸链的计算：电镀后的尺寸为封闭环，电镀层厚度和电镀前的工序尺寸均为组成环。

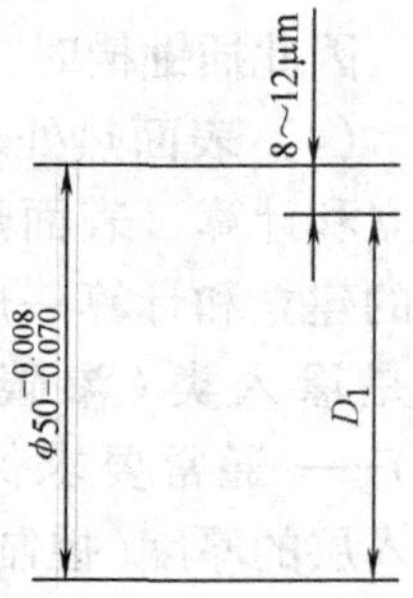

图 2-32 电镀层厚度的尺寸链换算

解 公称尺寸：$50=\overrightarrow{D_1}+0$ $D_1=50$mm

上极限偏差 $-0.008=ES_{\overleftarrow{D_1}}+2\times0.012$

$ES_{\overrightarrow{D_1}}=-0.032$mm

下极限偏差 $-0.07=EI_{\overleftarrow{D_1}}+2\times0.008$

$EI_{\overrightarrow{D_1}}=-0.086$mm

得到：$D_1=\phi50_{-0.086}^{-0.032}$mm

若电镀后还需要精加工时，可将电镀层的厚度作为封闭环，零件的加工尺寸作为组成环。然后根据尺寸链计算公式求出所需要的工序尺寸及其公差。

第七节　时间定额与提高劳动生产率的工艺途径

一、时间定额

机械加工生产率是指工人在单位时间内生产的合格产品的数量，或者制造单件产品所消耗的劳动时间。机械加工生产率通常通过时间定额来衡量，它是劳动生产率的指标。

时间定额是指在一定的生产条件下，规定每个工人完成单件合格产品或某项工作所必需的时间。时间定额是安排生产计划、核算生产成本的重要依据，也是设计、扩建工厂或车间时计算设备和工人数量的依据。

完成零件一道工序的时间定额称为单件时间，它由下列部分组成：

(1) 基本时间（T_b）　指直接改变生产对象的尺寸、形状、相对位置与表面质量或材料性质等工艺过程所消耗的时间。对机械加工而言，就是切除金属所耗费的时间（包括刀具切入、切出的时间）。时间定额中的基本时间可以根据切削用量和行程长度来计算。

(2) 辅助时间（T_a）　指为实现工艺过程所必须进行的各种辅助动作消耗的时间。包括装卸工件，开、停机床，改变切削用量，试切和测量工件，进刀和退刀所需的时间等。

基本时间与辅助时间之和称为作业时间 T_B，它是直接用于制造产品或零部件所消耗的时间。

(3) 布置工作场地时间（T_{sw}）　指为使加工正常进行，工人管理工作场地和调整机床（如更换、调整刀具，润滑机床，清理切屑，收拾工具）等所需的时间。一般按作业时间的2% ~7%计算。

(4) 生理和自然需要时间（T_r）　指工人在工作班内为恢复体力和满足生理需要等消耗的时间。一般按作业时间的2% ~4%计算。

以上四部分时间的总和称为单件时间 T_p。

(5) 准备与终结时间（T_e）　简称为准终时间，指工人在加工一批产品、零件进行准备和结束工作所消耗的时间。加工开始前，通常都要熟悉工艺文件，领取毛坯、工艺装备，调整机床，安装刀具和夹具，选定切削用量等；加工结束后，需送交产品，拆下、归还工艺装备等。准终时间对一批工件来说只消耗一次，零件批量越大，分摊到每个工件上的准终时间（T_e/n，其中 n 为批量）就越小。大批、大量生产中，由于 n 的数值很大，$T_e/n \approx 0$，即可忽略不计。

二、提高机械加工生产率的工艺途径

劳动生产率是一个综合技术经济指标，它与产品设计、生产组织、生产管理和工艺设计都有密切关系。这里讨论提高机械加工生产率的问题，主要从工艺技术的角度，研究如何通过减少时间定额，寻求提高生产率的工艺途径。

1. 缩短基本时间

（1）提高切削用量　增大切削速度、进给量和背吃刀量都可以缩短基本时间，这是机械加工中广泛采用的提高生产率的有效方法。近年来国外出现了聚晶金刚石和聚晶立方氮化硼等新型刀具材料，切削普通钢材的速度可达900m/min；加工硬度为60HRC以上的淬火钢、高镍合金钢，在980℃时仍能保持其耐热性，切削速度可在900m/min以上。高速滚齿机的切削速度可达65～75m/min，目前最高滚切速度已超过300m/min。磨削方面的发展趋势是在不影响加工精度的条件下，尽量采用强力磨削，提高金属切除率，磨削速度已超过60m/s；而高速磨削速度已达到180m/s以上。

（2）减少或重合切削行程长度　利用几把刀具或复合刀具对工件的同一表面或几个表面同时进行加工，以及利用宽刃刀具、成形刀具作横向进给同时加工多个表面，实现复合工步，都能减少每把刀的切削行程长度或使切削行程长度部分或全部重合，减少基本时间。

（3）采用多件加工　多件加工可分顺序多件加工、平行多件加工和平行顺序多件加工三种形式。

1）顺序多件加工是指工件按进给方向一个接一个地顺序装夹，减少了刀具的切入、切出时间，即减少了基本时间。这种形式的加工常见于滚齿、插齿、龙门刨削、平面磨削和铣削加工中。

2）平行多件加工是指工件平行排列，一次进给可同时加工 n 个工件，加工所需基本时间和加工一个工件相同，所以分摊到每个工件的基本时间就减少到原来的 $1/n$，其中 n 为同时加工的工件数。这种方式常见于铣削和平面磨削中。

3）平行顺序多件加工是上述两种形式的综合，常用于工件较小、批量较大的情况，如立轴平面磨削和立轴铣削加工中。

2. 缩短辅助时间

缩短辅助时间的方法通常是使辅助操作实现机械化和自动化，或使辅助时间与基本时间重合。具体措施有：

（1）采用先进高效的机床夹具　这不仅可以保证加工质量，而且大大减少了装卸和找正工件的时间。

（2）采用多工位连续加工　即在批量和大量生产中，采用回转工作台和转位夹具，在不影响切削加工的情况下装卸工件，使辅助时间与基本时间重合。该方法在铣削平面和磨削平面中得到广泛应用，可显著地提高生产率。

（3）采用主动测量或数字显示自动测量装置　零件在加工中需多次停机测量，尤其是精密零件或重型零件更是如此，这样不仅降低了生产率，不易保证加工精度，还增加了工人的劳动强度，主动测量的自动测量装置能在加工中测量工件的实际尺寸，并能用测量的结果控制机床进行自动补偿调整。该方法在内、外圆磨床上采用，已取得了显著的效果。

（4）采用两个相同夹具交替工作的方法　当一个夹具安装好工件进行加工时，另一个夹具同时进行工件装卸，这样也可以使辅助时间与基本时间重合。该方法常用于批量生产中。

3. 缩短布置工作场地时间

布置工作场地时间，主要消耗在更换刀具和调整刀具的工作上，因此缩短布置工作场地时间主要是减少换刀次数、换刀时间和调整刀具的时间。减少换刀次数就是要延长刀具或砂轮的使用寿命，而减少换刀和调刀时间是通过改进刀具的装夹和调整方法，采用对刀辅具来实现的。例如，采用各种机外对刀的快换刀夹具、专用对刀样板或样件以及自动换刀装置等。目前，在车削和铣削中已广泛采用机械夹固的可转位硬质合金刀片，既能减少换刀次数，又减少了刀具的装卸、对刀和刃磨时间，从而大大提高了生产率。

4. 缩短准备与终结时间

缩短准备与终结时间的主要方法是扩大零件的批量，减少调整机床、刀具和夹具的时间。

复习思考题

1. 解释下列名词：工艺过程、工艺规程、工序、工步、行程、安装、工位、生产纲领和生产类型。
2. 试述机械加工工艺过程卡片和工序卡片的定义及应用。
3. 试述工艺过程的组成。
4. 机械加工中常用的毛坯种类有哪些？通常如何选择毛坯的类型？
5. 什么是加工余量？影响加工余量的主要因素有哪些？如何确定加工余量？
6. 制订工艺规程的基本要求和主要依据是什么？试述制订工艺规程的一般步骤。
7. 什么是零件的结构工艺性？对零件结构工艺性有哪些要求？
8. 怎样确定零件表面的加工方法？
9. 零件的加工一般可以划分为哪几个阶段？划分加工阶段的原因是什么？
10. 什么是工序集中？什么是工序分散？试各举一例说明其特点。
11. 什么是基本时间？什么是辅助时间？试举例说明。

12. 什么是尺寸链的正计算形式、反计算形式和中间计算形式？

13. 提高机械加工生产率的主要途径有哪些？

14. 什么是装夹？常用的装夹方法有哪些？各适用于什么场合？

15. 什么是基准？按其作用不同可分为哪几类？什么是定位基准？什么是工序基准？

16. 什么是粗基准和精基准？什么是辅助基准？粗基准和精基准的选择原则有哪些？

17. 什么是基准重合原则和基准统一原则？这样选择有何优点？

18. 什么是尺寸链？什么是封闭环、组成环、增环和减环？增环和减环是怎样判别的？

19. 极值法的竖式计算尺寸链的具体方法是什么？

第 三 章

机床夹具

培训学习目标 了解组合夹具的基本知识，理解机床夹具的组成和作用，掌握工件在夹具中定位和夹紧的基础理论知识，具有定位误差分析的能力，熟练掌握常用的定位方法、定位元件和夹紧机构。

第一节 机床夹具的概念

一、机床夹具的定义

在机床上加工工件时，为了在工件的某一部位加工出符合工艺规程要求的表面，加工前需要使工件在机床上占有正确的位置——定位。由于在加工过程中工件受到切削力、重力、振动、离心力、惯性力等作用，所以还应采用一定的机构，使工件在加工过程中始终保持在原先确定的位置上——夹紧。在机床上使工件占有正确的加工位置并使其在加工过程中始终保持不变的工艺装备称为机床夹具。

二、机床夹具的组成

机床夹具按其作用和功能通常可由定位元件、夹紧装置、安装连接元件、导向元件、对刀元件和夹具体等几个部分组成。

1. 定位元件

定位元件用于确定工件在夹具中的位置，使工件在加工时相对刀具及运动轨迹有一个正确的位置。定位元件是夹具的主要功能元件之一，其定位精度将直接影响工件的加工精度。常用的定位元件有 V 形块、定位销、定位块等，如图 3-1

所示，定位销2即是定位元件。

2. 夹紧装置

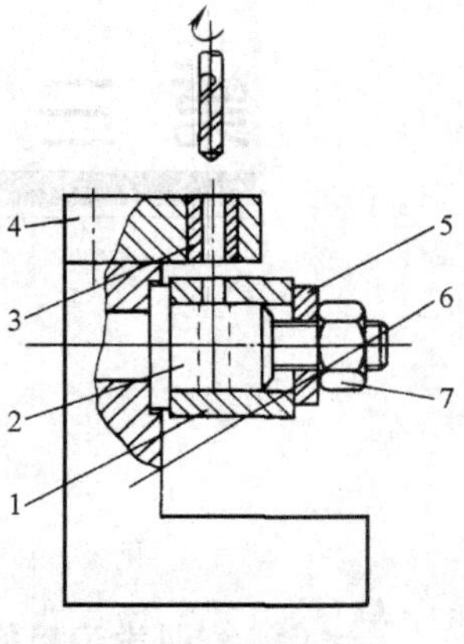

图3-1 钻模的组成
1—工件 2—定位销 3—钻套
4—钻模板 5—快卸垫圈
6—夹具体 7—螺母

夹紧装置用于保持工件在夹具中的既定位置，使工件不致因加工时受到切削力、重力、离心力、振动等外力而改变原定的位置。夹紧装置也是夹具的主要功能元件之一，它通常包括夹紧元件（如压板、压块）、增力装置（如杠杆、螺旋、偏心轮）和动力源（如气缸、液压缸）等组成部分。图3-1中快卸垫圈5、螺母7及定位销2上的螺栓构成了夹紧装置。

3. 安装连接元件

安装连接元件用于确定夹具在机床上的位置，从而保证工件与机床之间的正确加工位置。

4. 导向元件和对刀元件

（1）导向元件　用于确定刀具位置并引导刀具进行加工的元件，称为导向元件，图3-1中钻套3就是引导钻头用的导向元件。

（2）对刀元件　用于确定刀具在加工前正确位置的元件，称为对刀元件，如对刀块。

导向元件和对刀元件共同用于确定夹具与刀具之间所应具有的相互位置，从而保证工件与刀具之间的正确加工位置。

5. 夹具体

夹具体是夹具的基础件，它用来连接夹具上各个元件或装置，使之成为一个整体。夹具体也用来与机床的有关部位相连接，例如图3-1中的夹具体6。

6. 其他元件或装置

根据加工需要，有些夹具上还可有分度装置、靠模装置、上下料装置、顶出器和平衡块等其他元件或装置。

三、机床夹具的作用与分类

1. 作用

机床夹具在机械加工中的作用可归纳如下：

（1）易于保证工件的加工精度　使用夹具的作用之一就是保证工件加工表面的尺寸与位置精度，如在摇臂钻床上使用钻夹具加工平行孔系时，位置精度可达到0.10～0.20mm，而按划线找正法加工时，位置精度仅能控制在0.4～1.0mm。

同时由于受操作者技术的影响，同批生产零件的质量也不稳定。因此在成批生产中使用夹具就显得非常必要。

（2）改变和扩大原机床的功能　例如，在车床的床鞍上或摇臂钻床的工作台上装上镗模，就可以进行箱体或支架类零件的镗孔加工，用以代替镗床加工；在刨床上加装夹具后可代替拉床进行拉削加工。这对于设备简陋的小型工厂有着重要的意义。

（3）提高劳动生产率　使用夹具后，不仅省去划线找正等辅助时间，而且有时还可采用高效率的多件、多位、机动夹紧装置，缩短辅助时间。

（4）保证安全生产　用夹具装夹工件方便、省力、安全。当采用气动、液压等夹紧装置时，可减轻工人的劳动强度。

（5）降低生产成本　在批量生产中使用夹具时，由于劳动生产率的提高和允许使用技术等级低的工人操作，故可明显地降低生产成本。但在单件生产中，使用夹具的生产成本仍较高。

2. 分类

机床夹具按其通用化程度，一般可分为通用夹具、专用夹具、成组夹具以及组合夹具等。

（1）通用夹具　通用夹具的结构、尺寸已规格化，且具有很大的通用性，它无需调整或稍加调整就可用于装夹不同的工件，如自定心卡盘、单动卡盘、机用虎钳、万能分度头、顶尖、中心架、电磁吸盘等，一般作为通用机床的附件，由专业厂家生产。采用这类夹具可缩短生产准备周期，减少夹具品种，从而降低生产成本。其缺点是定位与夹紧费时，生产率较低，故主要适用于单件、小批量的生产。

（2）专用夹具　专用夹具是针对某一工件的某一工序而专门设计制造的。因为不需考虑通用性，所以夹具可设计得结构紧凑、操作方便。由于这类夹具设计与制造周期较长，产品变更后无法再使用，因此适用于大批量生产。

（3）成组夹具　成组夹具是针对通用夹具和专用夹具的缺陷而发展起来的，它是在加工某种工件后，经过调整或更换个别定位元件和夹紧元件，即可加工另外一种工件的夹具。它按成组原理设计，用于加工形状相似和尺寸相近的一组工件，故在多品种，中、小批量生产中有较好的经济效果。

（4）组合夹具　组合夹具是一种由一套标准元件组装而成的夹具。这种夹具用后可拆卸存放，当重新组装时又可循环重复使用。由于组合夹具的标准元件可以预先制造备存，还具有多次反复使用和组装迅速等特点，所以在单件，中、小批量生产，数控加工和新产品试制中特别适用。

第二节　工件的定位原理

工件上用于定位的表面就是确定工件位置的基准，称为定位基准。以内、外圆柱面，内、外圆锥面定位时，这些表面的中心线为定位基准。

一、六点定位原理

1. *定位原理*

任何一个工件在尚未定位前，都可以将其看成自由物体，在如图3-2所示的空间直角坐标系中，它能够沿 x、y、z 三个坐标轴移动（用 $\vec{x}$、$\vec{y}$、$\vec{z}$ 表示）和绕这三个坐标轴转动（用 $\widehat{x}$、$\widehat{y}$、$\widehat{z}$ 表示），把工件在这六个方向上位置的不确定性，称之为工件的六个自由度。要使工件在某方向上的位置确定，就必须限制工件在该方向上的自由度，而为使工件在夹具中的位置完全确定，就需将它的六个自由度全部予以限制。

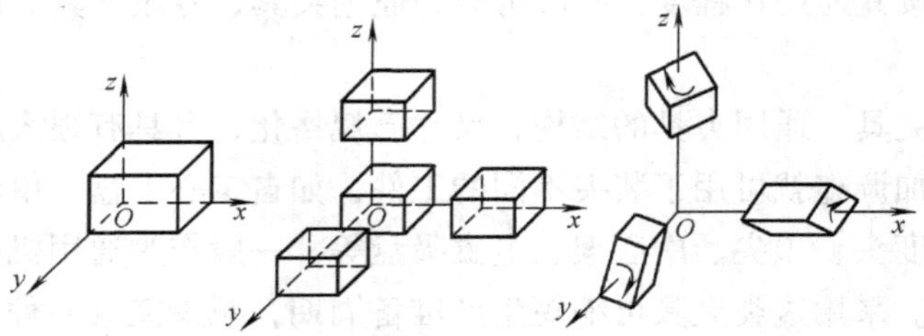

图3-2　工件的六个自由度

定位的任务是限制工件的自由度，通常是用一个支承点来限制工件的一个自由度，用合理分布的六个支承点来限制工件的六个自由度，使工件在夹具中的位置完全确定，这就是六点定位原理。

2. *平行六面体工件的定位*

在图3-3a所示的平行六面体上加工槽时，为保证加工尺寸 $A \pm \Delta a$，需限制工件的 $\vec{z}$、$\widehat{x}$、$\widehat{y}$ 三个自由度；为保证 $B \pm \Delta b$，还需限制 $\vec{x}$、$\widehat{z}$ 两个自由度；为保证 $C \pm \Delta c$，则还需限制 $\vec{y}$ 自由度。所以，应将工件的六个自由度全部加以限制，支承点的分布如图3-3b所示。在工件的底面上布置三个支承点，可限制工件的 $\vec{z}$、$\widehat{x}$、$\widehat{y}$ 三个自由度，工件上此面称为主要定位基准。而将这三个支承点连接起来所组成的三角形面积越大，也就越容易保证工件各表面间的位置精度。同时，主要定位基准通常要承受较大的外力（如夹紧力、切削力等），所以往往选取工件上最大的表面作为主要定位基准。在工件的垂直侧面上布置两个支承点，此两点的连线不能与主要定位基准面垂直，可限制工件的 $\vec{x}$、$\widehat{z}$ 两个自由度。在工件的正垂直面上布置一个支承点，可限制工件的 $\vec{y}$ 自由度。

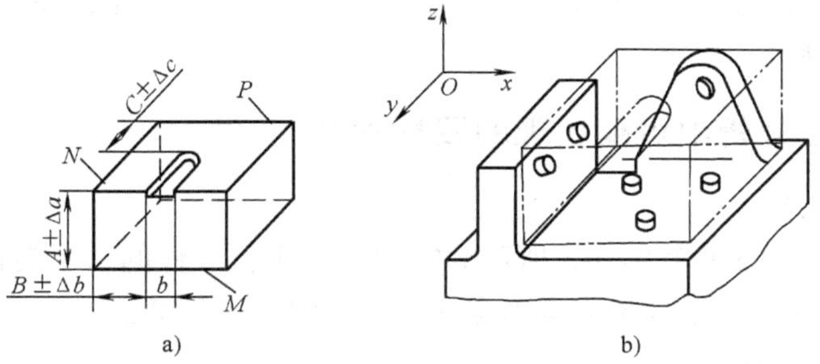

图 3-3 平面几何体的定位

a）零件要求 b）支承点分布

在夹具的具体结构中，工件在夹具中定位时，常以支承钉或支承板等元件代替理论上的支承点。

3. 圆柱形工件的定位

如图 3-4 所示，在主轴上铣油槽时其六个支承点的分布为：在圆柱面上布置四个支承点（用两个短 V 形块代替）可限制工件的四个自由度；在键槽上布置一个支承点（用一个定位销代替），限制工件的一个自由度；在端面上布置一个支承点（用一个支承钉代替），限制工件的一个自由度。

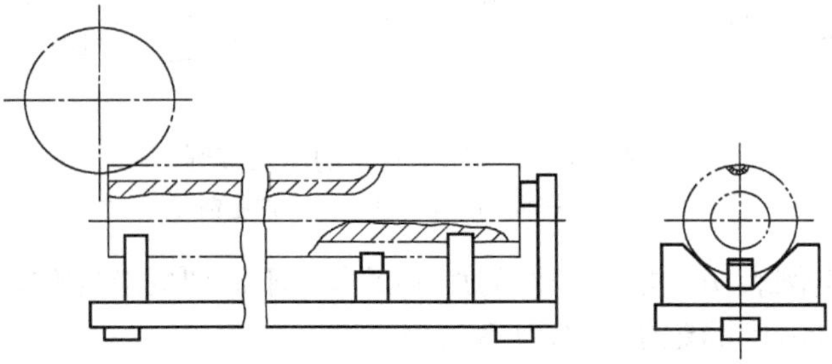

图 3-4 圆柱形工件的定位

4. 盘状工件的定位

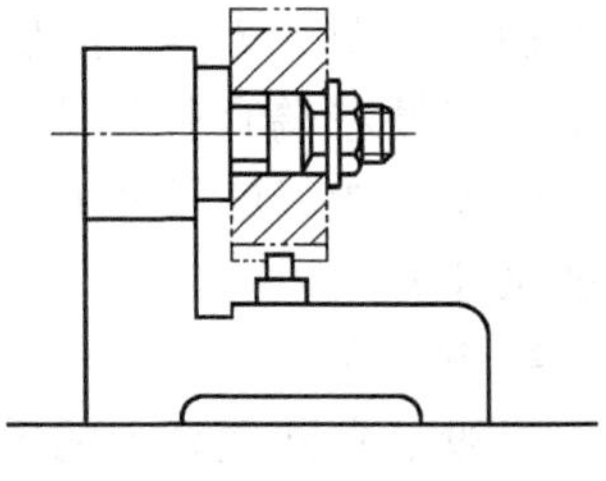

图 3-5 盘状工件的定位

如图 3-5 所示的带孔圆盘类工件，同样在外圆上铣槽，其限制工件六个自由度的六个支承点的分布为：在端面上布置三个支承点（用一个平面代替），可限制工件的三个自由度；在内孔表面上布置两个支承点（用一个短定位销或短心轴等元件代替），可限制工件的两个自由度；在键槽上布置一个支承点（用一个定位销代替），限制工件的一个自由度。

上述分析表明，六个支承点的分布，尽管形式可能不同，但其实质都符合“六点定位原理”。

二、定位分析中可能出现的四种状态

1. 完全定位

在图3-3、图3-4和图3-5所示的定位方式中，工件的六个自由度全部被限制，因而工件在夹具中处于完全确定的位置，称为完全定位。

2. 不完全定位

在实际生产中，往往会遇到有些工件，根据其具体加工要求，不需完全定位就能满足要求。图3-6a所示磨削加工长方体工件上下平面时，为保证加工尺寸*H*的要求，只要限制工件的三个自由度，其余的自由度不予限制并不影响加工要求。图3-6b所示为在车床上车削工件*A*外圆，除控制直径尺寸，还保证与*B*外圆中心的同轴度要求，理论上只需限制四个自由度。图3-6c所示工件在铣床上加工一直通槽时，理论上只需限制五个自由度。

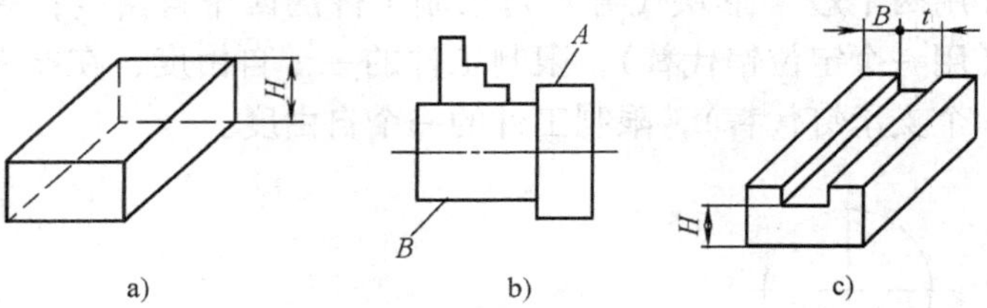

图3-6　不需完全定位的加工实例

a）磨平面　b）车外圆　c）铣通槽

上述三个实例表明，根据工件的加工要求并不需要完全定位。这种没有全部限制工件六个自由度的定位，称为不完全定位。

3. 欠定位

如工件定位的实际支承点数目少于理论上应予限制的自由度数，不能满足加工要求，称为欠定位。欠定位时无法保证加工要求，因此不允许在欠定位情况下进行加工。图3-7a所示为欠定位实例，工件需保证尺寸*L*，应进行五点定位，但由于工件左端直径过大，通不过自定心卡盘的内孔，*A*面无法在卡爪端面定位，因此不能保证尺寸*L*。如图3-7b所示在左端加一套圈，使*A*面定位，即可保证尺寸*L*。

4. 过定位

一般不允许夹具上的定位元件重复限制工件的同一个或几个自由度，因为此时将使工件的位置不能被惟一确定，这种重复限制工件自由度的情况称为过定

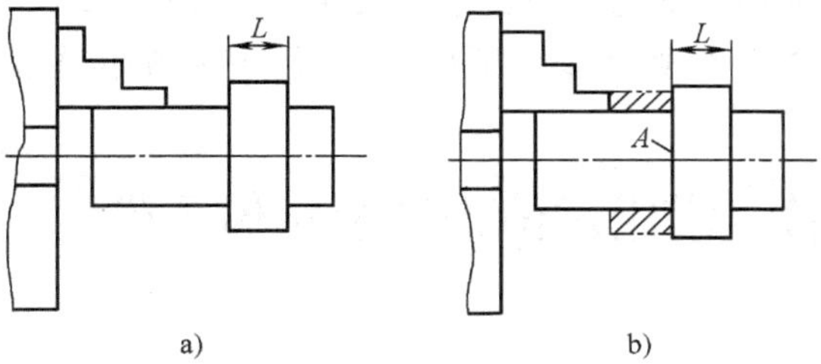

图 3-7　欠定位及其改进方法

a）欠定位　b）改进后

位。如图 3-8a 所示的定位方法属过定位，较长的心轴对内孔定位限制 $\vec{y}$、$\vec{z}$、$\widehat{y}$、$\widehat{z}$ 四个自由度，夹具平面 P 对工件大端面定位，限制 $\vec{x}$、$\widehat{y}$ 及 $\widehat{z}$ 三个自由度。可以看出，$\widehat{y}$ 及 $\widehat{z}$ 两个自由度都由心轴及平面重复限制，故属过定位。

当工件以过定位方式进行定位时，由于工件与定位元件都存在误差，无法使工件的定位表面同时与两个进行重复定位的定位元件相接触。如将工件强行夹紧，工件与定位元件将产生变形，甚至损坏。图 3-8a 中的工件在未夹紧时，其大端面不能与夹具贴合，如旋紧螺母，则工件与夹具都产生变形。图 3-8b、c 是改进后的定位方法。图 3-8b 采用短轴及大平面定位，短轴限制 $\vec{y}$、$\vec{z}$ 两个自由度，大平面限制 $\vec{x}$、$\widehat{y}$、$\widehat{z}$ 三个自由度，避免了过定位。图 3-8c 采用长轴及小平面定位，长轴限制 $\vec{y}$、$\vec{z}$、$\widehat{y}$、$\widehat{z}$ 四个自由度，小平面仅限制 $\vec{x}$ 自由度，避免

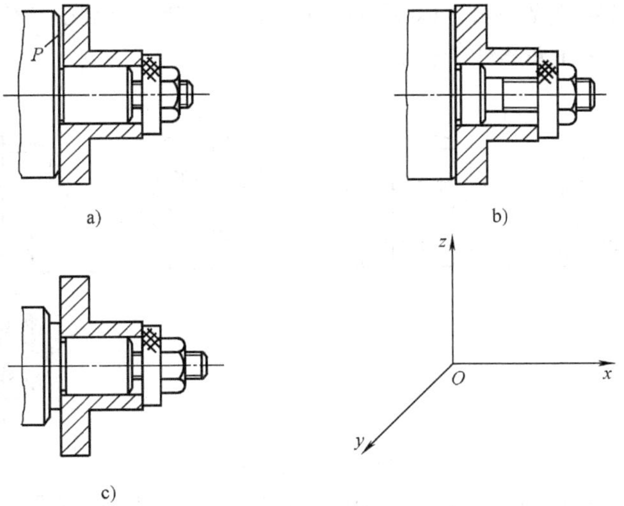

图 3-8　工件的过定位及其改进方法

a）长轴、大平面定位　b）短轴、大平面定位

c）长轴、小平面定位

了过定位。这两种都是正确的定位方法，其中图3-8b主要保证加工表面与大端面的位置精度，而图3-8c则主要保证加工表面与内孔的位置精度。

第三节　常用定位方法及定位元件

一、工件以平面定位

工件以平面作为定位基准时，常用的定位元件有以下几种：

1. 支承钉

根据工件定位表面情况的不同，支承钉的头部可以是平头、球头、尖头和网纹，如图3-9所示。平头支承钉见图3-9a，适用于工件经过粗加工或精加工的平面的定位，因为平头支承钉同工件的接触面积较大，不易磨损。对于铸、锻后经清理的毛坯平面常采用球头、尖头和网纹支承钉（图3-9b、c、d）支承。球头、尖头支承钉与工件接触面较小，定位稳定，但较易磨损；网纹支承钉具有较大的摩擦力，能使工件的定位更加稳固，但放置于水平位置时很容易积存切屑，而且不易清除，因而将导致定位不正确，所以常用作侧面定位。以上各种支承钉同夹具组合，通常有两种方式：第一，把支承钉直接压入夹具体中；第二，在夹具中压入一衬套，再把支承钉压合在衬套的孔中，见图3-9c，当支承钉损坏后以便更换。

支承钉的尾部都要倒角，以便与夹具体的孔配合时能起引导作用，不致于尾部有尖锐的棱角损坏夹具体的孔。

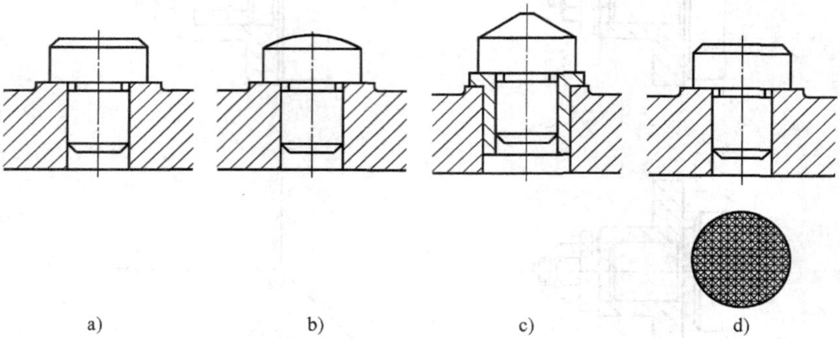

a)　b)　c)　d)

图3-9　支承钉

a）平头支承钉　b）球头支承钉　c）尖头支承钉　d）网纹支承钉

2. 可调支承

如图3-10所示为可调支承，当各批毛坯的尺寸及形状有较大差异时，可调节支承的高度，使工件取得适合的位置，从而比较合理地分配各表面的加工余量，调节后用螺母锁紧。

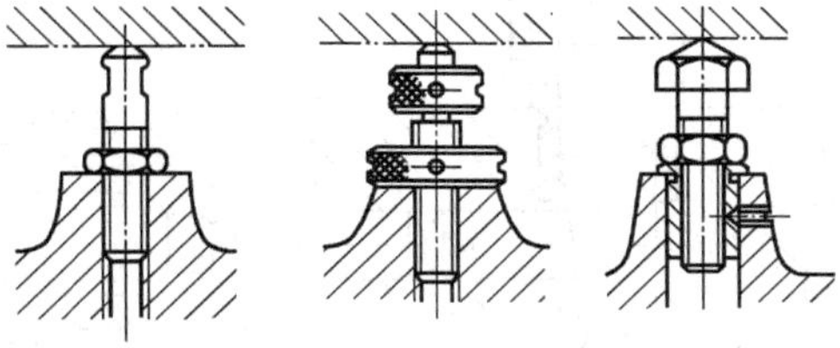

图 3-10　可调支承

在实际生产中，由于形状上的特点或在夹具中有时因夹紧力、切削力及工件自重等的作用，工件可能产生变形或不稳定。为了提高工件的装夹刚度和稳定性，常设置辅助支承。如图 3-11a 所示的定位情况，为防止工件在铣削力的作用下倾斜，采用 V 形块和两个支承钉定位，就会重复限制自由度而造成过定位。若做成辅助支承，见图 3-11b，则既能增加工件定位的稳定性又不会发生过定位现象。

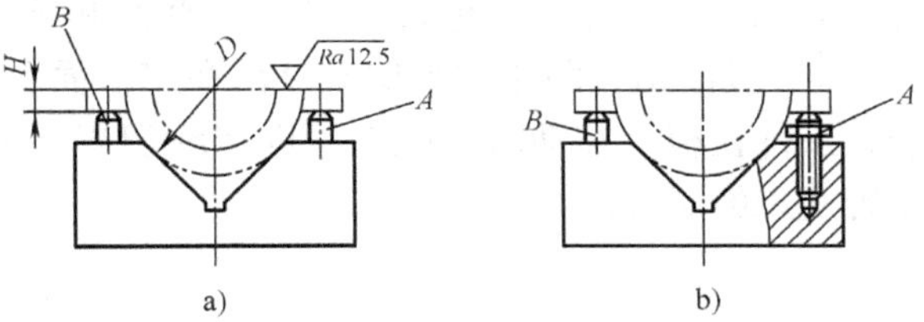

图 3-11　辅助支承的应用

必须注意，应当在工件被安放到定位元件上定位后才允许辅助支承参与工作，否则会造成辅助支承破坏由定位元件所确定的工件的正确位置。为此，在每次卸下工件后必须退回或松开辅助支承，装上工件后再予锁紧。因此一般都采用可调支承。

3. 自位支承

如图 3-12 所示为自位支承，弹簧 1 始终顶住滑柱 2，使滑柱同工件 3 保持密切接触。滑柱的中部有一个 6°的斜面，斜面又同滑块 8 的斜面接触。旋紧螺钉 6，中间销 7 迫使滑块 8 把滑柱锁住，滑柱便成为刚性支承。

为了避免切屑堵塞滑柱，在夹具体上配有一个套管 5，套管顶上又安装着螺母 4。

4. 支承板

在切削工作中，若工件用已加工的较大平面定位，为了使工件的定位稳固，一般采用支承板。如图 3-13 所示为支承板。图 3-13a 为光面支承板，用两只螺钉固定在夹具体上。它的优点是结构简单、紧凑；缺点是因螺钉比板定位面低

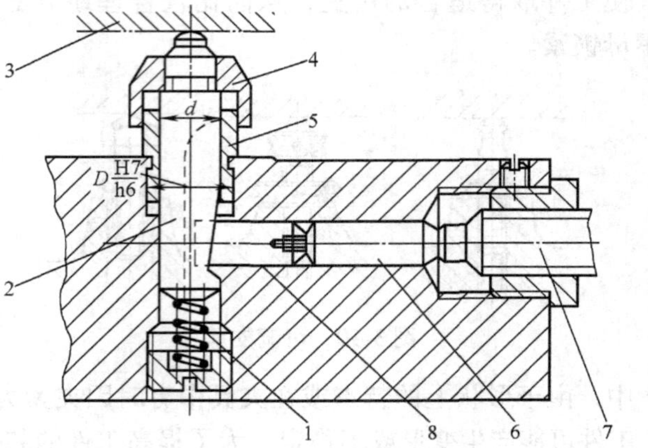

图 3-12　自位支承

1—弹簧　2—滑柱　3—工件　4—螺母
5—套管　6—螺钉　7—中间销　8—滑块

1 ~2mm形成凹坑，容易积存切屑，因此只适用于垂直面和顶面的支承。图 3-13b 为带斜槽的支承板，其凹槽可防止细小切屑停留在定位面上，它的独特优点是：结构较为紧凑，工件在板上移动时，既能帮助清除切屑，又能起引导作用。适用于水平方向布置支承的场合。

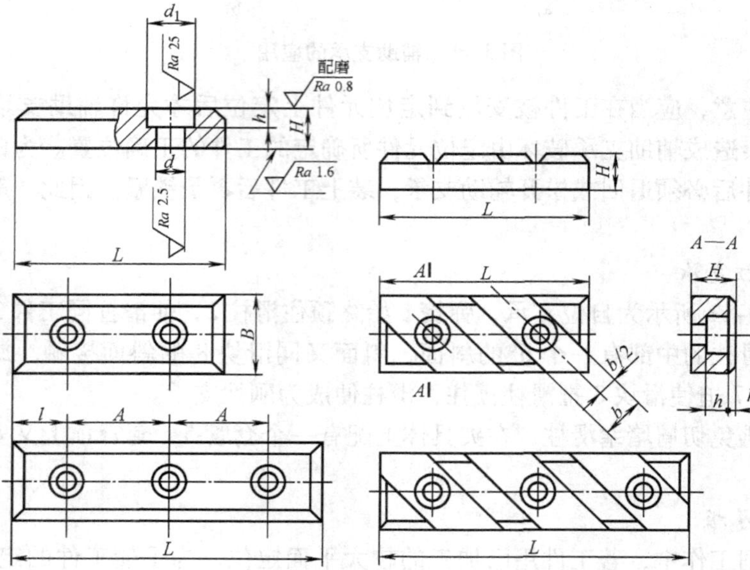

图 3-13　支承板

支承板采用碳素工具钢 T8 制造，经热处理至 55 ~ 60HRC。

应当指出，使用支承板来定位，必须注意切屑的清除，所以应尽量使支承板有足够的高度，并在夹具上布置适当的容屑槽。

二、工件以圆柱孔定位

1. 圆柱定位销

这是指定位孔与定位元件的接触长度较短，仅能限制工件的两个自由度的定位方法。这种定位方法一般不能单独使用，需要与其他定位方法同时使用。图 3-14 所示为常用定位销形式。为了便于套入工件，定位元件的端部有较长的圆锥面。大型工件一般采用活动定位销定位，工件到位后再插入定位销，如图 3-15 所示。摆动摇臂 2 可以插入或拔出定位销 1，转轴 3 可以手动，也可用液压驱动。

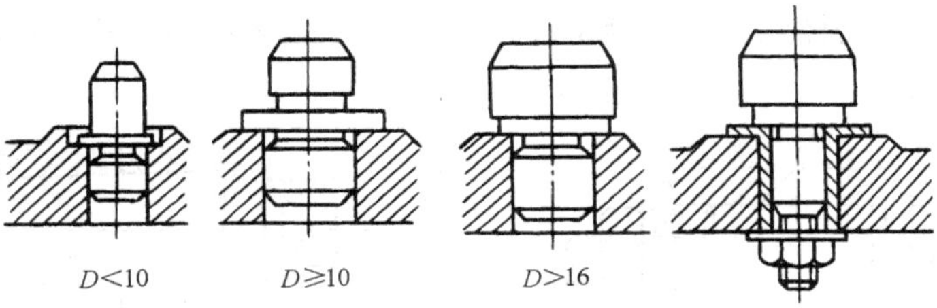

图 3-14　常用定位销形式

2. 圆柱定位心轴

常用的定位元件有刚性心轴和自动定心心轴两大类。

刚性心轴与工件孔的配合，可采用过盈配合或间隙配合。当工件定位孔的精度很高，而且要求定位精度很高时，可采用具有较小过盈量的过盈配合。图 3-16所示为过盈配合定位心轴，工件孔与心轴是过盈配合。心轴由引导部分 1、工作部分 2 和与传动装置（如鸡心夹头等）相联系的部分 3 组成。引导部分的作用是使工件能迅速且正确地套在心轴上。工件装上心轴后一般不再夹紧。此类心轴定位精度高，但装拆费时且易磨损。

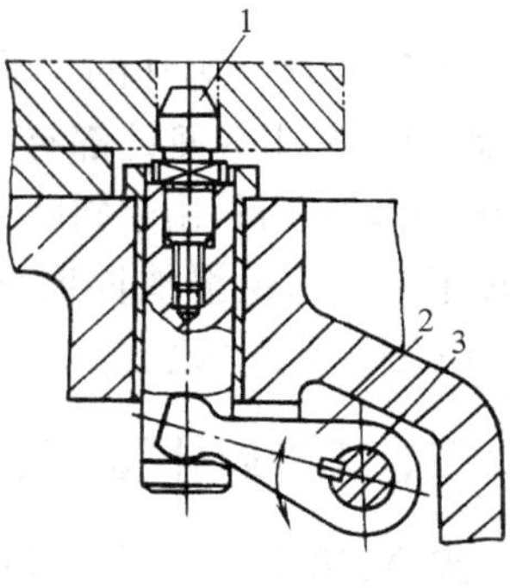

图 3-15　活动定位销结构
1—定位销　2—摆动摇臂　3—转轴

图 3-17 所示为间隙配合定位心轴，工件由螺母作轴向夹紧。心轴轴肩端面作小平面定位，限制一个自由度，应尽量减小轴肩直径，避免过定位。如定位孔直径较大，且工件端面对孔的垂直度误差大，可采用球形垫圈，以消除其不良影响。心轴直

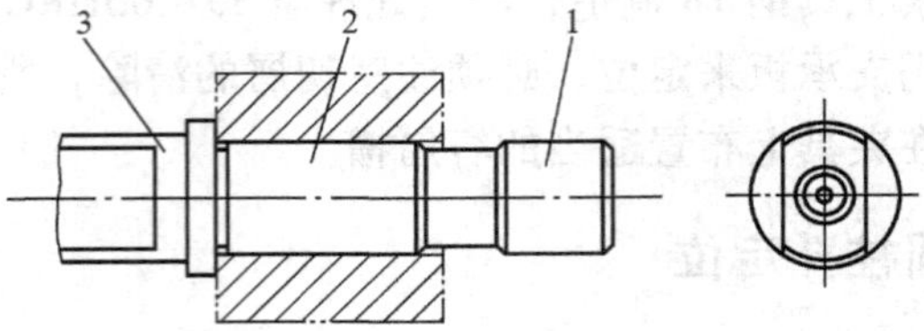

图3-16 过盈配合定位心轴

1—引导部分 2—工作部分 3—联系部分

径与工件孔一般采用 H7/e7、H7/f6 或 H7/g5 配合，间隙配合使装拆工件比较方便，但形成了工件的定位误差。

为了消除间隙，提高定位精度，并且能方便地装拆工件，可以采用具有微锥度的定位心轴，见图3-18。一般锥度 C 为1∶5000～1∶1000。工件套入心轴后需向大端压入一小段距离，产生部分过盈，提高定位精度并产生较大的摩擦力，一般情况下不再夹紧工件。由于工件定位孔存在制造公差，一批工件套入心轴，它们在心轴上的轴向位置有较大变化。

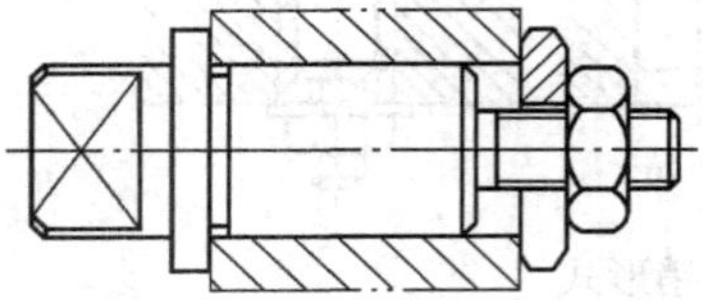

图3-17 间隙配合定位心轴

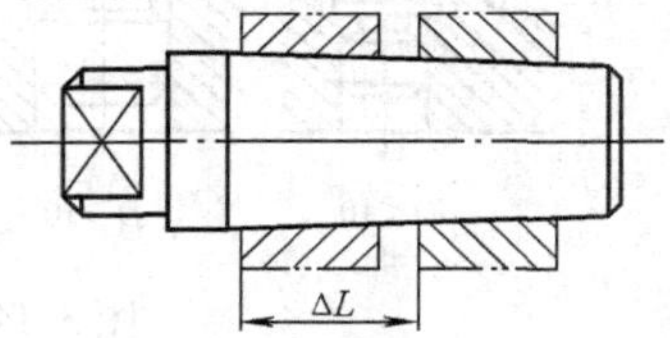

图3-18 微锥度定位心轴

图3-19所示为孔的自动定心心轴。两端Ⅰ—Ⅰ、Ⅱ—Ⅱ截面处都有三块一组的滑块，旋动螺母，由于斜面 A 与 B 对滑块的作用，两组滑块同时向外撑紧孔壁，使孔得到自动定心。

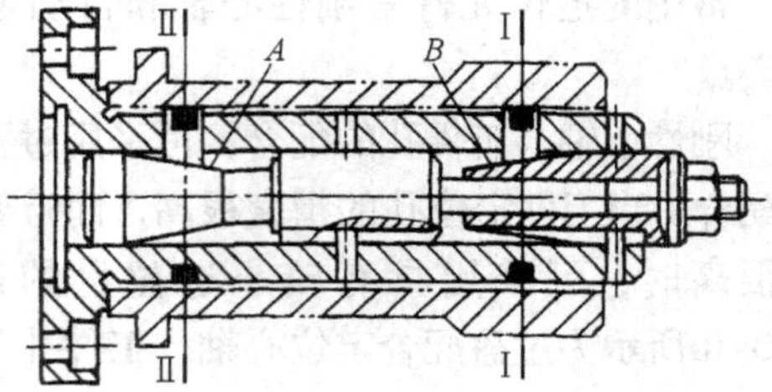

图3-19 自动定心心轴

三、工件以外圆柱面定位

按照定位表面的轴向长度，可分为长圆柱表面定位和短圆柱表面定位两种，前者限制四个自由度，后者限制两个自由度。工件以外圆柱面作为定位基准时，常用的定位元件有以下几种：

1. V形块

不论定位基准是否经过加工，是完整的圆柱面还是圆弧面，都可采用V形块定位。这种方法的突出优点是对中性好，即工件上定位用的外圆柱面轴线始终处在V形块两斜面的对称面，且不受定位基准直径误差的影响。但其轴线位置可能沿对称面变动。因此V形块常用来加工与工件外圆轴线有对称度要求的孔与槽，见图3-20。

V形块的夹角α一般为90°，一般可用20钢制造，工作表面渗碳淬硬至60～64HRC。大尺寸的V形块可用铸铁底座，在其工作部位镶以高硬度的钢板或硬质合金。V形块的结构尺寸已标准化，可按标准设计与制作。精磨V形块工作表面或检验、装配V形块时，应在V形块中放置标准量棒，测量其中心线的位置，即可控制V形块的制造精度及安装精度，如图3-21所示。V形块在夹具上校正位置后，除用螺钉紧固，还要加装定位销，防止在工作中产生位移。

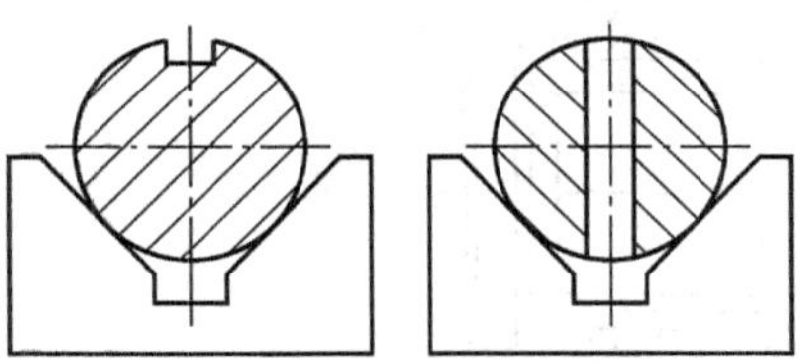

图3-20　V形块使工件自动对中

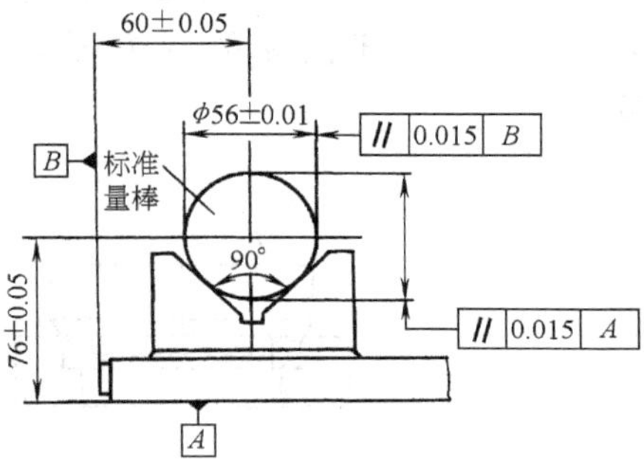

图3-21　测量、校正V形块

当定位表面较短时，可用短V形块，仅限制工件的两个自由度，应用情况见图3-22a、b。当定位表面较长时，用长V形块，可限制工件的四个自由度，其应用情况见图3-22c。为了减少工件与V形块的接触面积，可将长V形块做成两个短V形块，或将V形块做成如图3-23所示的形状。

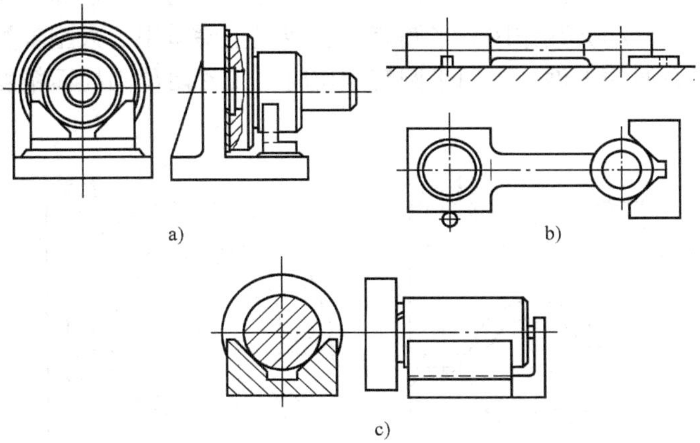

图3-22　V形块的应用

a)、b）短V形块定位　c）长V形块定位

2. 定位套

用定位套定位常用方法见图3-24。工件1外圆表面与定位套2之间有较小的间隙，图3-24a为短圆柱套定位，限制两个自由度，工件台阶端面限制三个自由度。图3-24b为长圆柱套定位，限制四个自由度，工件台阶端面限制一个自由度。为了减小接触面积，可将定位套孔的中间部分切去，形成分布于两端的两个环形接触带。

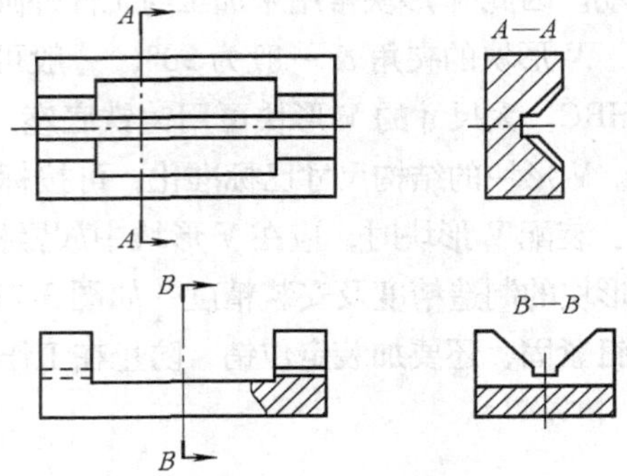

图3-23　减少V形块的接触面积

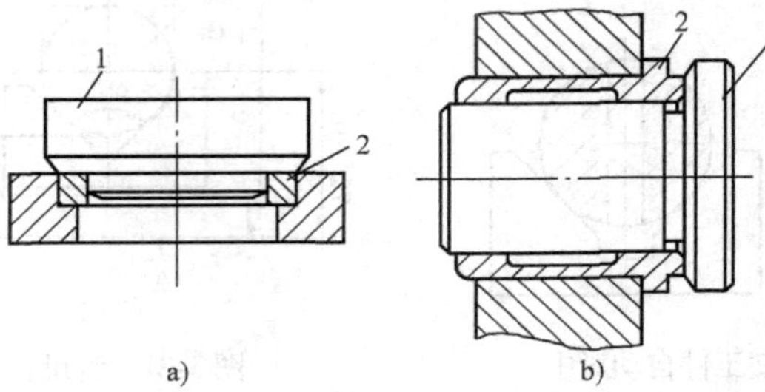

图3-24　定位套定位

a）短圆柱套定位　b）长圆柱套定位

1—工件　2—定位套

3. 半圆套

如图3-25所示为两种半圆套定位装置，其下部的半圆套部分起定位作用，上面的半圆套部分起夹紧作用。半圆套定位装置主要适用于大型轴类工件及从轴向进行装卸不方便的工件。采用半圆套定位时，工件定位圆柱面精度一般不低于IT8～IT9。

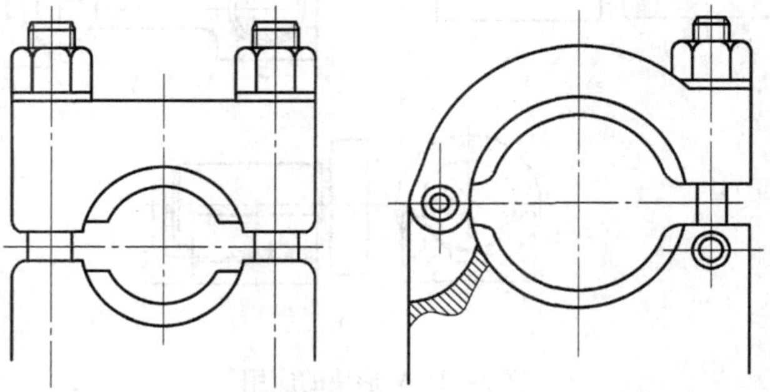

图3-25　半圆套定位装置

四、组合定位

上面所述均为工件以单一表面定位的情况，但实际生产中，通常都是以两个或两个以上表面作为定位基准，即采取组合定位方式。

1. 一面两销定位

这是一种完全定位方式，其应用情况如图 3-26 所示。图中工件大表面限制三个自由度，短圆柱销限制两个自由度，余下的绕圆柱销轴线转动的自由度，由定位销限制。由于定位销仅用来限制一个自由度，为避免产生过定位，可采用菱形销。

2. 两面一销定位

这也是一种完全定位方式，其应用情况如图 3-27 所示。工件底面用三点定位，右侧面用两点定位，菱形销仅用来限制 $\vec{y}$ 自由度，因 $\vec{x}$ 自由度已由侧面限制，故菱形销在 x 方向削边，避免产生过定位。

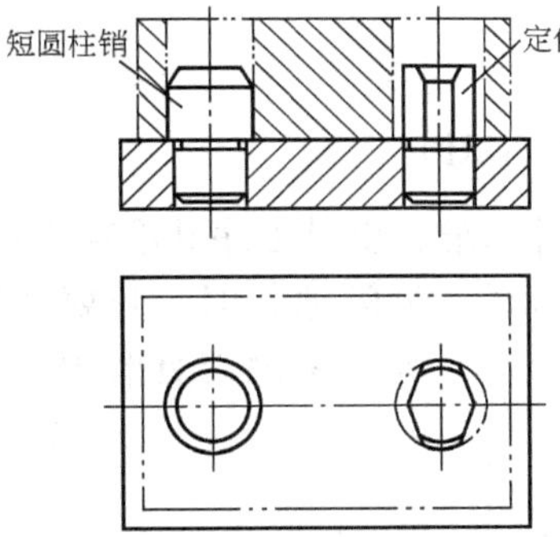

图 3-26　一面两销定位

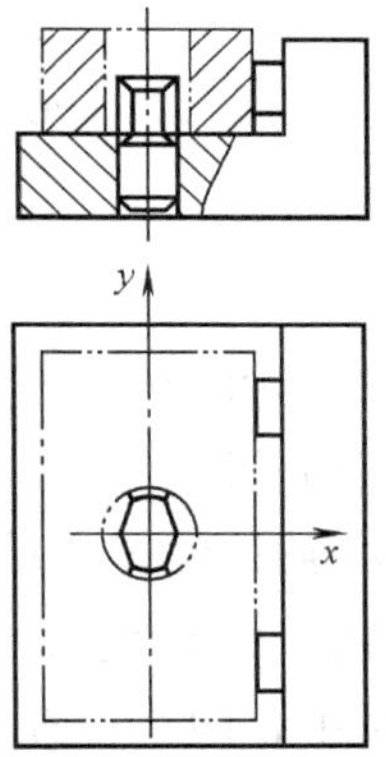

图 3-27　两面一销定位

采用组合基准定位，其定位元件的结构、尺寸和布置方式，必须能协调定位基准和定位元件之间的相互关系，否则容易产生过定位。另外，工件的定位误差常是多项的，对加工精度的影响比较复杂。所以在采用组合基准的定位方式时，要注意避免过定位和应使总定位误差的综合影响最小这两个问题。

第四节　定位误差分析

工件在夹具定位元件上定位时，由于工件和定位元件总会有制造误差和安装误差，这将使工件在夹具中的位置在一定范围内变动，这样就会影响工件的加工精度。本节主要讨论定位误差的产生原因及误差的计算。

一、定位误差产生的原因

1. 基准位移误差

如图3-28所示，工件以圆柱孔在心轴上定位铣键槽。要求保证尺寸 $B^{+\delta_b}_{0}$ 及 $A^{\ 0}_{-\delta_a}$，其中尺寸 $B^{+\delta_b}_{0}$ 是由铣刀宽度尺寸保证的，而尺寸 $A^{\ 0}_{-\delta_a}$ 则是由工件相对刀具的位置决定的。

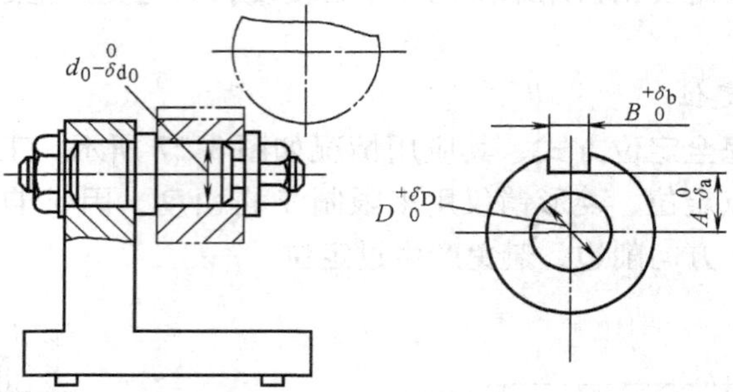

图3-28 定位误差分析示例

从图3-28中可知，工件孔中心线既是设计基准，也是工序基准和定位基准。从理论上分析，当工件内孔与心轴直径完全相同（无间隙）时，只要调整好刀具相对心轴的位置，就能保证工件加工尺寸 $A^{\ 0}_{-\delta_a}$。如不考虑刀具磨损、变形等因素，则尺寸始终不会变化，如图3-29a所示，即不存在因定位引起的误差。但实际上，定位元件（心轴）和定位基准（内孔）不可能没有制造误差，故内孔中心与心轴中心因间隙而不可能同轴。如图3-29b所示，工件因重力单边搁置在心轴的上母线上。此时，刀具位置未变，而同批工件由于定位基准孔的尺寸在 D_{min} 至 D_{max} 范围内变化，定位基准的位置在 O_1 与 O_2 间变动，从而导致工序基准的位置也发生变动，使一批工件所得的尺寸 A 在 A_1 与 A_2 间发生变化，造成加工误差。这种由于定位元件与定位基准的制造误差而引起的定位基准在加工尺寸方向上的最大变化量称为基准位移误差，以 Δ_Y 表示。

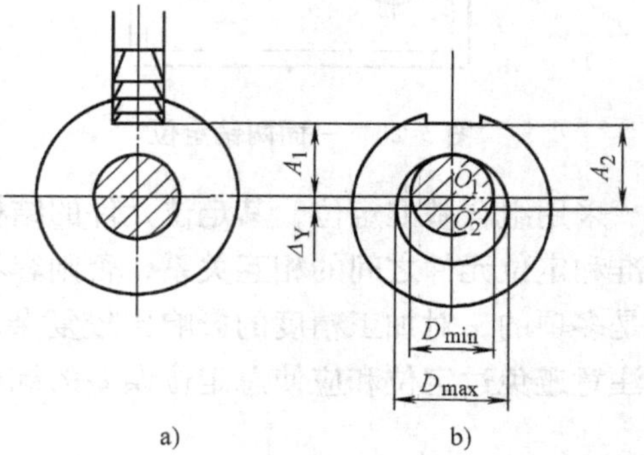

图3-29 定位误差分析（一）

2. 基准不重合误差

如图 3-30a 所示，加工键槽深度尺寸 $C_{-\delta_c}^{\ 0}$，即工序基准为工件外圆母线。假设工件孔与心轴为无间隙配合，即定位基准的位置没有位移，因而不产生基准位移误差，如图 3-30b 所示。而同批工件外圆由于存在制造误差，当工件外圆尺寸在 d_{min} 至 d_{max} 范围内变化时，会使所得的尺寸 C 在 C_1 与 C_2 间变动造成加工误差。这种因工序基准和定位基准不重合而引起的工序基准相对定位基准在加工尺寸方向上的最大变化量称为基准不重合误差，以 Δ_B 表示。

若工件内孔与心轴采用间隙配合，则同时存在 Δ_Y 和 Δ_B 两项误差，使所得的尺寸 C 在 C_1 与 C_3 间变动，如图 3-30c 所示。这两项误差都是由于定位引起的，这种因定位引起的同一批工件在加工尺寸方向上的最大变动量，称为定位误差，以 Δ_D 表示。因此在设计定位机构时，必须将这一误差控制在允许的范围内。

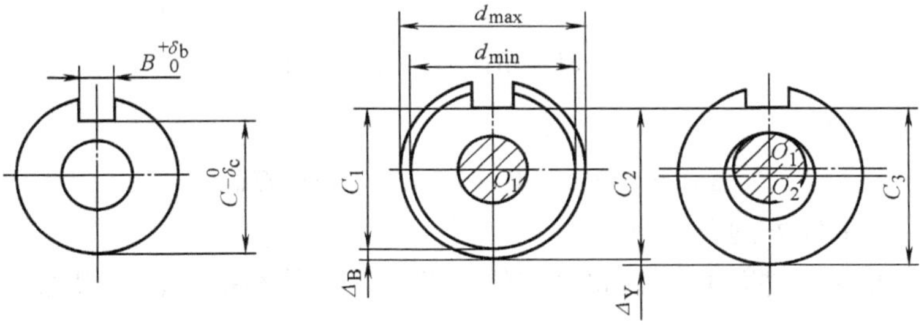

图 3-30　定位误差分析（二）

二、定位误差的计算

对于不同的定位元件，定位误差是不同的。计算定位误差时，应根据定位方式分别计算基准位移误差 Δ_Y 和基准不重合误差 Δ_B，然后按一定规律将它们合成，求出定位误差 Δ_D。

例如要在圆柱体上铣削横向槽，如图 3-31a 所示，有三种定位方案：将工件装夹在角铁或机用虎钳中定位，见图 3-31b；将工件装夹在水平放置的 V 形块中定位，见图 3-31c；将工件装夹在侧放的 V 形块中定位，见图 3-31d。下面就分别以这三种定位方式加以分析。

1. 工件以圆柱面在角铁中定位

因工件外圆直径有制造误差，工件中心线在水平方向上和垂直方向上都将随着变动，工件的定位中心发生偏移，而产生了基准位移误差，如图 3-32 所示。基准位移水平方向与加工尺寸无关，而垂直方向与加工尺寸一致，将产生定位基

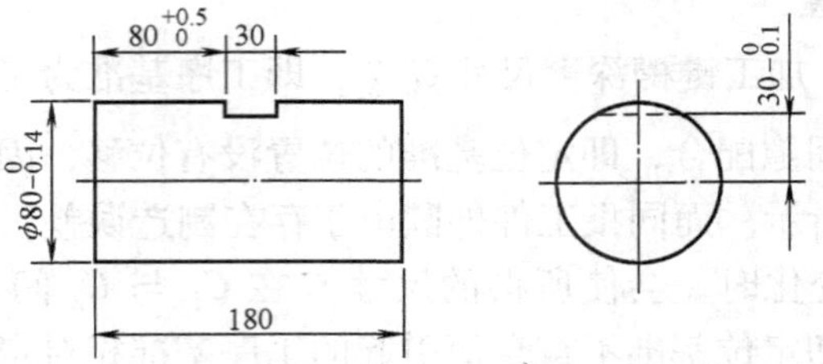

a)

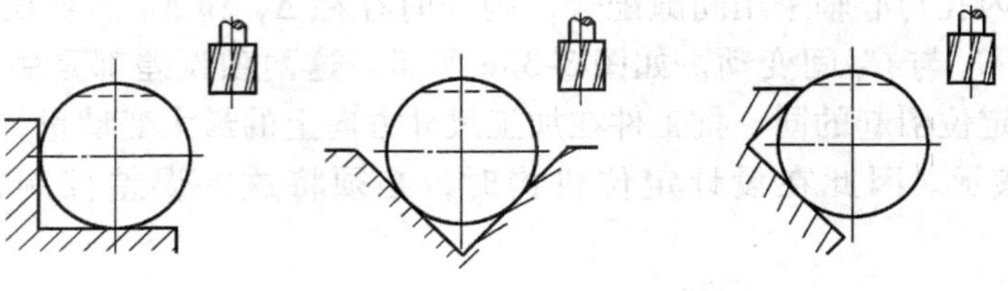
b)　　c)　　d)

图3-31　角铁和V形块定位

准位移误差，即

$$\Delta_Y = \delta_d/2 = 0.14\text{mm}/2 = 0.07\text{mm}$$

式中　δ_d——工件外圆公差（mm）。

工序基准为工件轴心线，此时定位基准与工序基准重合，所以加工尺寸的定位误差

$$\Delta_D = \Delta_Y = 0.07\text{mm}$$

因此加工图3-31a所示的工件时，定位误差Δ_D为0.07mm。由于工件槽底平面与圆柱体中心的公差为0.1mm，尚有0.03mm可作其他误差，所以从精度要求出发，这种方案是可以采用的。

2. 工件以圆柱面在水平放置的V形块中定位

如不考虑V形块的制造误差，则工件定位基准在V形块的对称面上，工件中心线在水平方向的位移误差为零。在垂直方向上，当工件直径变动时，工件的定位中心发生偏移，从而产生基准位移误差，如图3-33所示，其误差值为

$$\Delta_Y = \frac{O_1A}{\sin(\alpha/2)} - \frac{O_2B}{\sin(\alpha/2)} = \frac{d/2}{\sin(\alpha/2)} - \frac{(d-\delta_d)/2}{\sin(\alpha/2)}$$

$$= \frac{\delta_d}{2\sin(\alpha/2)}$$

式中　δ_d——工件外圆直径公差（mm）；

α——V形块夹角（°）。

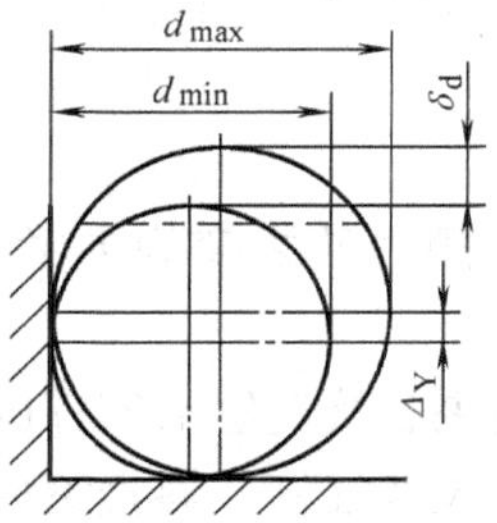

图 3-32 工件在角铁上定位时误差分析

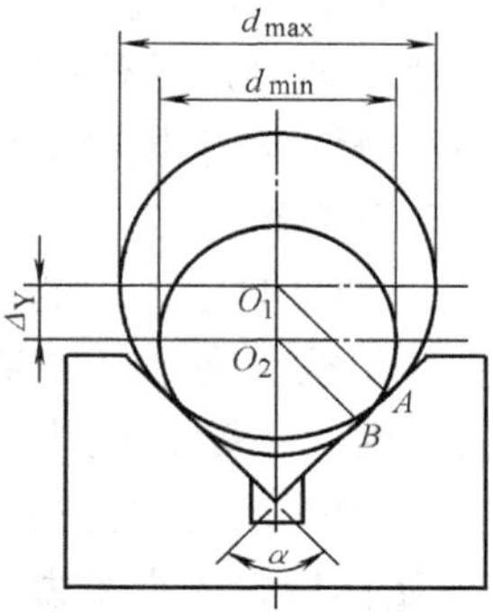

图 3-33 工件在 V 形块上定位时误差分析

工序基准为工件轴心线，此时定位基准与工序基准重合，而基准位移方向与加工尺寸一致，所以加工尺寸的定位误差

$$\Delta_D = \Delta_Y = \frac{\delta_d}{2\sin(\alpha/2)}$$

由上式可知，在一定公差 δ_d 的条件下，V 形块的夹角 α 越小，定位误差越大，当 V 形块的夹角为 90°时，其定位误差为工件外圆直径公差的 0.707 倍。因此当加工图 3-31a 所示的工件时，将产生的定位误差 Δ_D 为 0.098mm，它比工件的允许误差 0.1mm 只小 0.002mm，这样加上其他因素产生的误差，必然容易出现废品，因此采用这种方案时，必须从工艺要求出发，提高外圆的制造精度。

3. 工件以圆柱面在侧放置的 V 形块中定位

当工件外圆直径有变化时，工件中心是沿 V 形块对称面水平方向移动，而垂直方向的位移为零。由于加工尺寸只与定位基准垂直方向有关，所以定位基准的位移量为零，即 $\Delta_Y = 0$。

工序基准为工件轴心线，此时定位基准与工序基准重合，所以加工尺寸的定位误差

$$\Delta_D = \Delta_Y = 0$$

因此三种方案中，采用这种方案定位时最易得到所要求的加工精度。

第五节 工件的夹紧方法和夹紧机构

一、工件的夹紧

1. 夹紧装置的组成

夹紧装置的结构形式多种多样，根据所用力源不同，由原始作用力传递至夹

紧机构所经过的中间环节也不同，可将夹紧装置分为两大组成部分：

（1）产生力源（原始作用力）

1）对于力源来自于机械或电力的，一般称为动力装置，常用的有气压、液压、电力等动力装置。

2）对于力源来自于人力的，则称为手动夹紧。

（2）夹紧机构　夹紧机构是接受和传递原始作用力使之变为夹紧力并执行夹紧任务的机构，一般由下列机构组成：

1）接受原始作用力的机构，如手柄、螺母或用来联接气缸活塞杆的机构等。

2）变原始作用力为夹紧力的中间递力机构，如铰链杠杆及斜楔滚柱等。

3）直接与工件接触的机构，如各种螺钉、压板等。

上述1）、3）部分不管其构造形式如何，总是必不可少的。至于中间递力机构则根据实际需要可繁可简。

2. 对夹紧装置的基本要求

1）夹紧时不能破坏工件在定位元件上所获得的正确位置。

2）夹紧力应保证工件在整个加工过程中不会产生位移和振动。

3）使工件不产生过大变形和表面损伤。

4）以较小的作用力获得需要的夹紧效果。

5）具有良好的使用性和结构工艺性。

3. 夹紧力的确定

设计夹紧装置时，首先应依据工件的结构特点、加工要求及工件加工中的受力状况等合理地确定夹紧力的方向、大小和作用点。

（1）夹紧力的方向　主要和工件定位基准的配置以及工件所受外力的作用方向等有关，确定的原则是：

1）夹紧力的方向应垂直于主要定位基准面。工件主要定位基准面的面积一般较大，限制的自由度较多，夹紧力的方向垂直作用于此面上，由夹紧力所引起的单位面积上的变形较小。如图3-34所示，在一角铁支承上镗孔，要求保证孔的中心线与平面 A 垂直。从定位的观点看应以工件的 A 平面为主要定位基准，夹紧力的方向应垂直于 A 平面，这样易保证加工要求。但如果不是朝向 A 平面而是朝向 B 平面施加夹紧力，则由于 A、B 两平面交角误差的影响，会使 A 平面离开夹具的定位表面或使 A 平面

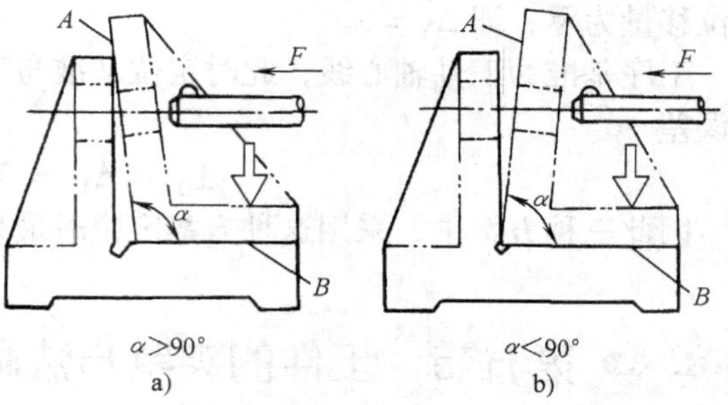

图3-34　夹紧力方向不当的情况

产生变形，其结果都是破坏了定位方案，不能保证加工孔与 A 平面的垂直度要求。

2）夹紧力的方向应尽可能和切削力、工件重力同向。当夹紧力 F_w、切削力 F_r 和工件重力 F_Q 同向时，加工过程中所需的夹紧力最小，从而能简化夹紧装置的结构，便于操作。如图 3-35a 所示，在钻床上钻孔时工件的夹紧就属于这种情况，较为理想。图 3-35b 所示夹紧力 F_w 的方向与切削力 F_r 及工件重力 F_Q 的方向相反（如工件以顶面定位，由底面向上夹紧进行钻孔时会遇到这种情况）。这时夹紧力 F_w 比图 3-35a 要大得多，而且加工时会由于夹紧机构松动而产生振动，降低加工精度，增大表面粗糙度值。图 3-35c 为夹紧力 F_w 的方向与切削力 F_r 的方向垂直。为避免工件在加工时移动，必须使夹紧时产生的摩擦力大于切削力 F_r 和工件重力 F_Q 之和，即

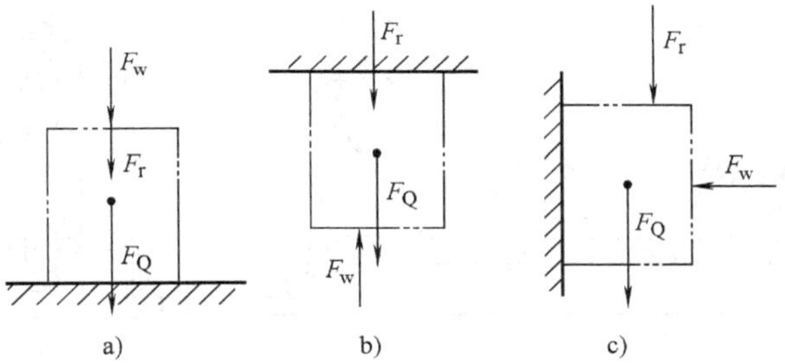

图 3-35 夹紧力与切削力的关系

a）同向 b）反向 c）垂直

$$F_w\mu > F_r + F_Q$$

式中 μ——工件平面与夹具定位面之间的摩擦因数，对于钢铁材料 $\mu = 0.1 \sim 0.15$。

从上述可知，第三种情况所需的夹紧力 F_w 最大，即

$$F_w > (F_r + F_Q)/\mu$$

3）夹紧力的方向应尽可能使工件变形最小。由于工件的刚度在不同的方向一般是不相同的，夹紧时应引起重视。如图 3-36 所示为薄壁零件加工内孔时的两种夹紧方法。图 3-36a 为采用自定心卡盘夹紧，由于薄壁工件的径向刚性较差，夹紧时极易变形。工件的轴向刚性较好，如果夹紧力 F_w 作用在台阶端面上，如图 3-36b 所示，这样工件不易变形，加工出的内孔形

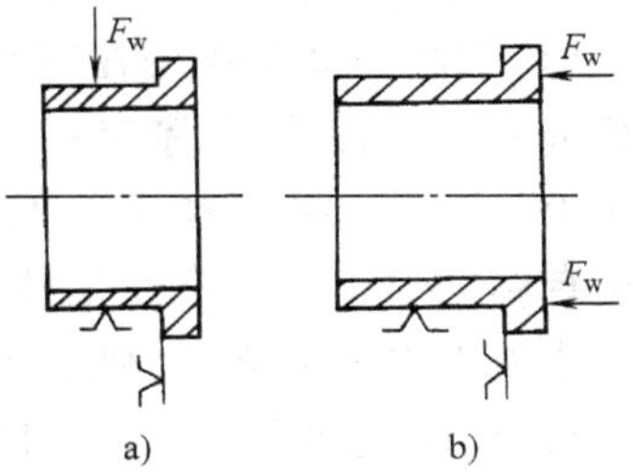

图 3-36 薄壁工件的夹紧

a）错误 b）合理

状精度较高。

（2）夹紧力作用点的选择

1）夹紧力的作用点应落在支承元件上或几个支承元件所形成的支承面内。

2）夹紧力的作用点应落在工件刚度较好的部位上。

3）夹紧力的作用点应尽量靠近加工面。如图3-37a所示，由于工件形状特殊，加工面离夹紧力 F_{w1} 作用点较远，这时要求增添辅助支承，并附加夹紧力 F_{w2}，以提高工件夹紧后的刚度。图3-37b所示为一个滚齿夹具，若压板直径过小，则对滚齿时的防振不利，尤其齿轮直径较大时，更应注意。

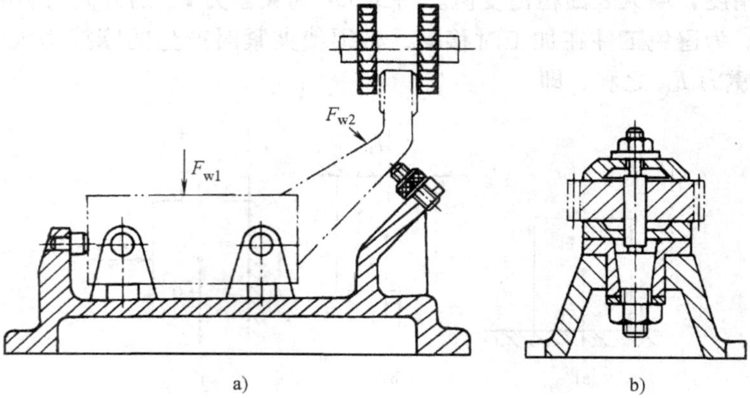

图3-37 夹紧力作用点的选择

a）铣床夹具上的应用 b）滚齿夹具上的应用

（3）夹紧力大小的估算 夹紧力 F_w 的计算很复杂，在实际设计中常采用估算法。估算夹紧力 F_w 时，通常将夹具和工件看成一个刚性系统，然后根据工件在切削力 F_r、夹紧力 F_w（大工件应考虑重力 F_Q，运动速度较大还应考虑惯性力 F_T）作用下处于平衡状态来估算。当然还应考虑加工余量的不均匀以及刀具锐钝等的影响，适当地增大夹紧力 F_w。另外，夹紧力 F_w 的大小与切削力 F_r 的大小有关，也与切削力 F_r 对支承的作用方向有关。下面是几种典型的情况：

1）切削力完全作用在支承上。图3-38a所示的拉孔即属于这种情况。工件在切削力 F_r 的作用下紧贴在定位面 A 上，在这种情况下，一般可以不用夹紧。图3-38b所示为钻孔加工，工件在轴向切削力 F_r 的作用下，压在支承面 A 上，由于有钻削力矩 M，会使工件产生转动，因此应根据钻削力矩 M 的大小选用挡块，或加大夹紧力 F_w，利用摩擦力矩来克服钻削力矩 M。

2）切削力离开支承面。图3-38c中夹紧力 F_w 与切削力 F_r 方向相反，夹紧力 F_w 必须比切削力 F_r 大得多，以避免加工时工件的振动。

3）切削力平行支承面。图3-38d中夹紧力 F_w 与切削力 F_r 方向垂直，因此

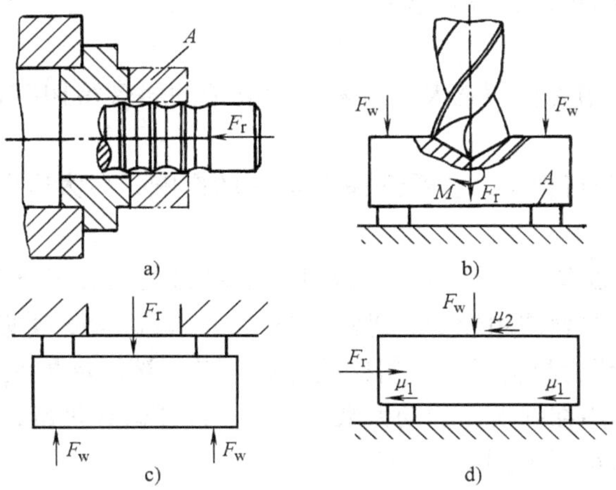

图 3-38　切削力与夹紧力的方向

a) 拉孔　b)、c) 钻孔　d) 刨削

加工时是以夹紧力 F_w 产生的摩擦力来平衡切削力 F_r 的。

$$F_w = KF_r/(\mu_1 + \mu_2)$$

式中　μ_1——工件表面与支承面间的摩擦因数；

μ_2——工件表面与夹紧元件间的摩擦因数；

K——安全系数。

有时为增加摩擦因数可将支承面、夹紧元件表面制成沟槽或网状。

二、基本夹紧机构

机床夹具中使用最普遍的是机械夹紧机构，这类机构绝大部分都是利用机械摩擦的自锁原理来夹紧工件的。斜楔夹紧是其中最基本的形式，螺旋、偏心等机构是斜楔夹紧的变化应用。

1. 斜楔夹紧机构

如图 3-39 所示为斜楔夹紧的原理，当外力 F 将斜楔推入工件与夹具之间后，斜楔对工件产生推力 F_w，对夹具产生推力 F_z，由于工件与斜楔间、夹具体与斜楔间都存在摩擦力，钢与铸铁的摩擦因数一般为 0.1 ~ 0.15，当斜楔的升角 $\alpha = 5° \sim 7°$时，则斜楔能自锁，即使撤去外力 F，工件仍不会放松。

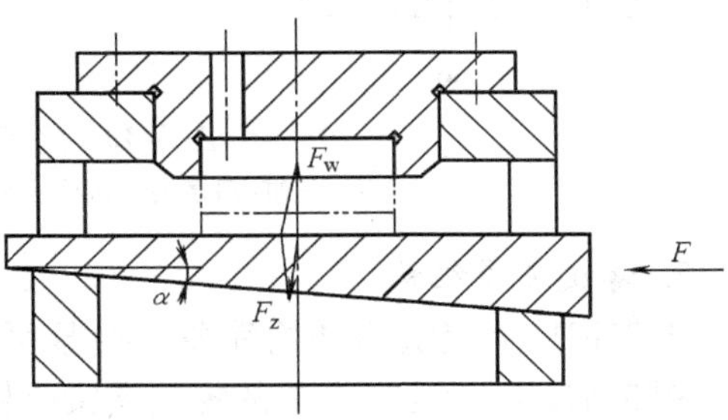

图 3-39　斜楔夹紧原理

斜楔夹紧有以下特点：

1）斜楔结构简单，有增力作用，一般扩力比为

$$i_p = F_w/F \leqslant 3$$

升角 α 越小，增力作用越大。当采用带滚子的斜楔结构时，其扩力比 i_p 可达5。

2）斜楔夹紧的行程小，且受斜楔升角 α 的影响，增大升角 α 可加大行程，但自锁性能差。

3）使用手动操作的简单斜楔夹紧时，工件的夹紧和松开都需敲击斜楔的大、小端，因此，单独使用较少。通常都与其他夹紧机构联合使用，以改变夹紧力 F_w 方向，或作增力机构用。当斜楔结构和气动、液压动力装置或螺旋机构联合使用时，由于作用在斜楔上的动力来自气缸、液压缸或螺旋，所以不必考虑自锁。这时，升角 α 可增大到15°~30°。

图3-40a所示为一个以气缸作动力的斜楔夹紧机构。由于不必考虑自锁，可采用较大的升角 α，因而其工作行程也可加大。当气缸带动斜楔向下运动时，钩形压板在弹簧力推动下向右运动而松开工件。

图3-40b所示为螺旋与简单斜楔相结合的联合夹紧机构。由于不必考虑斜楔自锁，所以升角 α 可做得较大。当拧紧螺旋时楔块向左移动，使杠杆压板转动压紧工件。当反向转动螺旋时，楔块向右移动，杠杆压板在弹簧力的作用下松开工件。

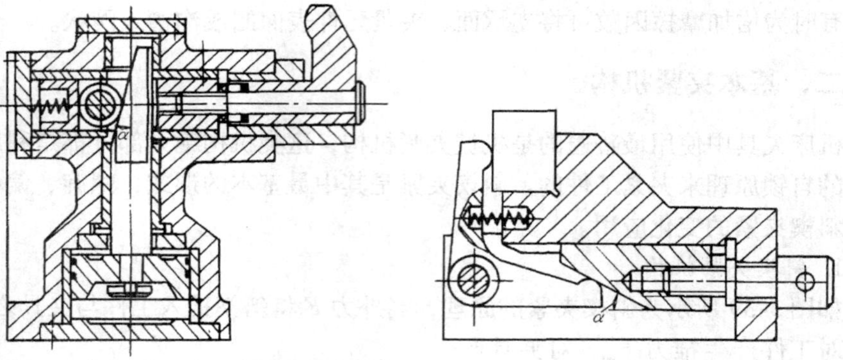

a)　　　　b)

图3-40　斜楔夹紧机构

a）气缸-斜楔夹紧机构　b）螺旋-斜楔夹紧机构

2. 螺旋夹紧机构

由于螺旋夹紧机构结构简单，夹紧可靠，所以在机床夹具中得到广泛的应用。图3-41a所示为最简单的螺旋夹紧机构，用扳手拧紧螺钉时，螺钉头部直接作用于工件表面。图3-41b所示为改进后的螺旋夹紧机构，在螺钉头部增设可摆

动的压块，这样能保证与工件表面有良好接触，防止夹紧时螺钉带动工件转动，并可避免螺钉头部直接与工件接触而造成压痕。

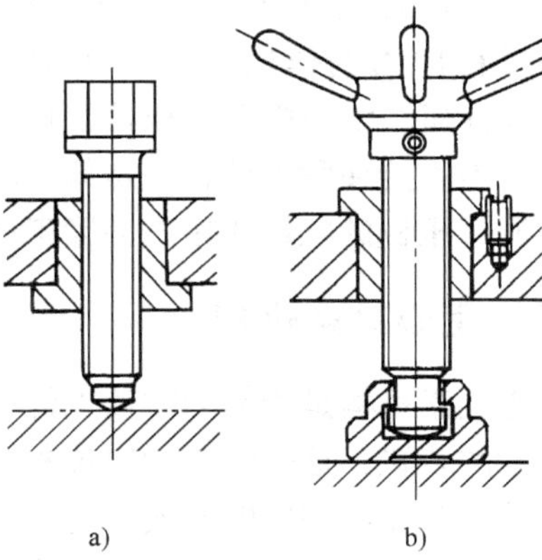

图 3-41　螺旋夹紧机构
a）简单螺旋压紧　b）常用螺旋夹紧

螺旋夹紧的原理与斜楔相同，可将螺旋看作一个绕在圆柱上的斜面，展开后就相当于斜楔。其扩力比 i_p 远比斜楔大，并能可靠自锁。螺旋夹紧的缺点是夹紧动作慢，装拆工件的辅助时间长，在有些情况下，可采用各种快速螺旋夹紧装置。图 3-42a 在螺杆上开有螺旋槽和直槽。夹紧时，用直槽快速推近工件，再利用螺旋槽夹紧工件。松开工件时将螺杆转至直槽处，即可快速抽出螺杆，以便装拆工件。图 3-42b 为带有快卸垫圈的快速松开装置，由于螺母外径小于工件孔径，只要稍松开螺母，取下快卸垫圈，工件即可穿过螺母取出，反之装夹工件同样快速、方便。

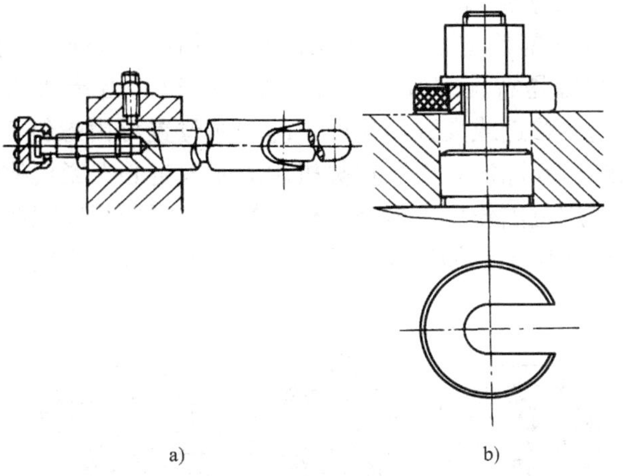

图 3-42　快速螺旋夹紧机构
a）快速螺旋机构　b）快卸垫圈机构

3. 偏心夹紧机构

偏心夹紧是一种利用偏心轮直接或间接夹紧工件的快速夹紧机构，常用的有圆偏心和曲线偏心两种。因圆偏心结构简单，制造方便，故比曲线偏心得到更为广泛的应用。

图 3-43 所示为典型的偏心夹紧机构，当操纵手柄 3 使偏心轮绕小轴 2 顺时

针转动时，偏心轮的圆柱面压在垫板4上，在垫板反作用力的作用下小轴2被向上推动，从而使压板1左端向下压紧工件。其中偏心轮并不直接夹紧工件，而是偏心轮压紧垫板，通过压板的杠杆作用来夹紧工件。

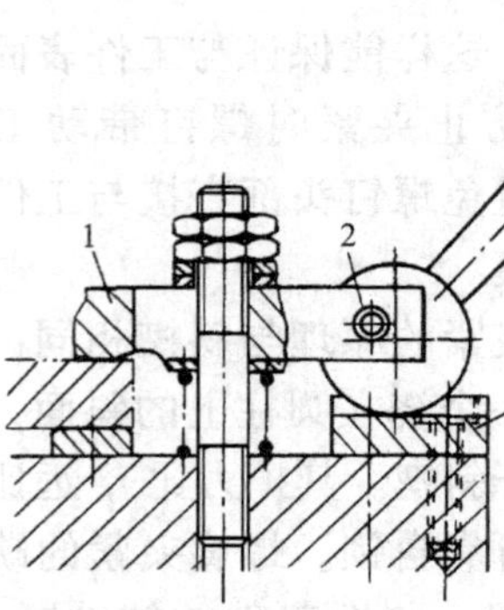

图3-43　偏心夹紧机构

1—压板　2—小轴　3—手柄　4—垫板

三、定心夹紧机构

定心夹紧机构是指能同时使工件得到定心和夹紧的装置，这种装置的定位和夹紧为同一元件，并能以相同的速度同时相互移近或分开。因此这种装置的定位部分能使工件的轴线或对称中心不产生位移而实现定心，并对工件进行夹紧。按定心作用原理不同，定心夹紧机构有两种类型：一种是依靠传动机构使定心夹紧元件同时作等速移动，从而实现定心夹紧，如螺旋式、凸轮式和杠杆式等；另一种是定心夹紧元件本身作均匀的弹性变形，从而实现定心夹紧，如弹簧夹头、鼓膜式、碟形弹簧和液性塑料等。下面介绍几种常用的结构。

1. 螺旋式定心夹紧机构

如图3-44所示为螺旋定心夹紧机构的结构简图，螺杆3只能转动而不能作轴向移动，它的左端是右旋螺纹，右端是左旋螺纹。当转动螺杆3时，将使V形钳口1和2等速地移近或离开。螺杆3的轴向位置可由螺钉5通过叉形零件4来调节，最后用螺钉6固定。由于这类机用虎钳式定心夹紧机构结构简单，夹紧行程较大，因此使用范围较广。但受螺杆及螺母的制造精度限制，不能得到较高的定心精度，主要适用于粗加工或半精加工中需要行程大而定心精度要求不高的工件。

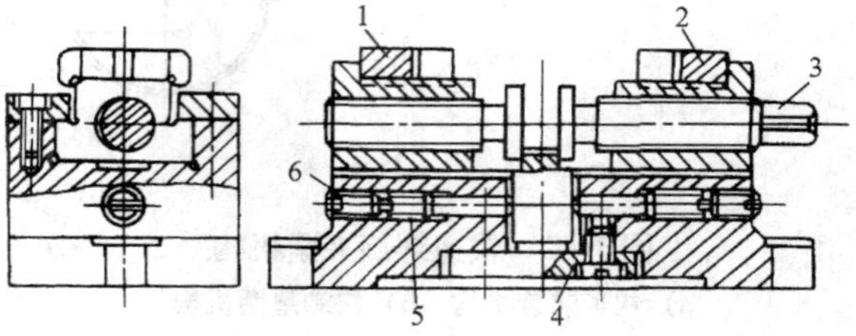

图3-44　螺旋定心夹紧机构

1、2—V形钳口　3—螺杆　4—叉形零件　5、6—螺钉

2. 杠杆式定心夹紧机构

图3-45a所示为推式杠杆定心夹紧机构，向左推动柱塞1，经工件2带动杠杆3绕小轴5转动，从而使工件得到定心夹紧。柱塞1向右移动时，杠杆3在弹

簧4的作用下复原，松开工件。图3-45b所示为拉式杠杆定心夹紧机构，拉杆1向左移动，推板5的左侧面推动三个钩形杠杆3摆动，使三个卡爪4同时合拢，工件得到定心和夹紧。反之，拉杆1向右移动推动推板5，利用推板的斜面推动三个卡爪离开，放松工件。车床用的液压自定心卡盘常采用这种结构。

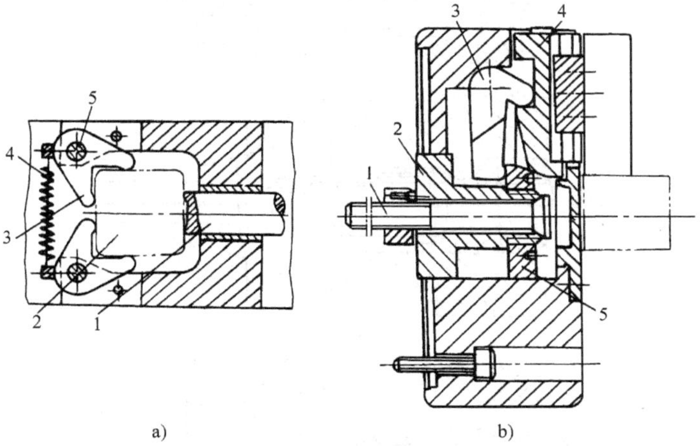

图3-45 杠杆定心夹紧机构

a）推式杠杆定心夹紧机构

1—柱塞 2—工件 3—杠杆 4—弹簧 5—小轴

b）拉式杠杆定心夹紧机构

1—拉杆 2—衬套 3—钩形杠杆 4—卡爪 5—推板

3. 弹簧夹头定心夹紧机构

图3-46a所示为推式弹簧心轴，它能在工件内孔的两端夹紧工件。弹簧夹头2的外圆尺寸在自由状态下较工件内孔小，能容易地将工件1装上。转动螺母6，推动锥形套筒5的锥面沿心轴3向左移动，压紧弹簧夹头2两端的内锥面，使它沿径向张开，从而将工件定位和夹紧。销钉4能制止锥形套筒5随螺母6转动。图3-46b所示为推式弹簧夹头，当左端施加推力F时，右端的锥套使弹簧夹头的三个簧瓣收缩而将工件定位和夹紧。图3-46c所示为拉式弹簧夹头，其定位和夹紧原理与推式弹簧夹头相同。

4. 弹性定心夹紧机构

弹性定心夹紧机构是利用弹性元件受力后的均匀弹性变形来实现对工件定心和夹紧的。通常这类结构的夹紧行程较小，但定心精度高，最高可达0.002～0.005mm，所以适用于精密加工。根据所采用的弹性元件不同，此类机构有鼓膜式、碟形弹簧、液性塑料薄壁套筒等形式。

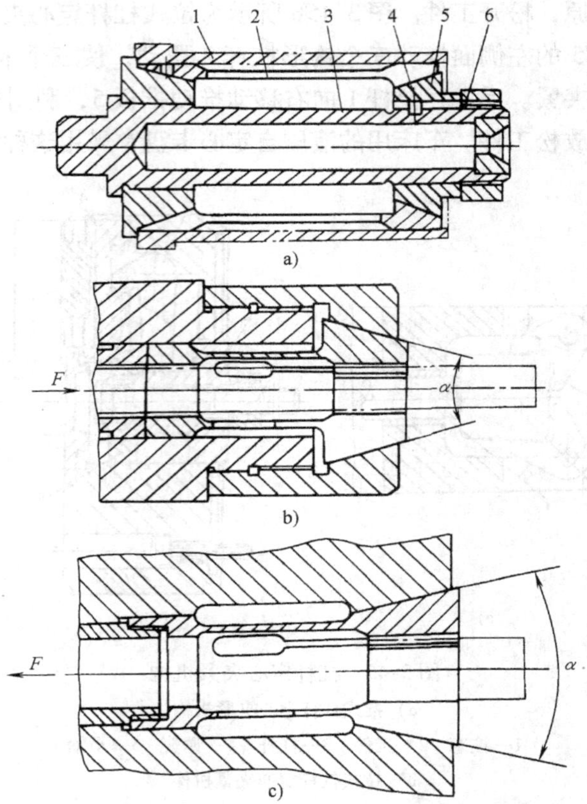

图3-46 弹簧心轴

a）推式弹簧心轴 b）推式弹簧夹头 c）拉式弹簧夹头

1—工件 2—弹簧夹头 3—心轴 4—销钉 5—锥形套筒 6—螺母

图3-47所示为鼓膜式夹紧机构的结构。弹性盘1为弹性元件，用螺栓2和螺母3紧固在夹具体4上，视夹持直径的大小，弹性盘有6～12个夹爪，夹爪上装有调整螺钉5，用来夹紧工件。粗调调整螺钉5的径向尺寸后，用螺母锁紧，夹具装在机床上将定心尺寸磨至工件被夹紧部分的下极限尺寸。夹紧工件时，用外力F向右推动推杆7，使弹性盘1产生弹性变形张开夹爪。装上工件后，除去外力F，靠弹性盘的弹力将工件定心并且夹紧。

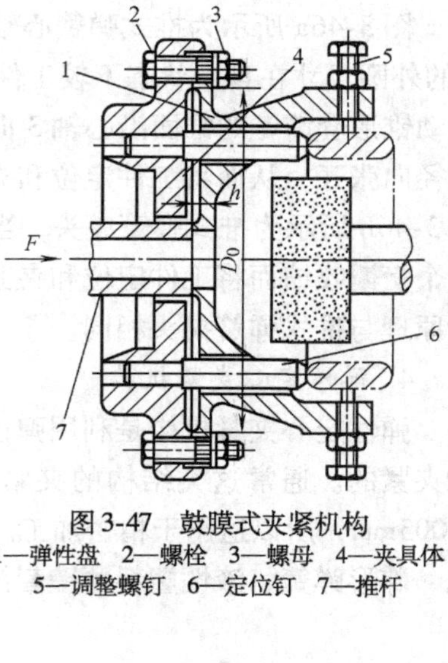

图3-47 鼓膜式夹紧机构

1—弹性盘 2—螺栓 3—螺母 4—夹具体 5—调整螺钉 6—定位钉 7—推杆

图3-48所示为液性塑料定心夹具。工件

被套在薄壁套筒 2 上，端面靠在三个支承钉 1 上。拧动螺钉 5，推动柱塞 4，挤压液性塑料 3（也可用凡士林、牛油等）。由于液性塑料不可压缩，因而迫使薄壁套筒 2 径向向外胀大，从而将工件定心并夹紧。当工件加工完毕后，拧松螺钉 5，液性塑料在薄壁套筒的弹力压迫下，恢复原始状态。

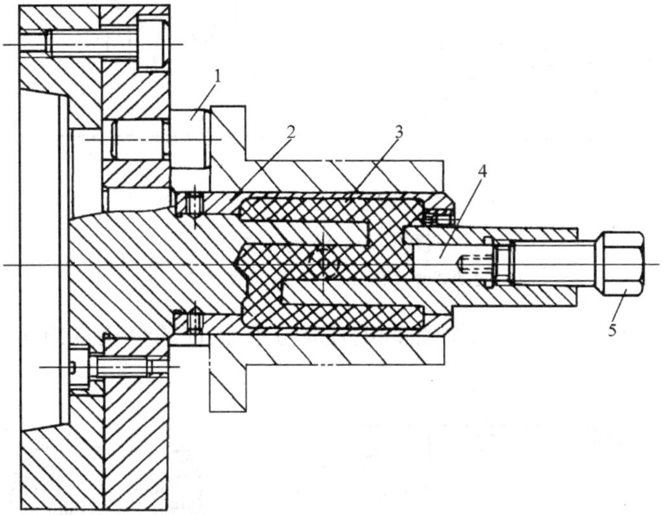

图 3-48　液性塑料定心夹具

1—支承钉　2—套筒　3—液性塑料　4—柱塞　5—螺钉

四、联动夹紧机构

在实际生产中，有时要求在一个夹紧动作中对几个作用点进行夹紧，有时要求同时夹紧几个工件，有时除了实现夹紧动作外，还需要完成一些其他动作，如先定位后夹紧或夹紧前使压板自行趋近工件，松开时使压板自行退出等，这时可以采用联动夹紧机构。

1. *多点夹紧*

多点夹紧是由一个作用力，通过一定的机构将这个作用力分解到几个点上对工件进行夹紧。最常用的结构是浮动压头和浮动夹紧机构。图 3-49 所示为浮动压头的两个例子。夹紧时若只有一个夹紧点与工件相接触，则浮动零件将发生摆动或移动，直至两个夹紧点都与工件相接触，最后将工件均衡夹紧。

当分散的夹紧点相距较远或夹紧方向差别较大时，则需要采用浮动夹紧机构来实现多点夹紧。图 3-50a 所示为双向多点浮动夹紧机构，它能对工件从两个方向进行夹紧，两个方向上夹紧力的大小由杠杆 L_1 和 L_2 的长度比来决定。图 3-50b所示为单向多点浮动夹紧机构，当拧紧螺母 1 时，钩形压板 2 压向工

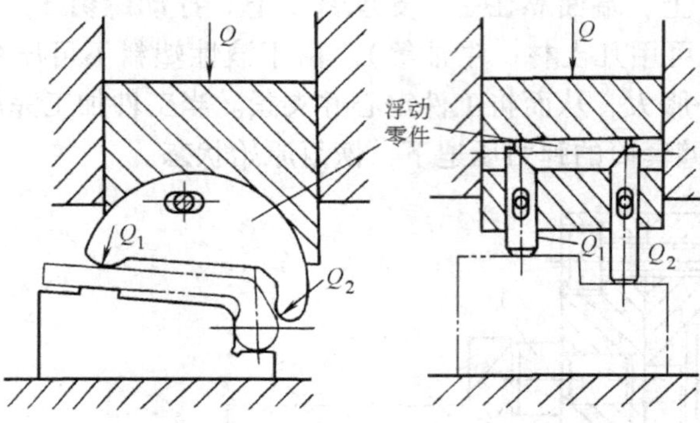

图 3-49 浮动压头

a）摆动式浮动压头 b）移动式浮动压头

件，通过杠杆 3 使另一钩形压板也同时压向工件，这两个夹紧力是互相平行的。

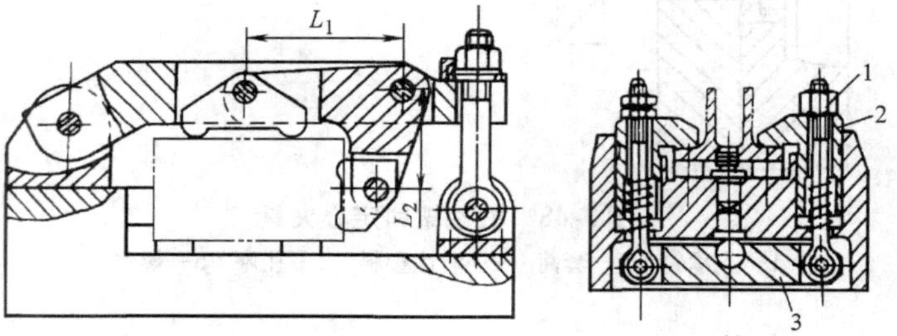

图 3-50 多点浮动夹紧机构

a）双向多点夹紧 b）单向多点夹紧

1—螺母 2—钩形压板 3—杠杆

2. 多件联动夹紧

施加一个作用力，通过一定的机构实现对几个工件同时进行夹紧，称为多件联动夹紧。由于同时被夹紧的几个工件尺寸有差异，必须采用浮动夹紧机构。图 3-51a 所示为一种由螺栓、铰链和压板组成的单向多件联动夹紧机构。由于要实现四个工件同时被夹紧，所以每两个工件用一个浮动压块来压紧，两个浮动压块之间再用一个浮动件来联接，这样用三个浮动件夹紧四个工件。

图 3-51b 所示为双向多件联动夹紧机构。四个工件分成两排被安放在四个 V 形块上，每两个工件用一块浮动压板夹紧，而两块浮动压板用一根可轴向移动的螺杆来联接。为增加压板的浮动性，螺杆与压板之间都装有球面垫圈。螺杆与夹具体之间采用键销以防止螺杆旋转。

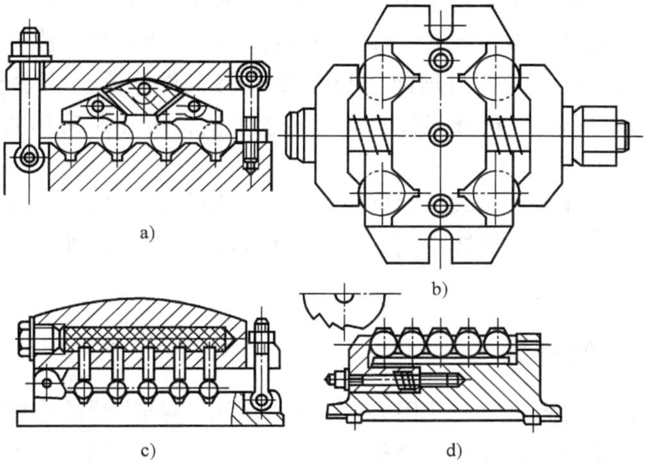

图 3-51 多件联动夹紧机构

a）单向多件夹紧 b）双向多件夹紧 c）塑性多件夹紧 d）连续式多件夹紧

图 3-51c 所示为塑性多件联动夹紧机构，它是以流动介质为浮动元件来实现多件夹紧的。

图 3-51d 所示为连续式多件联动夹紧机构。它利用工件本身作浮动件，所以夹具结构比较简单。夹紧力依次由一个工件传至下一个工件，一次可以夹紧较多工件。由于每个工件的两个平面间总是有一定的平行度误差，当工件数量较多时，误差的积累会使夹紧不稳定，在切削振动中导致工件向上拱起而影响加工。

3. 夹紧与其他动作联动

图 3-52a 所示为联动压板，它是在偏心夹紧机构中增加了压板自行趋近和离

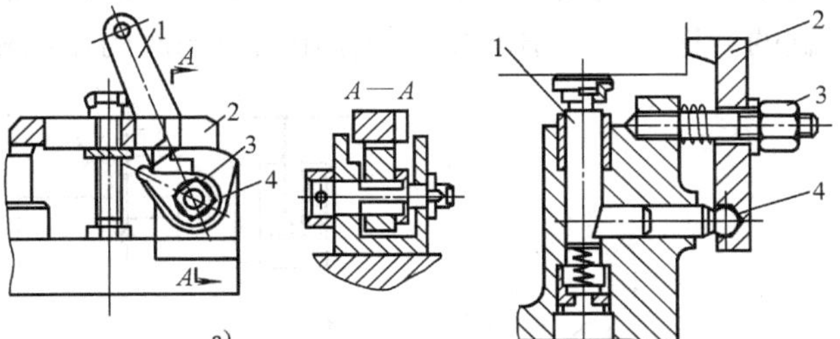

图 3-52 联动机构

a）联动压板

1—手柄 2—压板 3—拨杆 4—偏心轮

b）联动支承

1—辅助支承 2—压板 3—螺母 4—锁销

开工件的功能。当逆时针转动手柄1时，由于拨杆3的头部位于压板2侧面槽中，因此带动压板向左移动趋近工件。当继续转动手柄1时，拨杆3便开始离开压板，而偏心轮4的工作表面顶向压板并逐渐将工件压紧。当手柄顺时针转动时，压板在弹簧的作用下松开工件，继续转动手柄，拨杆3头部进入压板槽而将压板向右移动离开工件。

图3-52b所示为联动支承，它是压板压紧与锁紧辅助支承的联动机构。当工件定位后，辅助支承1在弹簧作用下与工件接触，压板2在螺母3压紧的同时通过锁销4将辅助支承锁紧。

五、动力夹紧装置

手动夹具由于结构简单，使用方便，在生产中得到广泛的应用。但由于手动夹紧动作慢、夹紧力小，且易使操作者疲劳，因此，需要利用动力装置来代替人力进行夹紧。常见的动力夹紧装置有气动、液压、气动-液压联合装置、电动、电磁、真空等。由于动力夹紧装置是连续动作，一般夹紧比较稳定、可靠，因此有利于保证加工质量和增加切削用量，还可远距离操纵，容易实现自动化。

1. 气动夹紧

气动夹紧是应用最广泛的一种动力夹紧装置。气动夹紧的动力来自压缩空气，压缩空气由空压站通过管道供应。空压站的输出气压一般为0.7～0.9MPa，到达气缸里的压力通常为0.4～0.6MPa。气压装置的气动原理如图3-53所示，压缩空气经分水过滤器1，滤去空气中的水分和灰尘，以免气路中的元件锈蚀及磨损，然后经调压阀2、油雾器3、单向阀6、配气阀5、气缸4提供压力稳定且含有润滑油雾的压缩空气。单向阀6可以防止气缸工作时，由于管路突然停止供气而松开工件，造成事故。配气阀5是由于控制压缩空气进入气缸前、后腔的方向，从而控制气缸的动作。压力继电器7的作用与单向阀的作用相近，当管路中

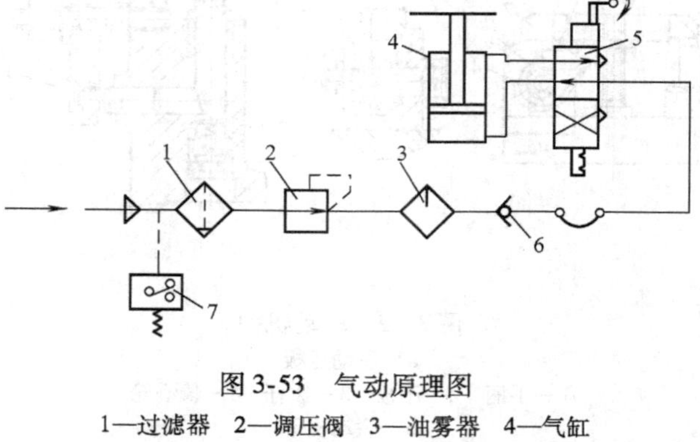

图3-53　气动原理图

1—过滤器　2—调压阀　3—油雾器　4—气缸

5—配气阀　6—单向阀　7—压力继电器

气压突然下降时能发出停机信号。

气缸是将压缩空气的工作压力转换为活塞的移动，以此驱动夹紧机构来实现对工件夹紧。气缸的种类很多，按工作方式不同可分为单向作用和双向作用。按安装方式可分为固定式、摆动式和回转式等。按活塞的结构可分为活塞式和膜片式。如图 3-54 所示，为双向作用活塞式气缸，它由气缸体 3、前盖 2、后盖 6、活塞 4、密封圈 5 及活塞杆 1 等组成。由于这种气缸能双向进气，故被称为双向作用气缸。

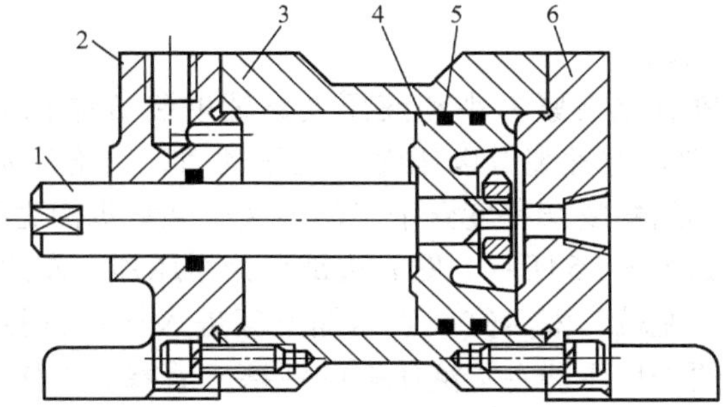

图 3-54　双向作用活塞式气缸

1—活塞杆　2—前盖　3—气缸体　4—活塞　5—密封圈　6—后盖

如图 3-55 所示为车床夹具上常用的回转式气缸。气缸通过过渡盘 4 与主轴尾部相连，压缩空气通过导气接头 1 进入旋转气缸 3。夹具 7 通过过渡盘 6 与主轴前端相接，活塞 2 通过拉杆 5 与夹具连接，拉动夹具的三个钩形压板 8 将工件夹紧。

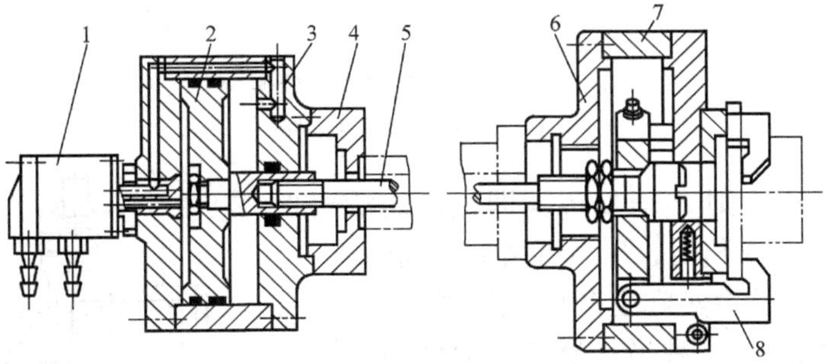

图 3-55　回转气缸与车夹具

1—导气接头　2—活塞　3—气缸　4—过渡盘

5—拉杆　6—过渡盘　7—夹具　8—钩形压板

气动夹具的主要缺点是空气的压缩性大，造成夹具的刚度和稳定性较差。在产生相同原始作用力的条件下，因工作压力低，故动力装置的结构尺寸偏大；大量而又频繁使用时，会产生很大的噪声。

2. 液压夹紧

由于气动夹紧存在压力低、结构尺寸大、噪声大等缺点，在某些场合中已被液压夹紧所代替。液压系统的压力一般可高达3～8MPa，为气动压力的十多倍。在获得相同的夹紧力情况下，液压缸直径比气缸要小得多。一般液压缸的直径为60～100mm。通常可不用增力机构，故夹具结构简单、紧凑、工作平稳、无噪声，夹紧也可靠。但使用液压夹紧装置必须有电动机、液压泵、各种控制阀及油箱等辅助装置。因此单独使用液压夹具较少，一般都是在液压机床上使用，以节省液压辅助装置。

3. 气-液压联合夹紧

为弥补气动夹紧装置夹紧力小和液压夹紧辅助装置体积大的缺点，可采用气-液压联合夹紧装置。这种装置以压缩空气作动力，由增压器输出高压油至液压缸，实现夹紧。其结构复杂程度介于气动与液压夹紧机构之间，即较液压装置简单。其工作原理如图3-56所示，图右边部分为增压器，左边部分为夹紧装置。增压器右端为气缸、左端为液压缸，当压缩空气进入气缸右腔时，活塞1左移。活塞1的活塞杆2便是增压器左端液压缸的活塞，活塞1左移，通过活塞杆2迫使液压缸内的油经管路进入夹紧装置液压缸，推动活塞3将工件夹紧。

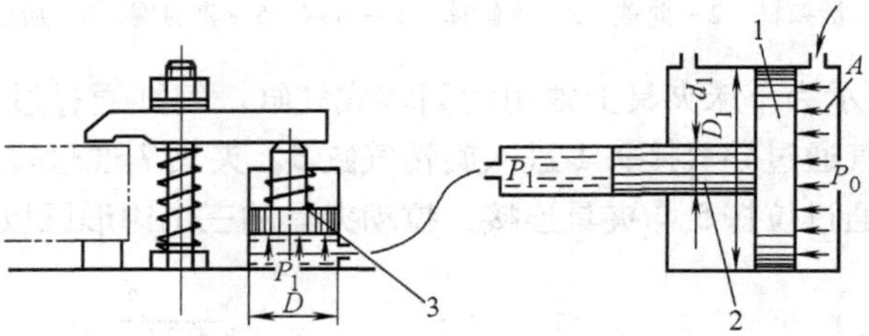

图3-56 气-液压联合夹紧原理

1、3—活塞 2—活塞杆

若 $D_1=5d_1$，则 $P_1=25P_0$。即气缸的活塞直径为活塞杆直径5倍时，压力可增加25倍。

图3-57所示为实际生产中使用的气-液压增压器的工作原理。这种增压器工作分两步，第一步将三位五通换向阀转到预夹紧位置，压缩空气进入左气缸A腔，活塞1右移，将低压油压至夹具工作缸2，实现快速预夹紧。然后将手柄转至高压位置，这时压缩空气进入右气缸B腔，活塞杆3左移，将油腔C与油腔D的通道切断，然后将高压油压至夹具工作缸，将工件最终夹紧。由于

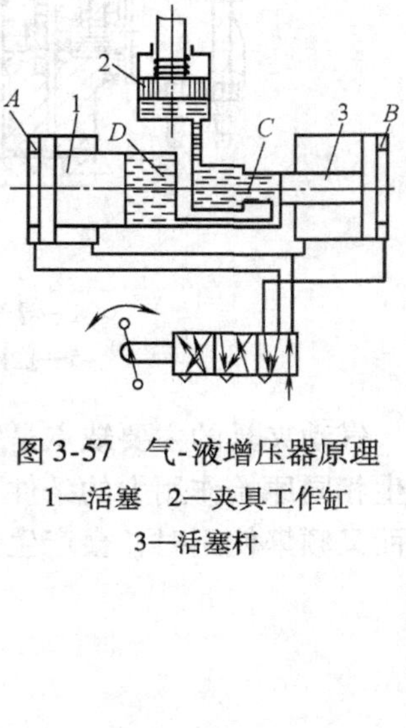

图3-57 气-液增压器原理

1—活塞 2—夹具工作缸

3—活塞杆

增压后工作压力较大，所以工作液压缸的直径可做得很小。

4. 真空夹紧

真空夹紧装置是使工件与夹具间的密闭腔内产生真空度，利用大气压力来夹紧工件的。见图 3-58a 是夹紧前状态，夹具体平面 *A* 上面开有环形槽，并有径向槽使各槽相通，最外圈装有橡胶密封圈 *B*，工件放在密封上，使工件下平面与夹具体平面 *A* 之间形成密闭腔。真空泵由接口 *C* 处抽出腔内空气，使密闭腔内形成一定真空度。在大气压力的作用下工件基准面与夹具体平面 *A* 接触，并获得一定的夹紧力，见图 3-58b。真空夹紧装置的夹紧力一般不大，所以仅适合于要求切削力不大的铝、铜及其合金、塑料等非导磁材料制成的薄板形工件。

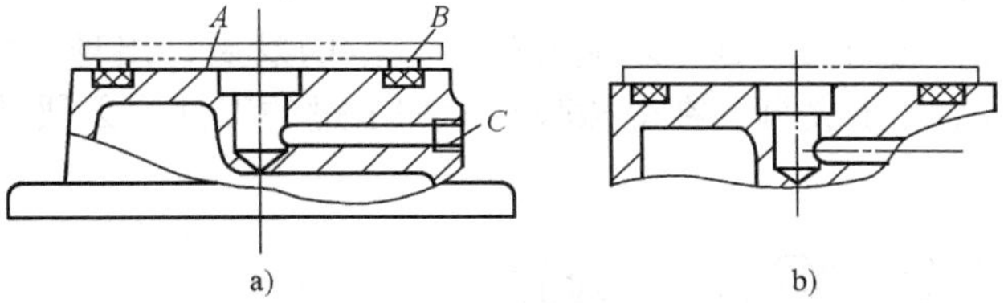

图 3-58 真空夹紧装置

a）夹紧前状态 b）夹紧时状态

5. 电磁夹紧

电磁夹紧装置应用比较广泛，已成为一种通用夹具及机床附件。电磁夹紧的原理如图 3-59 所示。夹具体 1 上部装有若干个铁心 2，铁心外面绕有线圈 6，磁极板 3 上装有与铁心位置相同的磁心 4，在磁心 4 周围镶有绝磁体 5，使磁极板与磁心之间不能直接导磁，当线圈 6 接通直流电时，便产生图中以虚线表示的磁力线，磁力线由铁心 2、夹具体 1、磁极板 3、工件和磁心 4 形成磁力回路，使工件被吸住。绝磁体的作用就是使磁力线不会短路而减弱对工件的吸力。

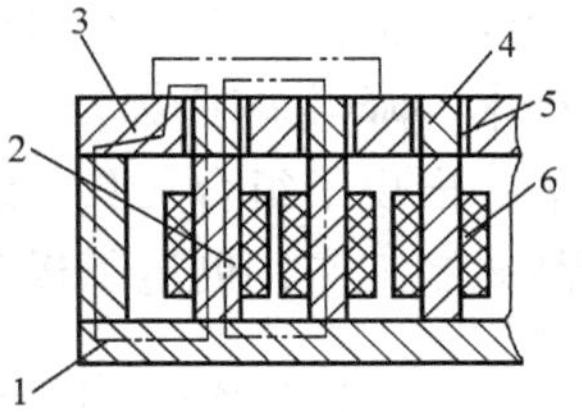

图 3-59 电磁夹紧原理

1—夹具体 2—铁心 3—磁极板 4—磁心 5—绝磁体 6—线圈

磁心排列的方式应根据工件的大小和形状来确定，专用的电磁吸盘更应注意这点。图 3-60a 所示磁心分布适合矩形工件。图 3-60b 所示磁心的分布是沿纵向排列，适于较大的工件。图 3-60c 所示磁心分布是沿横向排列，适合于小工件。图 3-60d 所示磁心分布适合于圆环状的工件。图 3-60e 所示磁心分布适合于形状复杂的工件。加工外形小或形状复杂的工件，磁心应排列得密一些，使吸力大而均匀。对于薄板状工件，电磁吸力应可调节，以减少夹紧时的变形，减小工件加工后的平面度误差。

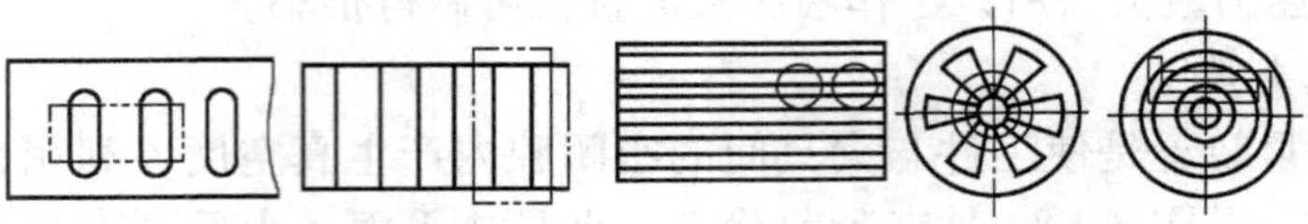

图 3-60　磁心形状及分布

a）短磁心　b）长磁心　c）密排磁心

d）辐射状磁心　e）环状磁心

磁极板通常采用08、10 钢等低碳钢制造，可减少断电后的剩磁，便于装卸工件和消除切屑。绝磁体一般用铝、铜、铅、巴氏合金等材料制造。

因电磁夹紧装置的夹紧力不大，一般只适用于切削力较小的场合，如平面磨床、工具磨床的磨削加工。近年来随着生产技术的发展，出现了强力电磁吸盘，可用于铣削和钻削加工夹具。在电磁吸盘上加工过的工件，必须进行退磁。

第六节　组合夹具简介

由于近代科学技术的高速发展，机械工业产品不仅品种日益繁多，而且产品更新改进很快，因此在机械加工中缩短工艺装备生产周期，保证加工质量、提高生产率、降低加工成本，便成为一个突出的问题。于是在夹具零部件标准化的基础上，出现了组合夹具。组合夹具的出现和发展，为机械工业单件小批生产和新产品试制工作，创造了极为有利的条件，收到了良好的技术、经济效果。

一、组合夹具的工作原理、特点及应用

1. 组合夹具的工作原理与特点

组合夹具是机床夹具中一种标准化、系列化、通用化程度较高的新型工艺装备，它是由一套预先制造好的标准元件组合而成。这些元件具有各种不同形状、尺寸和规格，并且有较好的互换性、耐磨性和较高的精度。根据工件的工艺要求，采用搭积木的方式组装成各种专用夹具。使用完毕后，可方便地拆开元件，洗净后存放起来，待重新组装时重复使用。

图 3-61 所示为一套组合成的回转式钻床夹具及该夹具的元件组成。

组合夹具有以下特点：

1）灵活多变，为生产迅速提供夹具，缩短生产准备周期。

2）保证加工质量，提高生产效率。

3）节约人力、物力和财力。

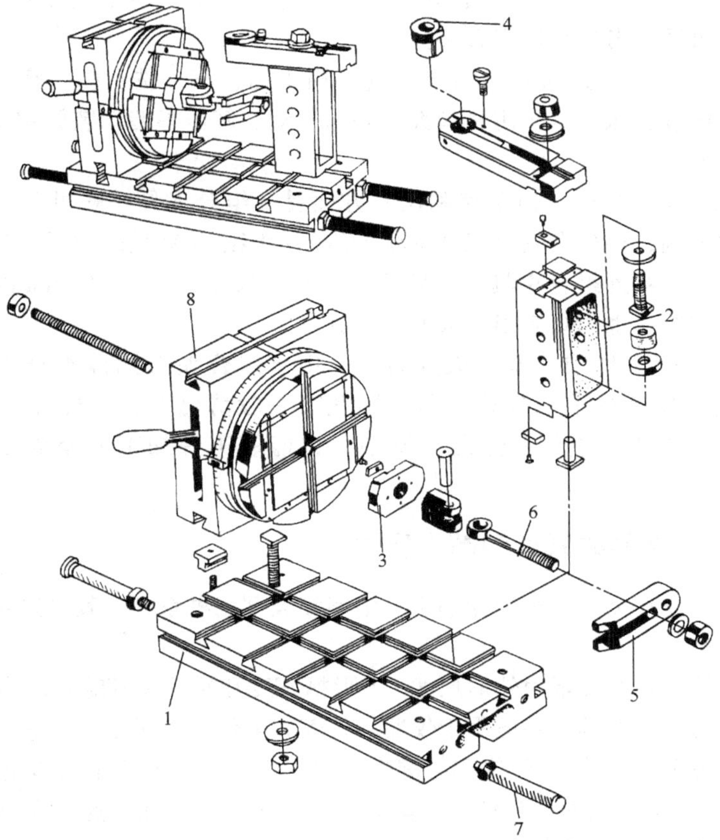

图 3-61 回转式钻床夹具

1—长方形基础板 2—方形支承件 3—菱形定位盘 4—快换钻套
5—叉形压板 6—螺栓 7—手柄杆 8—分度合件

4）减少夹具存放面积，改善管理工作。

组合夹具也存在一些不足之处，如比较笨重，刚性也不如专用夹具好，但随着组合夹具元件品种的不断发展和组装技术的不断提高，必将逐步得到改善。此外，组装成套的组合夹具，必须有大量元件储备，因此开始投资费用较大。

2. 组合夹具的应用

组合夹具应用范围很广，它不仅成熟地应用于机床、汽车、农机、仪表等行业，而且在重型、矿山等机械行业也进行了推广使用。

（1）从生产类型方面看 组合夹具的特点决定了它最适用于产品经常变换的生产，如单件小批生产（包括工具和机修零件制造）、新产品试制和临时突发性的生产任务等。对于成批生产的产品，也可利用组合夹具以补充专用夹具数量之不足，或者用于当专用夹具损坏以及生产工艺变更时。对于大批大量生产的产品，有时也可适当考虑采用组合夹具。

（2）从加工工种方面看　组合夹具可用于钻、车、铣、刨、磨、镗、检验等工种，其中以钻床夹具应用量最大。若与气动、液压等传动装置相结合，还能组成高效率的夹具。

（3）从加工工件的几何形状和尺寸方面看　组合夹具一般可不受工件形状复杂程度的限制，很少遇到因工件形状特殊而不能组装夹具的情况。目前，我国大量采用的中型系列组合夹具，一般适用于外形尺寸在20～600mm的工件，有时根据生产需要，也能组装出更大的组合夹具。

（4）从加工工件的公差等级方面看　由于组合夹具元件本身为IT2公差等级，通过各组装环节的累积误差，因此在一般情况下，工件加工公差等级可达IT3级，如果经过精心选配与调整，也能使工件加工公差等级达IT2级或更高。

二、组合夹具的系列和基本要素

组合夹具按其尺寸大小分为小型、中型和大型三种系列，其区别主要在于元件的基本要素。

组合夹具的基本要素为外形尺寸、T形槽宽度和螺栓及其螺孔的直径。

小型系列组合夹具主要适用于仪器、仪表和电信、电子工业，这种系列元件的螺栓直径为M8×1.25，定位键与键槽宽的配合尺寸为8H7/js6，T形槽之间的距离为30mm。中型系列组合夹具主要适用于机械制造工业，这种系列元件的螺栓直径为M12×1.5，定位键与键槽宽的配合尺寸为12H7/h6，T形槽之间的距离为60mm。大型系列组合夹具主要适用于重型机械制造工业，这种系列元件的螺栓直径为M16×2，定位键与键槽宽的配合尺寸为16H7/h6，T形槽之间的距离为60mm。

三、组合夹具元件的分类

组合夹具的元件，按其用途不同，可分为八大类，见图3-61。

1. 基础件

包括各种规格尺寸的方形、矩形、圆形基础板和基础角铁等，如图3-62所示。基础件主要用作夹具体，但还有其他用途，例如用方块形或矩形基础板可组成一个角度，作为角度支承使用。基础件上的T形槽、键槽、光孔和螺孔起定位和紧固其他元件的作用。

2. 支承件

包括各种规格尺寸的垫片、垫板、方形和矩形支承、角度支承、角铁、菱形

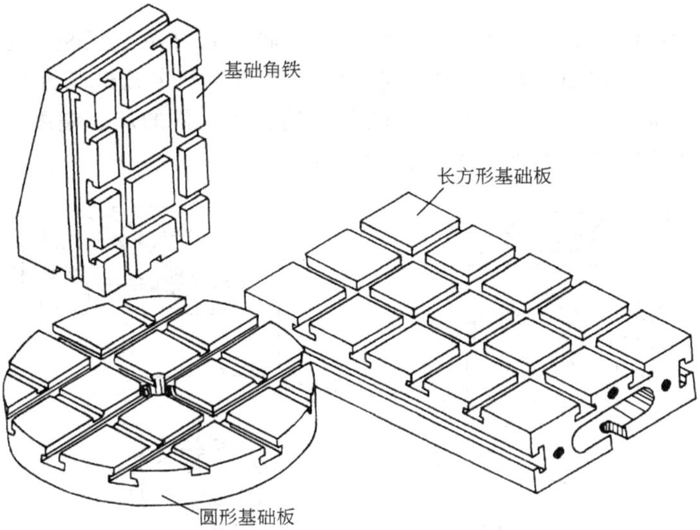

图 3-62　基础件

板、V 形块、螺孔板、伸长板等，如图 3-63 所示。支承件主要用作不同高度的支承和各种定位支承平面，是夹具体的骨架。另外，也可把尺寸大的支承用作基础件。支承件在组合夹具元件中形式多、用途广，组装时应充分发挥其作用。支承件上一般也有 T 形槽、键槽、光孔和螺孔，以便将各支承件与基础件和其他元件联成整体。

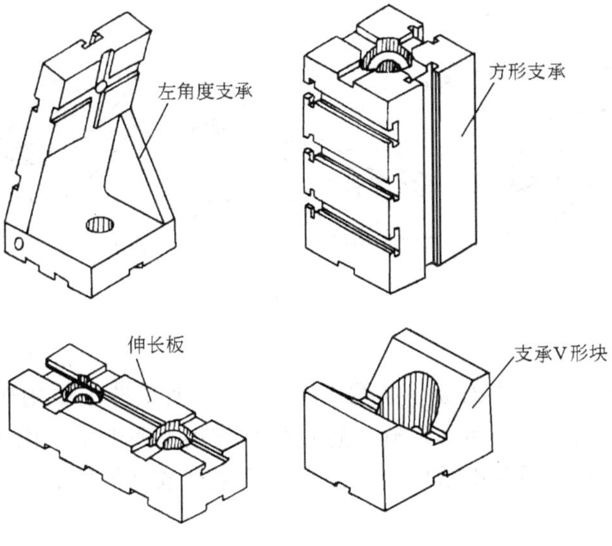

图 3-63　支承件

3. 定位件

包括各种定位销、定位盘、定位键、定位轴、各种定位支座、定位支承、镗孔支承、顶尖等，如图3-64所示。定位件主要用于确定元件与元件、元件与工件之间的相对位置尺寸，以保证夹具的装配精度和工件的加工精度，另外还用于增强元件之间的联接强度和整个夹具的刚度。

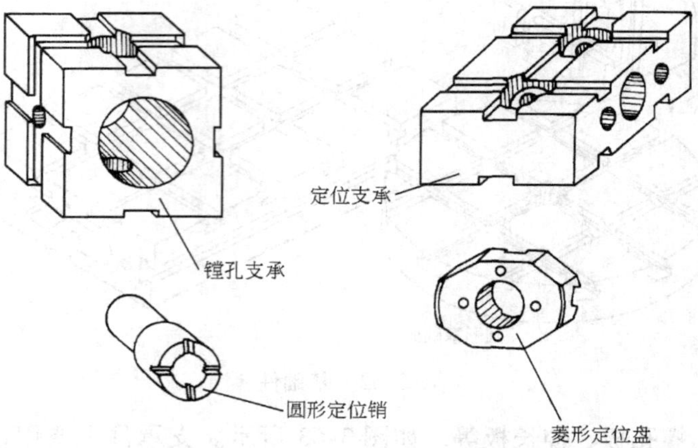

图3-64 定位件

4. 导向件

包括各种钻模板、钻套、铰套和导向支承等，如图3-65所示。导向件主要用来确定刀具与工件的相对位置，加工时并起到引导刀具的作用，有时也可用作定位件。

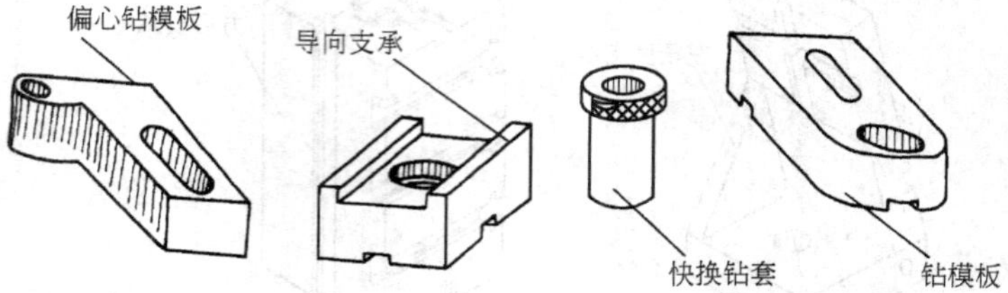

图3-65 导向件

5. 夹紧件

包括各种形状尺寸的压板，如图3-66所示。夹紧件主要用来将工件夹紧在夹具体上，保证工件定位后的正确位置在外力作用下不变动。由于各种压板的主要表面都经过磨光，因此也常作定位挡板、联接板或其他用。

6. 紧固件

包括各种螺栓、螺钉、螺母和垫圈等。紧固件主要用来把夹具上各种元件联

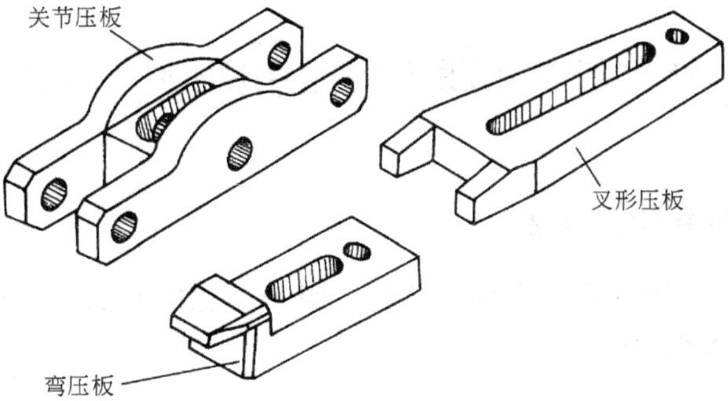

图 3-66 夹紧件

接紧固成一整体，并可通过压板把工件夹紧在夹具上。组合夹具上使用的紧固件要求强度高、寿命长、体积小，因此所用的材料比一般标准紧固件的要好，且有较高的加工要求。

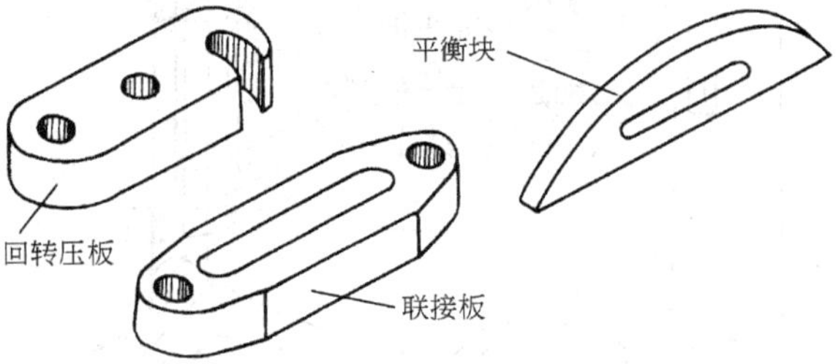

图 3-67 其他件

7. 其他件

包括除了上述六类以外的各种用途的单一元件，例如联接板、回转压板、浮动块、各种支承钉、支承帽、二爪支承、三爪支承、平衡块等，如图 3-67 所示。其中有些有比较明显的用途，而有些常无固定用途，但只要用得合适，在组装中常能起到极为有利的辅助作用。

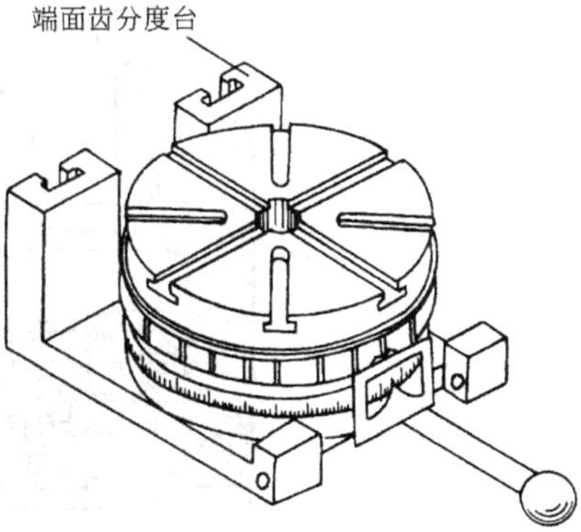

图 3-68 分度合件

8. 合件

指在组装过程中不拆散使用的独立部件。按其用途可分为定位合件、导向合件、夹紧合件、分度合件等，图 3-68 所示为分度合件。在合件中，使用最多的是导向合件和分度合件。

第七节　各类机床夹具应用实例

一、钻床夹具应用实例

如图3-69所示为卧轴式的回转钻模。用于加工拨叉的 $\phi9H9$ 孔，并要求两孔的同轴度误差为0.10mm。

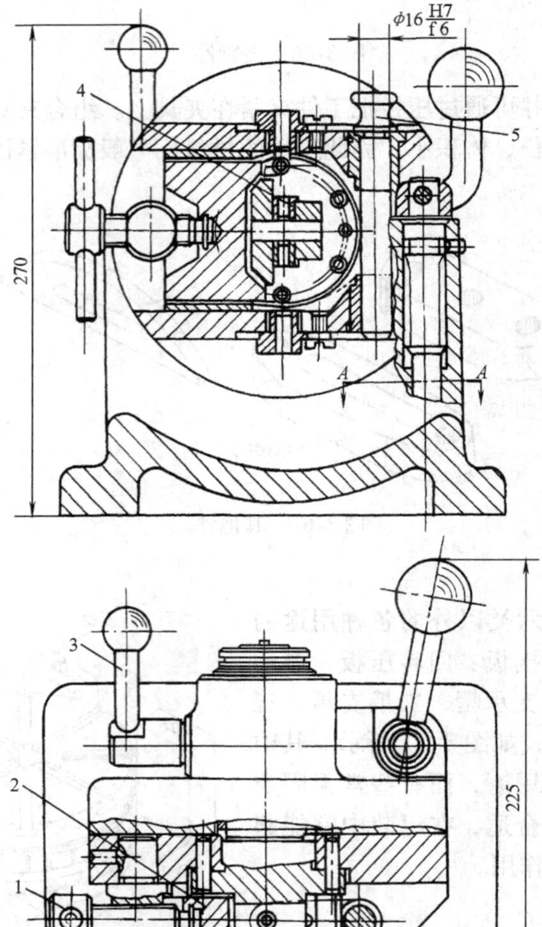

图3-69　卧轴式回转钻模

1—螺杆　2—V形滑块　3—手柄　4—前导向套　5—插销

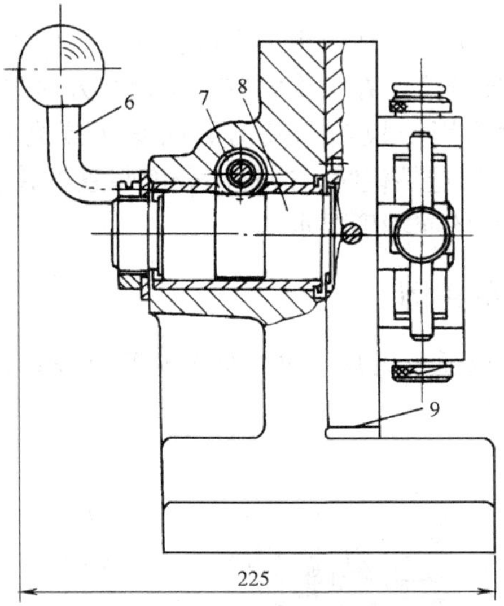

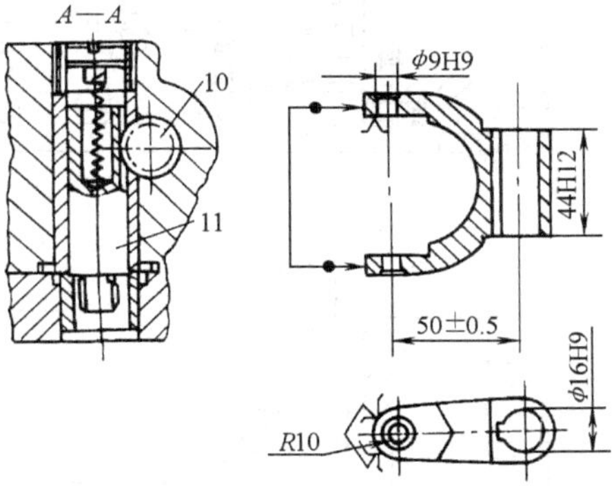

b)

图 3-69　卧轴式回转钻模（续）

6—拔销手柄　7—锁紧块　8—中心轴　9—转盘　10—齿轮　11—削扁销

工件先以拨叉内开挡的上端面定于夹具的定位平面上限制一个自由度，然后将插销 5 沿导套插入工件的 ϕ16H9 孔中限制四个自由度。拧动螺杆 1 推动 V 形滑块 2 向右移动（限制一个自由度）并夹紧工件。该夹具共限制了六个自由度，属完全定位。为防止出现一点夹紧而使工件变形，将 V 形滑块做成浮动式。

加工时旋紧手柄 3 用锁紧块 7 将中心轴 8 连同转盘 9 锁紧，通过钻、粗铰、精铰三个工步加工完一端的 ϕ9H9 孔。然后旋松手柄 3 再转动拔销手柄 6 使齿轮 10 转动，拔出带有齿条的削扁销 11，这时可将转盘 9 连同工件一起回转 180°。削扁销 11 在弹簧力的作用下插入另一分度孔完成分度，转动手柄 3 将转盘锁住，

加工另一端的 ϕ9H9 孔。

拔叉的两个孔间距较大，如从一个方向进行加工，由于刀具的弯曲很难保证位置精度。因此利用回转分度，在一次安装中从两个方向进行加工。为保证加工精度，此夹具在铰孔时采用快换钻套及前导向套 4 提高铰刀刚度，保证每个 ϕ9H9 孔的直线度要求。制造钻模时，应提高分度装置的精度和钻套及导向套的位置精度，以保证两个孔的同轴度要求。

二、铣床夹具应用实例

如图 3-70a 所示为摇臂铣槽夹具，加工如图 3-70b 所示摇臂的（28.5 ±0.1）mm 槽。

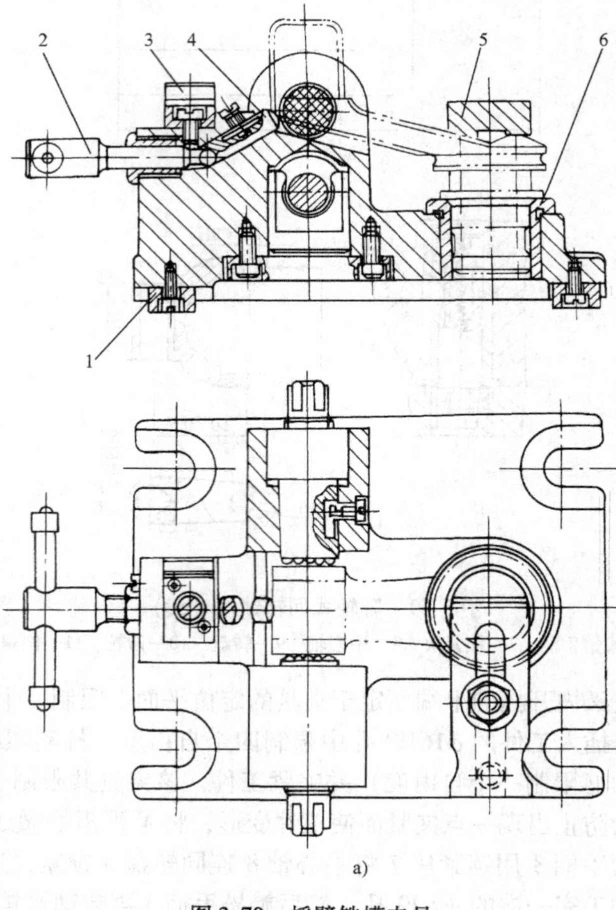

图 3-70　摇臂铣槽夹具

a）夹具

1—定向键　2—扳手螺钉　3—对刀块　4—滑柱　5—压板　6—衬套

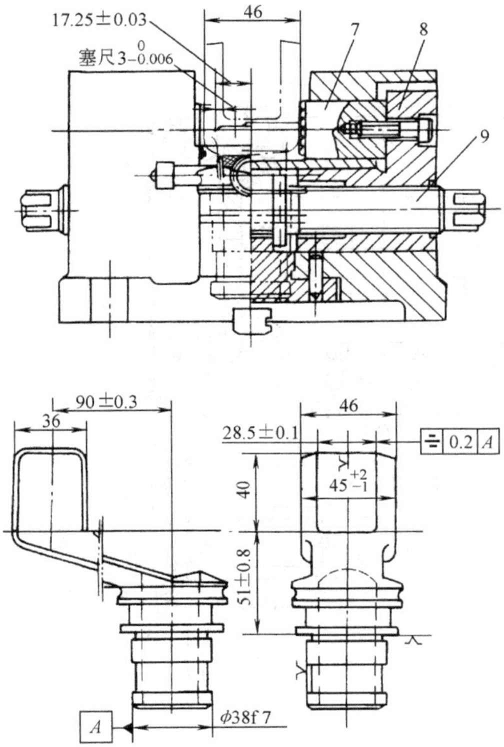

b)

图 3-70　摇臂铣槽夹具（续）

b）摇臂

7—压块　8—螺母　9—双向螺杆

工件用 ϕ38f7 外圆及其端面定位，限制五个自由度。然后用双向螺杆 9 带动螺母 8 和压块 7 作等速移动，实现定心夹紧保证（28.5 ±0.1）mm 槽对外形的对称。考虑铣削力较大，为提高加工时工件的刚度，所以不仅在 ϕ38f7 圆上方用压板 5 压紧，还在（28.5 ±0.1）mm 槽底附近的斜面上设置辅助支承。转动扳手螺钉 2 通过钢球推移滑柱 4 托住工件。用直角对刀块 3 及 $3^{\ 0}_{-0.006}$mm 平塞尺进行对刀，可控制（28.5 ±0.1）mm 槽的位置及（51 ±0.8）mm 的槽深，夹具用两个定向键 1 与铣床工作台面定位。考虑工件批量较大，为防止 ϕ38f7 孔磨损，采用了衬套 6。

三、车床夹具应用实例

如图 3-71 所示是一种角铁式的夹具，用来车削壳体上 ϕ145H10 孔。夹具体 2 通过过渡盘与机床主轴联接，并以定位套 5 的 ϕ35H7 孔和过渡盘上的心轴（图中未画出）相配合，作为对机床主轴的安装基准。

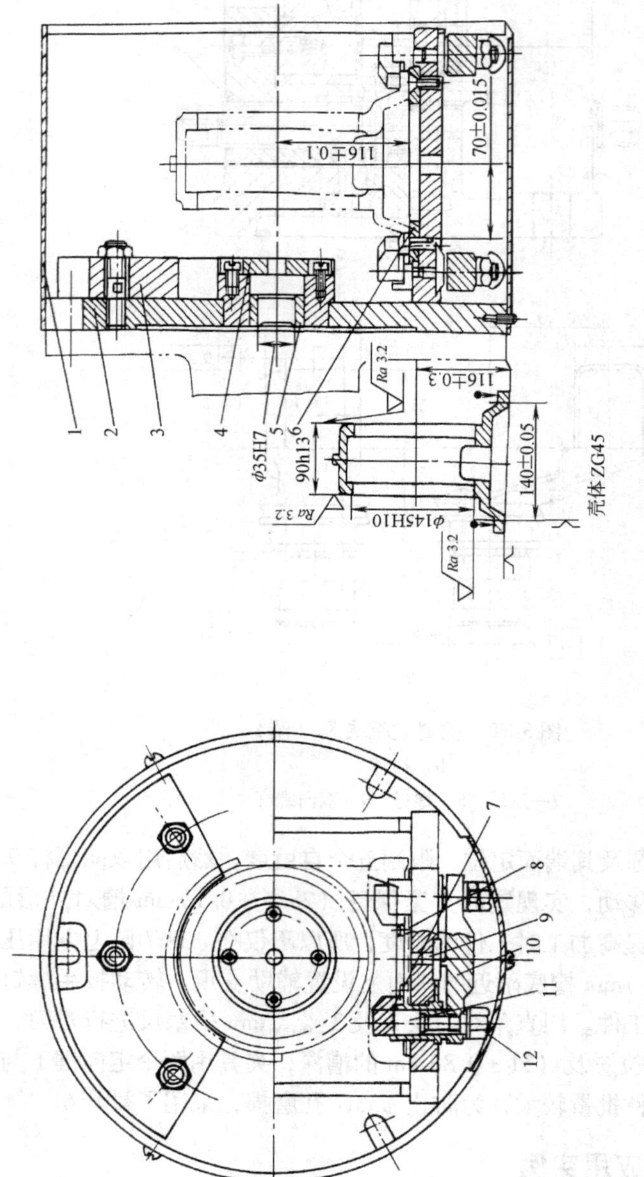

图 3-71 车夹具

1—防护罩 2—夹具体 3—平衡块 4—测量板 5—定位套 6—定位板 7—削扁销
8—圆柱销 9—支承销 10—杠杆 11—钩形压板 12—球面螺母

工件以底平面及 $2\times\phi11H8$ 孔作定位基准，定位件由定位板 6、圆柱销 8 和削扁销 7 组成，限制六个自由度。

工件定位后，拧紧两个球面螺母 12，两组钩形压板 11 通过杠杆 10 将工件夹紧。当孔和一个端面加工完毕后，将工件转过 180°，重新定位、夹紧，即可加工另一端面。

复习思考题

1. 什么叫机床夹具？
2. 机床夹具在机械加工中有哪些作用？
3. 机床夹具主要由哪几个部分组成？各有什么作用？
4. 机床夹具按通用化可分成哪几种？
5. 什么是定位？
6. 未定位的工件有哪几个自由度？什么是六点定位原理？
7. 什么是完全定位、不完全定位、欠定位和过定位？为什么不允许在欠定位或过定位的情况下进行加工？
8. 常用的定位方法有哪些？各限制哪几个自由度？
9. 孔、轴定位时，在什么情况下采用过盈配合心轴及微锥度定位心轴？
10. 定位销、V 形定位块用什么材料制造？热处理硬度各为多少？
11. V 形块定位有何特点？
12. 什么情况下采用菱形定位销？安装菱形销应注意什么？
13. 对机床夹具有哪些要求？为什么？
14. 确定夹紧力方向的原则是什么？
15. 夹紧力作用点应如何选择？
16. 确定夹紧力大小应考虑哪些因素？
17. 螺旋夹紧机构的原理是什么？有哪些优缺点？
18. 斜楔夹紧机构有什么特点？
19. 偏心夹紧机构与斜楔夹紧机构有何共同点？
20. 偏心轮一般选用什么材料？采用何种热处理方式？
21. 简述各种定心夹紧机构的动作过程。
22. 多点夹紧和多件夹紧机构为何都要采用浮动件和浮动结构？如何确定浮动件的数目？
23. 为何要采用动力夹紧装置？
24. 常用动力装置有哪几类？各有什么优缺点？
25. 简述组合夹具的工作原理与特点。
26. 组合夹具有几种系列？各系列主要适用于哪些场合？
27. 组合夹具元件分哪几大类？各类元件的用途是什么？

第四章

液气压传动基础知识

培训学习目标 了解液压传动的工作原理和应用；理解液压油的基本性质；掌握液体压力、流量、功率的计算方法；了解气压传动的基本知识。

第一节 液压传动的工作原理和系统组成

一、液压传动的工作原理

液压传动是靠密封容器内的液体压力能，来进行能量转换、传递与控制的一种传动方式。液压传动与机械传动相比，具有许多优点，所以在机械工程中，液压传动是被广泛采用的传动方式之一。

图 4-1 表示一台简化了的机床液压传动系统的工作原理图。液压缸 8 固定不动，活塞 9 连同活塞杆带动工作台 10 作往复运动，液压泵 3 由电动机驱动，从油箱 1 中吸油并把压力油输入管路，经节流阀 6 至换向阀 7。当换向阀两端的电磁铁均不通电，其阀芯在两端弹簧力作用下处于中间位置（图 4-1a）时，管路 P、A、B、T 均不相通，液压缸两腔油路被封闭，工作台停止运动。

若换向阀左端的电磁铁通电，将其阀芯推至右端（图 4-1b），使管路 P 和 A 通，B 和 T 通。液压缸进油路为：液压泵 3→节流阀 6→换向阀（P→A）液压缸左腔；回油路为：液压缸右腔→换向阀（B→T）→油箱。这时，活塞 9 在液压力的推动下，通过活塞杆带动工作台 10 向右运动。当工作台上的挡铁 11 与行程开关 12 相碰时，右侧电磁铁通电，换向阀芯移至左端（图 4-1c）使管路 P 和 B 通，A 和 T 通。液压缸进油路为：液压泵 3→节流阀 6→换向阀（P→B）→液压

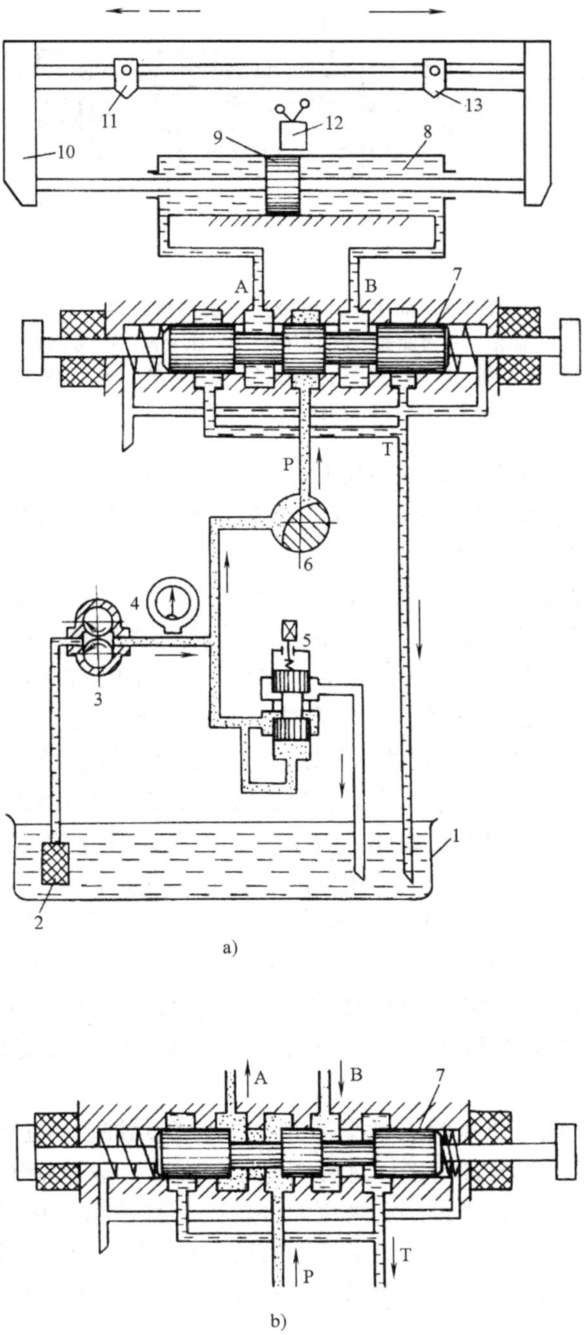

图 4-1　简单机床的液压传动系统

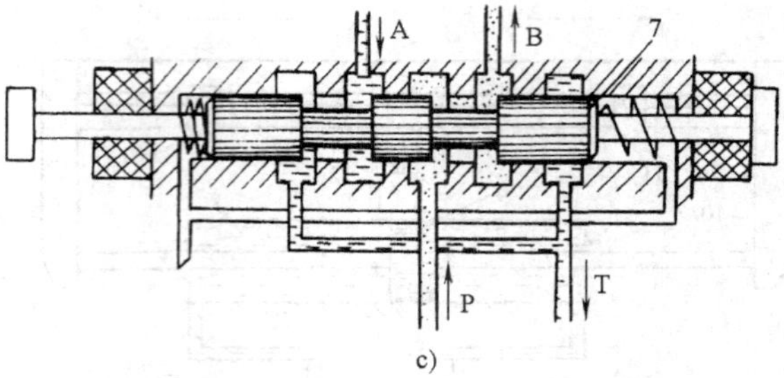

c)

图4-1　简单机床的液压传动系统（续）
1—油箱　2—过滤器　3—液压泵　4—压力表　5—溢流阀
6—节流阀　7—换向阀　8—液压缸　9—活塞　10—工作台
11、13—挡铁　12—行程开关

缸右腔；回油路为：液压缸左腔→换向阀（A→T)→油箱。于是，工作台向左运动。当挡铁13再碰到行程开关时，又可控制电磁铁通断，使换向阀芯换位，从而实现工作台自动往复运动。

工作台的移动速度由节流阀6调节。当阀开口较大时，进入液压缸的流量大，工作台的移动速度快；反之，工作台的移动速度变慢。液压泵输出的液压油，在满足工作台的移动速度要求之后，多余的液压油经溢流阀5流回油箱。溢流阀可以调节液压系统的压力。工作台移动时，必须克服负载（如切削力、摩擦力等)，而且这些负载是变化的，所以，调节压力应根据最大负载来调整。这样，当系统压力低于这一调节压力时，溢流阀5关闭；当负载大，系统压力升高到调节压力时，溢流阀打开。因此，溢流阀5起调节、溢流作用，过滤器2起过滤和净化液压油的作用，压力表4用以测定泵出口的压力。

通过上述实例分析可以看出，液压传动指静液传动，是以密封容积中的受压液体作为工作介质来传递运动和动力的。先通过动力元件（液压泵）将原动机（如电动机）输入的机械能转换为液体压力能，再经过密封管道和控制元件等输送至执行元件（如液压缸），将液体压力能转换为机械能，以驱动工作部件。

上述实例所示的液压系统图（图4-1a）中各个元件基本上是用半结构式图形画出来的，故称为结构原理图。这种图形比较直观，易于理解，但图形比较复杂，不易绘制。为此国内外都广泛采用元件的图形符号来绘制液压系统原理图。图形符号只表示元件的职能，不表示元件的结构和参数，液压系统图中的图形符号应以元件的静止位置或零位来表示。若液压元件无法用职能符号表达的，仍允许采用结构原理图表示。

下面将图4-1中出现的液压元件的图形符号作一简单介绍：

1. 液压泵的图形符号

在国家标准中规定液压泵的图形符号如图 4-2a 所示。实心三角形的尖顶向外（尖顶向内的表示液压马达），表示液流的方向。

2. 换向阀的图形符号

国家标准中规定换向阀的图形符号如图 4-2b 所示。为了改变液流的方向，换向阀阀芯的位置要变换，它一般可变动 2～3 个位置，阀体上的通路数也不一样，根据阀芯变动的位置数和阀体上的通路数可组成几位几通阀。换向阀的工作位置用方格数表示，图形符号中有几个方格即表示阀有几个工作位置。图 4-2b 所示的换向阀，具有三个工作位置和 P、A、B、T 四个通路，故为三位四通阀。在图示位置，通路 P、A、B、T 被方格内“⊤”或“⊥”符号堵截，表示各油路互不相通。当阀芯右移时，左面方格处于工作位置，这时 P→B，A→T；若阀芯左移，右面方格处于工作位置，这时 P→A，B→T 而使油路实现换向。

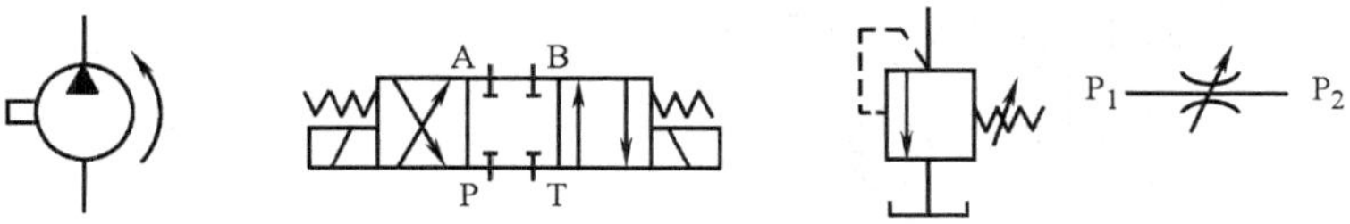

a)　　b)　　c)　　d)

图 4-2　液压元件的图形符号

a）液压泵图形符号　b）换向阀图形符号

c）溢流阀图形符号　d）节流阀图形符号

3. 溢流阀的图形符号

国家标准规定溢流阀的图形符号如图 4-2c 所示。方格上的箭头表示阀芯上的通道，和方格相连的实线为进、出管路，虚线为内部压力控制油路。溢流阀是利用控制油路的液压力与阀芯上端弹簧力相平衡的原理进行工作的。图示位置为不工作状态，此时控制油路没有压力或压力较低时，液压力不能克服弹簧力而推动阀芯，这时进、出油路不能相通。当液压力超过弹簧力时，阀芯在液压力作用下向右移动，于是进、出油路相通，使多余的液压油溢回油箱。调节弹簧的压紧力，也就调节了系统的工作压力。

4. 节流阀的图形符号

国家标准规定节流阀的图形符号如图 4-2d 所示。两圆弧所形成的缝隙表示节流孔道，当液压油通过节流孔通道时使通过流量减小，图中向右上方倾斜的箭头表示节流孔大、小可以改变，即表示通过该阀的流量是可以调节的。

关于液压缸和油箱、过滤器等辅助元件的图形符号比较直观，这里不再介绍。

图 4-1 所示的液压传动系统图，若用图形符号来表示则如图 4-3 所示。系统的工作原理和各元件的作用同前所述。

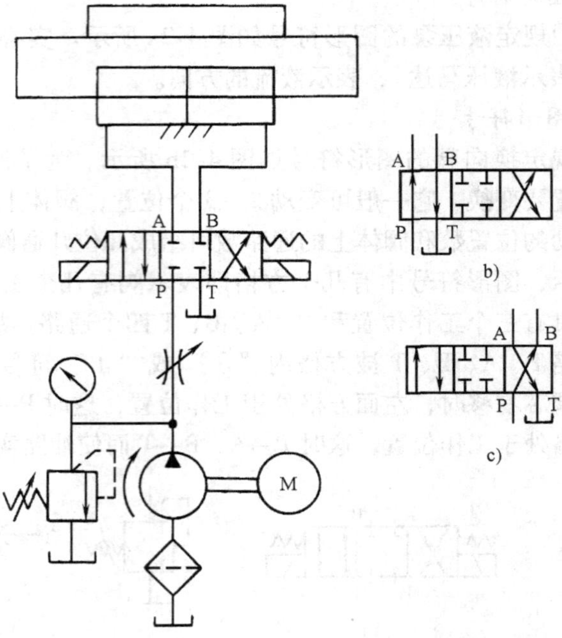

图 4-3　液压传动系统图

二、液压传动系统的组成

由图 4-3 可见，液压系统是由具有各种功能的液压元件有机地结合而成的。不论最简单的液压系统，还是很复杂的液压系统，都是由除了工作介质外四个主要部分组成：

1. *动力元件*

动力元件即液压泵，它是将原动机输入的机械能转换成液体压力能的装置，其作用是为液压系统提供压力油，它是液压系统的动力源。

2. *执行元件*

执行元件是指液压缸和液压马达，它是将液体的压力能转换成机械能的装置，其作用是在压力油的推动下输出力和速度（或转矩和转速）以驱动工作部件，如各类液压缸和液压马达。

3. *控制调节元件*

控制调节元件是指各种阀类元件，如溢流阀、节流阀、换向阀等。它们的作用是控制液压系统中液压油的压力、流量和方向，以保证执行元件完成预期的工作运动。

4. 辅助元件

辅助元件指油箱、油管、管接头、过滤器、压力表、流量表等。这些元件分别起储油、输油、连接、过滤、测量压力和流量等作用，以保证系统正常工作，是液压系统不可缺少的组成部分。

第二节　液压传动的优缺点及应用

一、液压传动的优缺点

1. 优点

1）液压传动能方便地实现无级调速，调速范围广，且可在系统运行过程中调整。

2）液压传动易于实现系列化、标准化、通用化及自动化。

3）液压传动能使执行元件的运动十分均匀稳定、反应快、换向冲击小、能快速起动、制动和频繁换向。

4）液压传动易实现过载保护，使用安全、可靠，液压元件能够自行润滑，故使用寿命长。

5）在相同功率条件下，液压传动装置体积小、重量轻、结构紧凑。

6）液压传动易获得很大的力或力矩，并且控制、调节简单，操作方便、省力。当其与电气控制结合，更易实现各种复杂的自动工作循环。

2. 缺点

1）液体很容易泄漏，使液压传动难以保证严格的传动比。

2）液压传动在工作过程中能量损失较大，传动效率较低，不宜作远距离传动。

3）液压系统混入空气后，会产生爬行和噪声等现象，从而影响运动的平稳性。

4）油液被污染后，机械杂质常会堵塞小孔、缝隙，影响动作的可靠性。

5）液压传动对油温变化比较敏感，不宜在很高或很低的温度条件下工作。

6）液压传动出现故障时，不易查找原因。

综上所述，液压传动的优点是主要的，它的缺点随着生产技术水平的提高正在被逐步克服。因此，液压传动在现代生产中有着广阔的前景。

二、液压传动的应用

液压传动由于具有许多独特的优点，所以应用领域日益广泛。液压传动在各类机械行业中的应用情况如下：

1）机床工业上主要有磨床、铣床、刨床、拉床、自动和半自动车床、组合机床、数控机床等。

2）工程机械上主要有推土机、挖掘机、装载机、压路机、铲运机等。

3）起重运输机械上主要有汽车起重机、港口龙门起重机、叉车、装卸机械、传动带运输机等。

4）矿山机械上主要有开掘机、开采机、破碎机、提升机、液压支架等。

5）建筑机械上主要有打桩机、液压千斤顶、平地机等。

6）农业机械上主要有联合收割机、拖拉机、农具悬架系统等。

7）冶金机械上主要有电炉炉顶及电极升降机、轧钢机、压力机等。

8）轻工机械上主要有打包机、注塑机、校直机、橡胶硫化机、造纸机等。

9）汽车工业上主要有全液压越野车、自卸式汽车、平板车、高空作业车、汽车中的转向器。

10）智能机械上主要有折臂式小汽车装卸器、数字式体育锻炼机、模拟驾驶舱、机器人等。

第三节　液压油的性质与选用

液压油是液压系统的工作介质。即使设计先进、制造精度高的液压设备，如果不了解液压油的性质及正确选用方法，不仅不能充分发挥液压设备的使用效率，而且也会缩短使用周期，甚至会使液压设备损坏并造成严重事故。目前液压技术不断发展，液压油的品种越来越多，对于了解各种液压油的性质，正确地选用液压油显得非常重要。

一、液压油的物理性质

1. *密度和重度*

单位体积的油所具有的质量称为密度，用 ρ 表示；单位体积的油所具有的重量称为重度，用 γ 表示。密度和重度的关系为

$$\rho = \gamma / g$$

通常石油基液压油的密度一般取 $9 \times 10^2 \text{kg/m}^3$。

2. *粘度*

液体在外力作用下流动时，液体内部各流层之间产生内摩擦阻力的性质，称为液体的粘性。表示液体粘性大小程度的物理量称为粘度。液压传动中常用的粘度有动力粘度、运动粘度和相对粘度等。

(1) 动力粘度(绝对粘度) 动力粘度表示面积各为 1cm^2,相距 1cm 的两层液体,当其中一液体层对另一液体层以 1cm/s 的速度作相对运动时所产生的内摩擦力值,用 μ 表示,单位为 Pa·s(帕·秒)。

(2) 运动粘度 运动粘度是动力粘度与该液体在同一温度下密度的比值,用 ν 表示。即 $\nu=\mu/\rho$,单位为 m^2/s。它与常用单位 St(斯)(cm^2/s)之间的关系是

$$1\text{m}^2/\text{s}=10^4\text{cm}^2/\text{s}\ (\text{St})\ =10^6\text{mm}^2/\text{s}\ (\text{cSt})$$

液压油的牌号是采用它在 40℃ 温度下运动粘度平均 cSt(厘斯)值来标号,例如 L—AN32 号全损耗系统用油,指这种油在 40℃ 时的运动粘度平均值为 32cSt。

(3) 相对粘度(条件粘度) 由于测量仪器和条件不同,各国相对粘度的含义也不同,如美国采用赛氏粘度(SSU);英国采用雷氏粘度(″R);而我国和欧洲国家则采用恩氏粘度(°E)。

恩氏粘度是将 200cm^3 的被试油,在规定温度下,流经恩氏粘度计的时间与 20℃ 或 40℃ 时 200cm^3 蒸馏水流经时间的比值,用符号 $°\text{E}_{20}$ 或 $°\text{E}_{40}$ 表示。

3. 温度对粘度的影响

液体的粘度都随温度变化而变化,当温度升高时,液压油的粘度降低。工业上常采用粘度指数来评价液压油的粘度受温度影响的大小。粘度指数Ⅵ表示被试油和标准油粘度变化程度比较的相对值,粘度指数越高,表示粘度随温度的变化越小。

4. 压力对粘度的影响

液体的粘度随着压力的增加而加大,设标准大气压力下的粘度为 ν,任意压力下的粘度为 ν_P 为

$$\nu_\text{P} = \nu(1 + 0.003p)$$

式中 ν_P——压力为 p 时液体的运动粘度(m^2/s);

ν——压力为 101.33kPa 时液体的运动粘度(m^2/s);

p——液体所受的压力(10^5Pa)。

5. 液体的可压缩性

液体受压力作用而使其体积发生变化的性质,称为液体的可压缩性。一般情况下,液体的可压缩性可以不计,但在精确计算时,尤其在考虑系统的动态特性和远距离操纵的液压机构,液体的可压缩性是一个很重要的因素。液压油的可压缩性约比钢的可压缩性大 100~140 倍。当液压油中混有空气时,可压缩性将显著增加,常常使液压系统发生噪声,降低系统的传动刚性和工作可靠性。

二、液压油的选用

在选用液压油时,应首先考虑液压系统的工作压力、周围环境、运动速度,

同时还应按液压泵所规定许可采用的液压油。

1. 液压系统的工作压力

如工作压力高，应选用粘度较大的液压油，因高压的液压系统泄漏较突出；工作压力较低时，应选用粘度较小的液压油。

2. 液压系统的环境条件

如液压系统油温高或环境温度高，应用粘度较大的液压油。反之，应用粘度较小的液压油。

3. 液压系统中工作机构的运动速度

当液压系统中工作机构的运动速度较高时，液流流速高，压力损失也大，系统效率低，还可能导致进油不畅，甚至卡住零件，因此应用粘度较小的液压油。反之，应用粘度较高的液压油。

在选用液压油时，有时还要考虑到一些特殊因素，如高速、高压液压系统中的元件，需要的液压油具有较高的抗磨性或油膜强度以防止急剧的磨损。这时可选用抗磨液压油如 L-HM。对于环境温度在 -15℃ 以下的高速、高压液压系统，为保证在低温下有良好的起动性，可选用低温液压油如 L-HV。在精密机床主轴滑动轴承中，要求其润滑油具有较好的抗氧化、抗磨损、防锈蚀性能，以便能有效地降低主轴温升，延长主轴的寿命，应选用精密机床主轴油。

第四节　液体压力、流量和功率的计算方法

一、液体静力学

1. 液体的压力

当液体相对静止时，液体单位面积上所受的作用力称为压力。即

$$p = F/A$$

式中　p——压力（Pa）；

F——作用力（N）；

A——作用面积（m^2）。

压力的单位为 Pa，称为帕斯卡，简称帕（Pa），$1Pa = 1N/m^2$。由于 Pa 单位太小，工程上使用不便，因而常采用 kPa（千帕）和 MPa（兆帕）$1MPa = 10^3 kPa = 10^6 Pa$。

压力的表示方法有两种：一种是以绝对真空作为基准所表示的压力称为绝对压力。一种是以大气压作为基准所表示的压力，称为相对压力。由于大多数测压

仪表所测得的压力都是相对压力，所以相对压力也称为表压力。通常所讲的液压系统的压力就是指大于大气压力的表压力。当绝对压力低于大气压力时，比大气压力小的那部分数值称为真空度。

绝对压力、相对压力和真空度的相对关系见图4-4。

2. 静压力的传递——帕斯卡定律

加在密闭容器中液体上的压力，能够等值地被液体向各个方向传递，这就是帕斯卡定律。图4-5所示为水压机的工作原理。在两个相互连通的液压缸中装有液压油，液压缸上部装有活塞，小活塞和大活塞的面积分别为A_1和A_2。如在小活塞上外加一外力F_1，则由F_1所形成的压力为F_1/A_1。根据帕斯卡定律，在大活塞的底面上也将作用有压力F_1/A_1，则作用于大活塞上的力$F_2=F_1A_2/A_1$。设$A_2/A_1=n$，则大活塞输出的力为nF_1。两活塞的面积比A_2/A_1越大，大活塞输出的力越大。液压水压机和千斤顶就是利用这个原理进行工作的，这就说明了液压系统的工作压力决定于外负载。

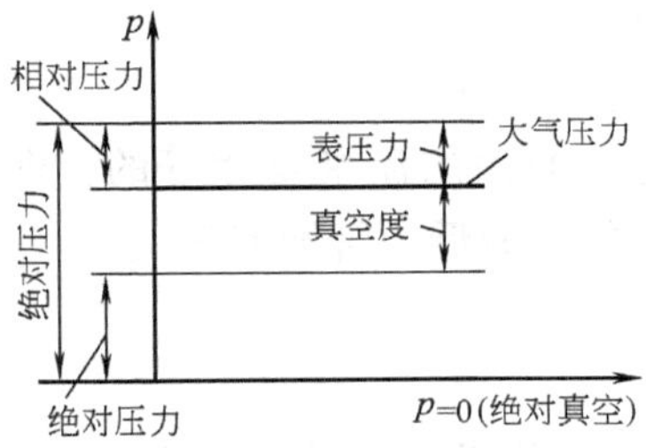

图4-4　绝对压力、相对压力和真空度

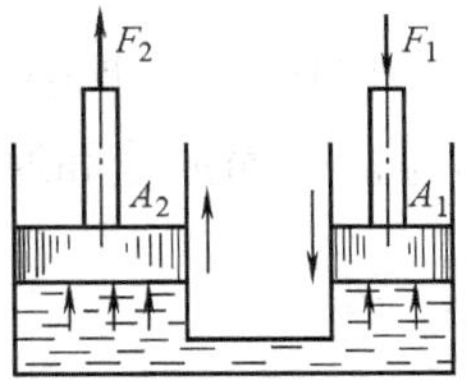

图4-5　水压机的工作原理

二、液体动力学

1. 液体的流量

液体在管道中流动时，垂直于液体流动方向的截面称为通流截面。单位时间内流过某通流截面的液体体积称为流量，用q_v表示。即

$$q_v = V/t$$

单位为m^3/s或L/min，换算$1m^3/s=6\times10^4L/min$。

假设通流截面上各点的流速均匀分布，流速是指液流质点在单位时间内流过的距离，用v表示，即$v=s/t$，单位为m/s或m/min。若把上式分子分母各乘以通流截面积A则得

$$v = sA/(tA) = q_v/A$$

即$q_v=vA$，液体以流速v流过通流截面A的流量等于流速v和通流截面积A的乘积。

在液压缸中液体的流速可以认为是均匀分布的（液体流动速度与活塞运动速度相同）。当液压缸的有效工作面积 A 一定时，活塞运动速度 v 便取决于输入液压缸的流量 q_v。

2. 液流的连续性

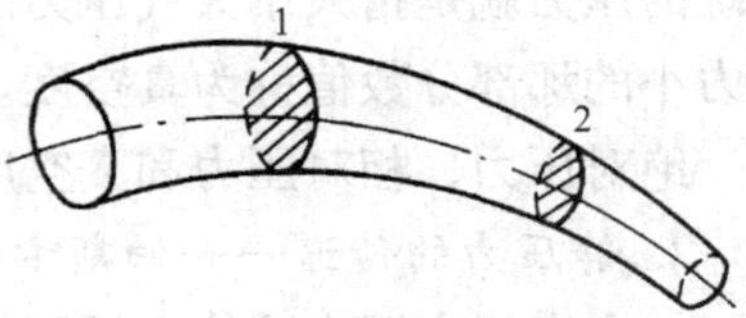

图 4-6 液流的连续性简图

液体的可压缩性很小，一般可忽略不计。因此，液体在管内作稳定流动（流动液体中任一点的压力、速度和密度都不随时间而变化），根据质量守恒定律，在单位时间内管中每一个通流截面的液体质量是相等的，这就是液流的连续性原理。如图 4-6 所示，液体在不等截面的管中流动，设通流截面 1 和 2 的直径各为 d_1 和 d_2，面积各为 A_1 和 A_2，平均流速分别为 v_1 和 v_2，两个通流截面处液体的密度都为 ρ，根据液流的连续性原理，流经截面 1 和 2 的液体质量应相等。即

$$\rho v_1 A_1 = \rho v_2 A_2 = \rho v A = \text{常量}$$

上式称为液流的连续性方程式，将上式化简得

$$v_1 A_1 = v_2 A_2 = vA = \text{常量}$$

上式表明流体在管中流动时流过各个通流截面的流量是相等的，即 $q_{v1} = q_{v2} =$ 常量。因而流速和通流面积成反比，管粗流速低，管细流速快。

三、功率

在图 4-1 中，若活塞在单位时间 t 内以力 F 推动负载移动距离 s，则所做的功 W 为

$$W = Fs$$

功率是指单位时间内所做的功，用 P 表示

$$P = W/t = Fs/t = Fv$$

因 $F = pA$，$v = q_v/A$，所以 $P = pAq_v/A = pq_v$。

经单位换算后得到

$$P = pq_v/60$$

式中 p——压力（MPa）；

q_v——流量（L/min）；

P——功率（kW）。

上式也是液压泵的输出功率 p_{ou} 公式，液压泵的输出功率等于泵的输出流量和工作压力的乘积。由于液压系统在实际工作过程中存在容积损失 η_v 和机械损

失 η_m，所以，液压泵实际需要输入的功率 p_{in} 为

$$p_{in} = pq_v/(60\eta)$$

式中 η 为泵的总效率，$\eta = p_{ou}/p_{in} = \eta_v\eta_m$。

第五节　液压冲击和空穴现象

一、液压冲击

在液压系统中，由于某种原因引起液体压力在某一瞬间突然急剧上升，而形成很高的压力峰值，这种现象称为液压冲击。

1. 产生液压冲击的原因

（1）阀门突然关闭引起液压冲击　如图 4-7 所示有一较大容腔（如液压缸、蓄能器等）和在另一端装有阀门 K 的管道相通。阀门开启时，管内液体流动。当阀门突然关闭时，从阀门处开始迅速将液体动能逐层转化为压力能，相应产生从阀门向容腔推进的高压冲击波；接着又从容腔开始将液体压力能逐层转化为动能，液体反向流动；然后，再次将液体动能转化为压力能而形成高压冲击波，如此反复地进行能量转化，在管道内形成压力振荡。由于液体内摩擦力和管道弹性变形等的影响，振荡过程会逐渐衰渐而趋于稳定。

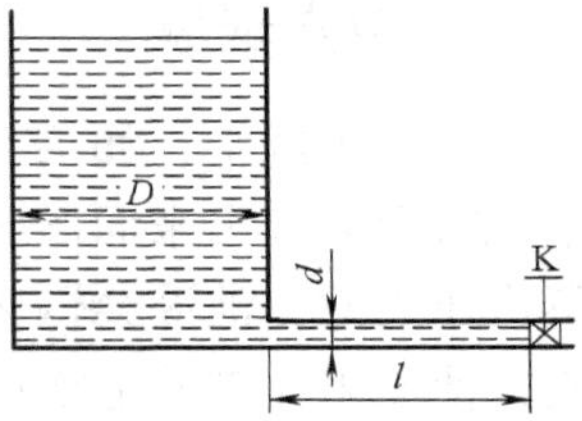

图 4-7　阀门突然关闭引起液压冲击

（2）运动部件突然制动或换向时引起液压冲击　换向阀突然关闭液压缸的回油通道而使运动部件制动时，这一瞬间运动部件的动能会转化为封闭油液的压力能，压力急剧上升，出现液压冲击。

（3）某些液压元件动作失灵或不灵敏产生的液压冲击　当溢流阀在系统中作安全阀使用时，如果系统过载安全阀不能及时打开或根本打不开，也会导致系统管道压力急剧升高，产生液压冲击。

2. 液压冲击的危害

1）巨大的瞬时压力峰值使液压元件，尤其是液压密封件遭受破坏。

2）系统产生强烈振动及噪声，并使油温升高。

3）使压力控制元件（如压力继电器、顺序阀等）产生误动作，造成设备故障及事故。

3. 减小液压冲击的措施

（1）延长阀门关闭和运动部件换向制动时间　当阀门关闭和运动部件换向

制动时间大于0.3s时，液压冲击就大大减小。为控制液压冲击可采用换向时间可调的换向阀。如采用带阻尼的电液换向阀可通过调节阻尼以及控制通过先导阀的压力和流量来减缓主换向阀阀芯的换向（关闭）速度，液动换向阀也与此类似。

（2）限制管道内液体的流速和运动部件的速度　机床液压系统常常将管道内液体的流速限制在5.0m/s以下，运动部件的速度一般小于10m/min等。

（3）适当加大管道内径或采用橡胶软管　可减小压力冲击波在管道中的传播速度，同时加大管道内径也可降低液体的流速，相应瞬时压力峰值也会减小。

（4）在液压冲击源附近设置蓄能器　使压力冲击波往复一次的时间短于阀门关闭的时间，而减小液压冲击。

二、空穴现象

在液压系统中，如果某处压力低于油液工作温度下的空气分离压时，油液中的空气就会分离出来而形成大量气泡；当压力进一步降低到油液工作温度下的饱和蒸汽压力时，油液会迅速汽化而产生大量气泡。这些气泡混杂在油液中，产生空穴，使原来充满管道或液压元件中的油液成为不连续状态，这种现象一般称为空穴现象。

空穴现象一般发生在阀口和液压泵的进油口处。油液流过阀口的狭窄通道时，液流速度增大，压力大幅度下降，就可能出现空穴现象。液压泵的安装高度过高，吸油管道内径过小，吸油阻力太大，或液压泵转速过高，吸油不充足等，均可能产生空穴现象。

液压系统中出现空穴现象后，气泡随油液流到高压区时，在高压作用下气泡会迅速破裂，周围液体质点以高速来填补这一空穴，液体质点间高速碰撞而形成局部液压冲击，使局部的压力和温度均急剧升高，产生强烈的振动和噪声。

在气泡凝聚处附近的管壁和元件表面，因长期承受液压冲击及高温作用，以及油液中逸出气体的较强腐蚀作用，使管壁和元件表面金属颗粒被剥落，这种因空穴现象而产生的表面腐蚀称为气蚀。

为了防止产生空穴现象和气蚀，一般可采取下列措施：

1）减小流径小孔和间隙处的压力降，一般希望小孔和间隙前后的压力比 $p_1/p_2<3.5$。

2）正确确定液压泵吸油管内径，对管内液体的流速加以限制，降低液压泵的吸油高度，尽量减小吸油管路中的压力损失，管接头良好密封，对于高压泵可采用辅助泵供油。

3）整个系统管路应尽可能直，避免急弯和局部窄缝等。

4）提高元件抗气蚀能力。

第六节　气压传动的基础知识

一、空气的物理性质

1. 空气的组成和压力

自然界的空气是由若干种气体混合而成的。不含有水蒸气的空气称为干空气；大气中的空气常含有一定量的水蒸气，由空气和水蒸气组成的混合气体称为湿空气。标准状态下（即温度 $t=0℃$，压力 $p=0.1013\text{MPa}$），干空气的组成见表 4-1。

表 4-1　干空气的组成

成　分	氮气 N_2	氧气 O_2	氩气 Ar	二氧化碳 CO_2	其他气体
体积分数(%)	78.03	20.93	0.932	0.03	0.078
质量分数(%)	75.50	23.10	1.28	0.045	0.075

混合气体的压力称为全压，是各组成气体压力的总和。各组成气体压力称为分压，是指湿空气的各组元，它们具有与湿空气相同的体积和温度时的压力。

2. 空气的密度

空气密度是指单位体积内空气的质量，用 ρ 表示

$$\rho = m/V$$

式中　m、V——气体的质量和体积。

一般状态下，干空气的密度可写成

$$\rho = \frac{273p}{0.1013 \times (273+t)}\rho_0$$

式中　ρ_0——标准状态下干空气的密度，$\rho_0=1.293\text{kg/m}^3$；

$273+t$——热力学温度（K）；

p——绝对压力（MPa）。

3. 空气的粘性

空气的粘性是指空气在流动过程中质点之间相对运动产生的阻力，其粘性的大小用动力粘度和运动粘度来表示。表 4-2 列出了空气在 $p=0.1013\text{MPa}$ 时运动粘度随温度变化的情况。

表 4-2　$p=0.1013\text{MPa}$ 时空气的运动粘度

温度 t/℃	0	10	20	30	40	50	60	70	80	90	100
$\nu/(\text{m}^2/\text{s})$	1.322×10^{-5}	1.410×10^{-5}	1.501×10^{-5}	1.594×10^{-5}	1.689×10^{-5}	1.786×10^{-5}	1.885×10^{-5}	1.986×10^{-5}	2.089×10^{-5}	2.194×10^{-5}	2.300×10^{-5}

4. 湿度

湿空气含水分的程度用湿度和含湿量表示。湿度的表示方法有绝对湿度和相对湿度。

（1）绝对湿度　绝对湿度是指每 $1m^3$ 的湿空气中所含水蒸气的质量，常用 x 表示

$$x = m_s/V$$

式中　m_s——水蒸气的质量（kg）；

V——湿空气的体积（m^3）。

（2）饱和绝对湿度　湿空气中水蒸气的分压力达到该湿度下蒸气饱和压力，则此时绝对湿度为饱和绝对湿度，用 x_b 表示，单位为 kg/m^3。

$$x_b = p_b/(R_s T)$$

式中　p_b——饱和空气中水蒸气的分压力（Pa）

R_s——水蒸气的气体常数，$R_s = 462.05[(N \cdot m)/(kg \cdot K)]$

T——热力学温度（K）。

（3）相对湿度　相对湿度是指湿度在总压力不变的条件下，绝对湿度和饱和绝对湿度的比值，用 ϕ 表示

$$\phi = (x/x_b) \times 100\% = (p_s/p_b) \times 100\%$$

当空气绝对干燥时，$p_s = 0$，则 $\phi = 0$；

当空气达到饱和时，$p_s = p_b$，则 $\phi = 100\%$。

通常情况下，空气的相对湿度在60%～70%范围内时，人体感觉舒适。气动技术条件中规定各种阀的工作介质相对湿度不得大于90%。

当气压下降时空气含湿量减少，减少空气中所含水分，对降低进入气体设备的空气湿度是十分有利的。

二、理想气体状态方程

无粘性的气体为理想气体，理想气体的状态参数满足下列关系，

$$pV/T = 常数$$

或

$$p/\rho = RT$$

式中　p——绝对压力（Pa）；

T——热力学温度（K）；

R——气体常数$[(N \cdot m)/(kg \cdot K)]$；

V——气体容积（m^3）；

ρ——气体密度（kg/m^3）。

干空气 $R = 287.1[(N \cdot m)/(kg \cdot K)]$，水蒸气 $R = 462.05[(N \cdot m)/(kg \cdot K)]$。

上式称为理想气体状态方程。实践证明：压力在 1MPa 以下、温度在 -20 ~ +50℃范围以内的有粘性空气时，该方程仍然适用。气体的密度、压力和温度等的变化决定了气体不同状态和不同的变化过程。在状态变化过程中，若给以限制条件，理想气体状态方程可有下述几种形式。

1. 等温变化过程

一定质量的气体，若在其状态变化中，保持温度不变，则这一过程为等温变化过程。

$$p_1V_1 = p_2V_2 = 常数$$

在等温过程中，加入系统的热量全部变成气体所做的功。在气动系统中有不少工作过程，如气缸工作过程、管道输气等均可视为等温过程。在这种过程中，若气体状态变化时，其压力与体积成反比。

2. 等容变化过程

一定质量的气体，若在其状态变化中，保持体积不变，则这一过程为等容变化过程。

$$p_1/T_1 = p_2/T_2 = 常数$$

在等容过程中，气体不对外做功，气体温度升高时压力增加，系统内能增加。如密闭气罐中的气体，在加热或冷却时，即为等容过程。

3. 等压变化过程

一定质量的气体，若在其状态变化中，保持压力不变，则这一过程为等压变化过程。

$$V_1/T_1 = V_2/T_2 = 常数$$

在等压过程中，气体的容积与热力学温度成正比。

4. 绝热变化过程

气体在状态变化过程中与外界无热量交换，则这一过程为绝热变化过程。此时，气体的状态方程为

$$p_1{V_1}^k - p_2{V_2}^k = 常数$$

式中 k 为绝热指数，对空气来说 $k=1.4$。在绝热变化过程中，系统靠消耗自身内能对外作功。如空气压缩机压缩空气，高速气流流过阀口等都可视为绝热变化过程。

复习思考题

1. 液压传动有哪些优缺点？

2. 图 4-8 所示液压千斤顶的柱塞直径 $d_1=40\text{mm}$，活塞直径 $d_2=15\text{mm}$，杠杆长度如图 4-8 所示（单位：mm），问杠杆端点应加大多大的力才能将 $5\times10^4\text{N}$ 的重物顶起？

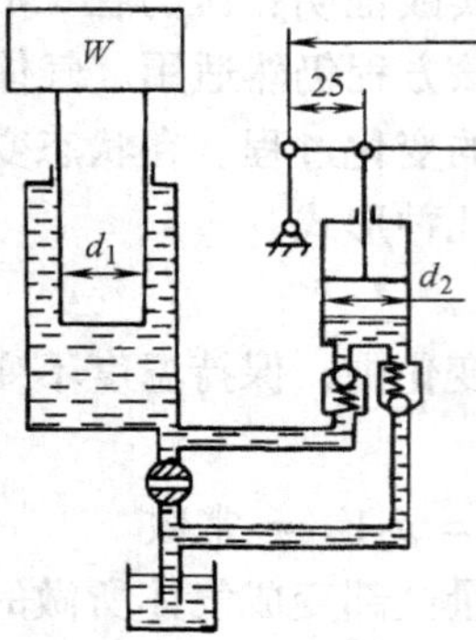

图4-8 液压千斤顶原理图

3. 叙述液压传动的工作原理。液压传动系统由哪几部分组成？各起什么作用？
4. 什么是液体的粘性？常用的粘度表示方法有哪几种？
5. 压力的定义是什么？压力的单位是什么？
6. 液压油的选用依据有哪些？
7. 什么是干空气和湿空气？
8. 什么是湿度？常用表示方法有哪几种？
9. 什么是绝热变化过程？举例说明。

第五章

数控机床加工基础知识

培训学习目标 了解数控机床的组成、分类、工作原理及加工特点；了解数控机床编程的内容和方法；熟悉常用的数控编程指令及应用。

第一节 数控机床的概念、组成、工作原理和分类

一、数控机床的概念

数字控制机床（Numerical Control Machine Tools）是用数字代码形式的信息（程序指令）控制刀具按给定的工作程序、运动速度和轨迹进行自动加工的机床，简称数控（NC）机床，而现代数控机床都采用计算机数控系统（Computer Numerical Control），故又称 CNC 机床。它是综合应用计算机、自动控制、自动检测及精密机械等高新技术的产物，是典型的机电一体化产品。

1. 计算机促进了数控机床的发展

数控系统实质上是一台专门用于机床信息处理的计算机。20 世纪 50 年代的通用计算机在处理速度和结构上满足不了机床加工的要求，不得不用电子元件来构成专门的逻辑部件，组成专用计算机来实现机床加工的要求，称为硬接线数控，简称为 NC。到了 20 世纪 60 年代后期，小型计算机走向成熟并被引入数控，从此 NC 进化为 CNC，NC 部分功能开始改由软件来实现。到 20 世纪 70 年代初，由于微电子技术的发展，由大规模集成电路构成的微处理器引入数控并取代了小型计算机。但由于当时 CPU 的位数少，速度低，数控系统一些实时性很强的功能，如插补运算、位置控制等不得不仍旧依靠硬件来实现，故当时硬件品质的高低，就决定了数控系统品质的高低，进入 20 世纪 80 年代中期及以后，由于微电

子技术的飞跃发展，数控系统在高速化、多功能化、智能化、高精度化和高可靠性等方面得到了提高。现在所说的CNC系统实际上就是微机数控系统（MNC）。进入20世纪90年代以来，由于计算机技术的飞速发展，推动数控机床技术更快的更新换代。世界上许多数控系统生产厂家利用PC机丰富的软硬件资源开发开放式体系结构的新一代数控系统。

开放式体系结构使数控系统有更好的通用性、柔性、适应性、扩展性，并向智能化、网络化方向发展。开放式体系结构可以大量采用通用微机的先进技术（如多媒体技术）、实现声控自动编程、图形扫描自动编程等。数控系统继续向高集成度方向发展，每个芯片上可以集成更多个晶体管，使系统体积更小，更加小型化、微机化，可靠性大大提高。利用CPU的优势，实现故障自动排除；增强通信功能，提高进线、联网能力。开放式体系结构的新一代数控系统，其硬件、软件和总线规范都是对外开放的，由于充足的软、硬件资源可供利用，不仅使数控系统制造商和用户进行的系统集成得到有力的支持，而且也为用户的二次开发带来极大方便，促进了数控系统多档次、多品种的开发和广泛应用，既可通过升档或剪裁构成各种档次的数控系统，又可通过扩展构成不同类型数控机床的数控系统，开发生产周期大大缩短。这种数控系统可随CPU升级而升级，结构上不必变动。

随着人工智能在计算机领域的渗透和发展，数控系统引入了自适应控制、模糊系统和神经网络的控制机制，不但具有自动编程、前馈控制、模糊控制、学习控制、自适应控制、工艺参数自动生成、三维刀具补偿、运动参数动态补偿等功能，而且人机界面极为友好，并具有故障诊断专家系统使自诊断和故障监控功能更趋完善。伺服系统智能化的主轴交流驱动和智能化进给伺服装置，能自动识别负载并自动优化调整参数。直线电动机驱动系统已实用化。

总之，随着计算机技术的飞跃发展，促进了数控机床性能向高精度、高速度、高柔性化方向发展，使柔性自动化加工技术水平不断提高。

2. 自动化加工与数控机床

随着机床自动化的进程，对复杂形状的零件采用仿形加工的方法，使用按照样板或靠模控制刀具或工件的运动轨迹进行切削加工的半自动机床。若配以机床上的下料装置，仿形机床可实现单机自动化或纳入自动化生产线中，某些通用机床带有仿形装置附件，也可实现仿形加工。机床的各种自动控制技术的应用，对生产的合理化与质量的提高做出了很大贡献，但还是存在一些不足。例如，仿形机床加工前要在模型样板的制造上花费大量的时间和费用，在多品种小批量生产上就不宜采用。组合机床不仅不适宜多品种小批量生产方式，还有不能进行复杂曲面加工的缺点，所以只能被称为“刚性自动化”。

数控机床的出现完全解决了刚性自动化加工设备的缺点，由于计算机有记忆和存储能力，可以将输入的程序记住和存储下来，然后按程序规定的顺序自动去执行，从而实现自动化。数控机床只要更换一个程序，就可实现另一工件加工的自动化，从而使单件和小批生产得以自动化，它有效地解决了复杂、精密、小批多变的零件加工问题，能满足高质量、高效益和多品种、小批量的柔性生产方式的要求，适应各种机械产品迅速更新换代的需要，故被称为实现了“柔性自动化”。

3. 数控机床的特征及发展

为了进一步满足市场的需要，达到现代制造技术对数控技术提出的更高要求，当前，世界数控技术及其装备的发展主要体现为以下几方面技术特征：

（1）高速、高效　机床向高速化方面发展，不但可以提高加工效率、降低加工成本，而且还可以提高零件的表面加工质量。超高速加工技术对制造业实现高效、优质、低成本生产有广泛的适用性。

20 世纪 90 年代以来，欧、美、日竞相开发应用新一代高速数控机床，加快机床高速化发展步伐。高速主轴单元（转速 15000 ~ 100000r/min）、高速且高加/减速度的进给运动部件（快移速度60 ~ 120m/min）、高性能数控和伺服系统以及数控工具系统都出现了新的突破，达到了新的技术水平。随着超高速切削机理、超硬耐磨长寿命刀具材料和磨料磨具、大功率高速电主轴、高加/减速度直线电动机驱动进给部件以及高性能控制系统（含监控系统）和防护装置等一系列技术领域中关键技术的解决，为开发应用新一代高速数控机床提供了技术基础。

目前，在超高速加工中，车削和铣削的切削速度已达到 5000 ~ 8000m/min 以上；主轴转数在 30000r/min（有的高达 100000r/min）以上；工作台的移动速度（进给速度）：在分辨力为 1μm 时，在 100m/min（有的到 200m/min）以上，在分辨力为 0.1μm 时，在 24m/min 以上；自动换刀速度在 1s 以内；小线段插补进给速度达到 12m/min。

（2）高精度　从精密加工发展到超精密加工（特高精度加工），是世界各工业强国致力发展的方向。其精度从微米级到亚微米级，乃至纳米级（ <10nm），应用范围日趋广泛。超精密加工主要包括超精密切削（车、铣）、超精密磨削、超精密研磨抛光及超精密特种加工（三束加工及微细电火花加工、微细电解加工和各种复合加工等）。随着现代科学技术的发展，对超精密加工技术不断提出新的要求。新材料及新零件的出现、更高精度要求的提出等都需要超精密加工工艺，发展新型超精密加工机床，完善现代超精密加工技术，以适应现代科技的发展。

当前，机械加工高精度的要求如下：普通的加工精度提高了一倍，达到 5μm；精密加工精度提高了两个数量级；超精密加工精度进入纳米级（0.001μm）；主轴回转精度要求达到 0.01 ~ 0.05μm；加工圆度为 0.1μm；加工表面粗糙度值为

$Ra0.003\mu m$ 等。

精密化是为了适应高新技术发展的需要，也是为了提高普通机电产品的性能、质量和可靠性，减少其装配时的工作量，从而提高装配效率的需要。随着高新技术的发展和对机电产品性能与质量要求的提高，机床用户对机床加工精度的要求也越来越高。为了满足用户的需要，近10多年来，普通级数控机床的加工精度已由 $\pm10\mu m$ 提高到 $\pm5\mu m$，精密级加工中心的加工精度则从 $\pm(3\sim5)\mu m$，提高到 $\pm(1\sim1.5)\mu m$。

（3）高可靠性　这是指数控系统的可靠性要高于被控制设备的可靠性在一个数量级以上，但也不是可靠性越高越好，仍然是适应可靠，因为数控系统是商品，受性能价格比的约束。对于每天工作两班的无人工厂而言，如果要求在16h内连续正常无工伤，无故障率 P(t)=99%以上的话，则数控机床的平均无故障行时间 MTBF 就必须大于3000h。MTBF 大于3000h，对于由不同数量的数控机床构成的无人化工厂差别就大多了，对一台数控机床而言，如主机与数控系统的失效率之比为10∶1（数控的可靠性比主机高一个数量级）。此时数控系统的 MTBF 就要大于33333.3h，而其中的数控装置、主轴及驱动等的 MTBF 就必须大于10万h。

当前国外数控装置的 MTBF 值已达6000h 以上，驱动装置达30000h 以上。

（4）复合化　在零件加工过程中有大量的无用时间消耗在工件搬运、上下料、安装调整、换刀和主轴的升、降速上，为了尽可能降低这些无用时间，人们希望将不同的加工功能整合在同一台机床上，因此，复合功能的机床成为近年来发展很快的机种。

柔性制造范畴的机床复合加工概念是指将工件一次装夹后，机床便能按照数控加工程序，自动进行同一类工艺方法或不同类工艺方法的多工序加工，以完成一个复杂形状零件的主要乃至全部车、铣、钻、镗、磨、攻螺纹、铰孔和扩孔等多种加工工序。加工中心便是最典型的进行同一类工艺方法多工序复合加工的机床。事实证明，机床复合加工能提高加工精度和加工效率，节省占地面积，特别是能缩短零件的加工周期。

（5）多轴化　随着5轴联动数控系统和编程软件的普及，5轴联动控制的加工中心和数控铣床已经成为当前的一个开发热点，由于在加工自由曲面时，5轴联动控制对球头铣刀在铣削三维曲面的过程中始终保持合理的切速，从而显著改善加工效率，而在3轴联动控制的机床无法避免切速接近于零的球头铣刀端部参予切削，因此，5轴联动机床以其无可替代的性能优势已经成为各机床厂家积极开发和竞争的焦点。

最近，国外还在研究6轴联动控制使用非旋转刀具的加工中心，虽然其加工形状不受限制且切深可以很薄，但加工效率太低，一时难以实用化。

（6）智能化　智能化是21世纪制造技术发展的一个大方向。智能加工是一种基于神经网络控制、模糊控制、数字化网络技术和理论的加工，它是要在加工过程中模拟人类专家的智能活动以解决加工过程许多不确定性的、要由人工干预才能解决的问题，智能化的内容包括在数控系统中的以下几个方面：

1）为追求加工效率和加工质量的智能化，如自适应控制，工艺参数自动生成。

2）为提高驱动性能及使用连接方便的智能化，如前馈控制、电动机参数的自适应运算、自动识别负载、自动选定模型、自整定等。

3）简化编程，简化操作的智能化，如智能化的自动编程，智能化的人机界面等。

4）智能诊断、智能监控，方便系统的诊断及维修等。

（7）网络化　数控机床的网络化，主要指机床通过所配装的数控系统与外部的其他的控制系统或者为计算机进行网络连接和网络控制。数控机床一般首先面向生产现场和企业内部的局域网，然后再经由因特网通向企业外部。

随着网络技术的成熟和发展，最近又提出了数字制造的概念。数字制造，又称“e-制造”，是机械制造现代化的标志之一，也是国际先进机床制造商当今标准配置的供货方式。随着信息化技术的大量采用，越来越多的国内用户在进口数控机床时要求具有过程通信服务等功能。机械制造企业在普遍采用CAD/CAM的基础上，越来越广泛地使用数控加工设备。数控应用软件日趋丰富且“人性化”，虚拟设计、虚拟制造等高端技术也越来越多地为工程技术人员所追求。通过软件智能替代复杂的硬件，正在成为当代机床发展的重要趋势。在数字制造的目标下，通过流程再造和信息化改造，ERP等一批先进企业管理软件已经脱颖而出，为企业创造出更高的经济效益。

（8）柔性化　数控机床向柔性自动化系统发展的趋势是：从点（数控单机、加工中心和数控复合加工机床）、线（FMC、FMS、FTL、FML）向面（工段车间独立制造岛、FA）、体（CIMS、分布式网络集成制造系统）的方向发展，向注重应用性和经济性方向发展。柔性自动化技术是制造业适应动态市场需求及产品迅速更新的主要手段，是各国制造业发展的主流趋势，是先进制造领域的基础技术。其重点是以提高系统的可靠性能、实用化为前提，以易于联网和集成为目标；注重加强单元技术的开拓、完善；CNC单机向高精度、高速度和高柔性方向发展；数控机床及其构成柔性制造系统能方便地与CAD、CAM、CAPP、MTS连接，向信息集成方向发展；网络系统向开放集成和智能化方向发展。

总之，数控机床技术的进步和发展为现代制造业的发展提供了良好的条件，可以预见，随着数控机床技术的发展和数控机床的广泛应用，制造业将迎来一次足以撼动传统制造业模式的深刻革命。

二、数控机床的组成及工作原理

数控机床一般由控制介质、数控装置、伺服机构、辅助控制装置、反馈系统和机床等组成，如图5-1所示。各部分的工作原理简述如下：

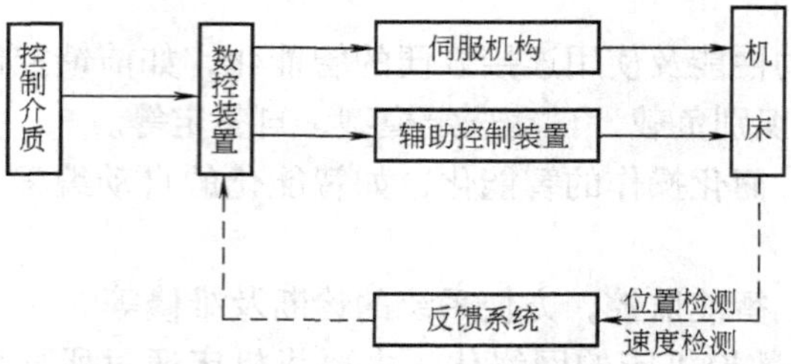

图5-1　数控机床组成

1. 控制介质

零件加工程序编制好以后，通常要把它记录在控制介质上，这主要是为了保存程序和便于程序的输入。我们可以直接通过机床的操作面板来手动输入零件加工程序，并把程序保存在数控装置的内存中，这称为手动数据输入方式，即MDI。常用的控制介质有数据磁带、磁盘等。

（1）数据磁带　是将编制好的程序事先录制在数据磁带上，在加工零件时，再将程序从数据磁带上读入数控系统，从而控制机床动作。

（2）磁盘　随着计算机技术的迅速发展，计算机在数控技术上的运用越来越普遍。现在，可以通过计算机进行数控加工程序的编制。并且，可通过数控机床的RS-232标准串行接口实现与计算机之间的通信。也有些数控机床本身就配备磁盘驱动器，可以直接读取磁盘上的加工程序。

2. 数控装置

数控装置是数控机床的核心与主导。它包括输入装置、输出装置、运算器、控制器、存储器及相应的软件。

输入装置接受控制介质送入的加工程序，经识别、译码之后送到相应的存储区，作为控制和运算的原始数据，再经过数据运算处理，由输出装置发出相应的运动指令和控制指令。

3. 伺服机构

伺服驱动系统是数控系统的执行部分，作用是把来自数控装置的运动指令进行放大，驱动机床的移动部件运动，并对运动或定位的速度和精度加以控制。每一个指令脉冲信息使机床移动部件产生的位移量称为脉冲当量。常用的脉冲当量为0.01mm/脉冲、0.005mm/脉冲、0.001mm/脉冲。

伺服系统由伺服驱动电路、功率放大电路、伺服电动机、传动机构和位置检测装置组成。目前数控机床中常用的伺服驱动电动机是交流伺服电动机、直流伺服电动机和功率步进电动机。伺服系统的精度、快速性及动态响应是影响数控机床加工精度、零件表面质量和生产率的重要因素。

4. 辅助控制装置

辅助控制装置是把计算机送来的辅助控制指令经机床接口转换成强电信号，用来控制切削液、润滑油、机床防护门的控制，主轴的起动、停止、进给运动坐标原点的控制，限位控制等。通常数控装置中带有内装 PLC，可实现辅助动作的控制。

5. 反馈系统

反馈系统的主要部件是测量装置，通常安装在机床的工作台或丝杠上，相当于普通机床的刻度盘和人的眼睛，它把机床工作台的实际位移转变成电信号反馈给 CNC 装置，供 CNC 装置与指令值比较产生误差信号，以控制机床向消除该误差的方向移动。

6. 机床

CNC 机床由于切削用量大、连续加工发热量大等因素对加工精度有一定影响，加之在加工中是自动控制，不能像在普通机床上那样由人工进行调整、补偿，所以其设计要求比普通机床更严格，制造要求更精密，采用了许多新的加强刚性、减小热变形、提高精度等方面的措施。

三、数控机床的分类

1. 按自动化程度分类

（1）普通数控机床　普通数控机床一般指在加工工艺过程中的一个工序上实现数字控制的自动化机床，如数控铣床、数控车床、数控钻床、数控磨床与数控齿轮加工机床等。普通数控机床在自动化程度上还不够完善，刀具的更换与零件的装夹仍需人工来完成。

（2）加工中心　加工中心是带有刀库和自动换刀装置的数控机床，它将数控铣床、数控镗床、数控钻床的功能组合在一起，零件在一次装夹后，可以将其大部分的加工面进行铣、镗、钻、扩、铰及攻螺纹等多工序加工。由于加工中心能有效地避免因多次安装造成的定位误差，所以它适用产品更换频繁、零件形状复杂、精度要求高、生产批量不大而生产周期短的产品。

2. 按运动轨迹分类

（1）点位控制数控机床　如图 5-2 所示，点位控制是指数控系统只控制刀具或工作台从一点移至另一点的准确定位，然后进行定点加工，运动过程中不进行任何加工，且点与点之间的路径也不需控制。采用这类控制的有数控钻床、数控镗床和数控坐标镗床等。

（2）点位直线控制数控机床　如图5-3所示，点位直线控制是指数控系统除控制直线轨迹的起点和终点的准确定位外，还要控制在这两点之间以指定的进给速度进行直线切削。该直线只能是平行于坐标轴的直线，不能加工任意的斜线。采用这类控制的有数控铣床、数控车床和数控磨床等。

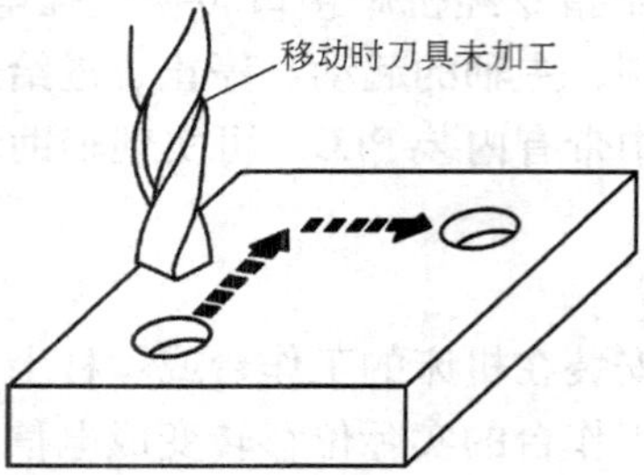

图5-2　点位控制加工示意图

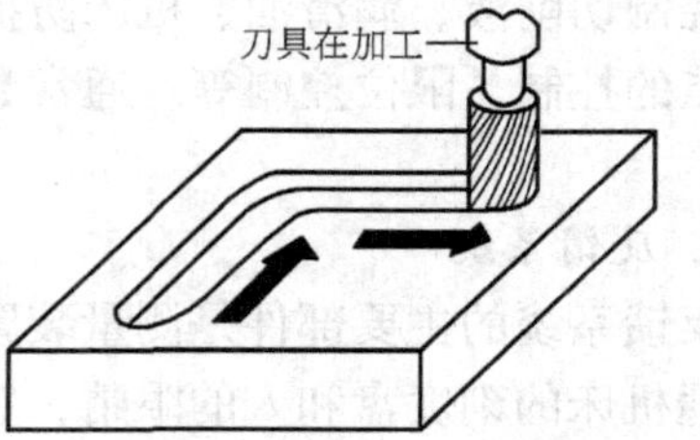

图5-3　点位直线加工示意图

（3）轮廓控制数控机床　轮廓控制也称为连续轨迹控制，如图5-4所示，能够连续控制两个或两个以上坐标方向的联合运动。为了使刀具按规定的轨迹加工工件的曲线轮廓，数控装置具有插补运算的功能，使刀具的运动轨迹以最小的误差逼近规定的轮廓曲线，并协调各坐标方向的运动速度，以便在切削过程中始终保持规定的进给速度。适用范围：数控车床、数控铣床、加工中心等用于加工曲线和曲面零件的机床。现代的数控机床基本上都装备这种数控系统。

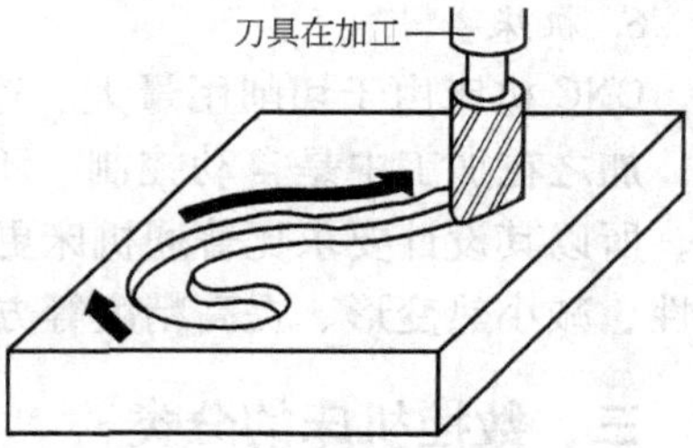

图5-4　轮廓控制加工示意图

3. 按控制方式分类

（1）开环控制系统　开环控制系统是指不带反馈装置的控制系统，由步进电动机驱动电路和步进电动机组成，如图5-5所示。数控装置经过控制运算发出

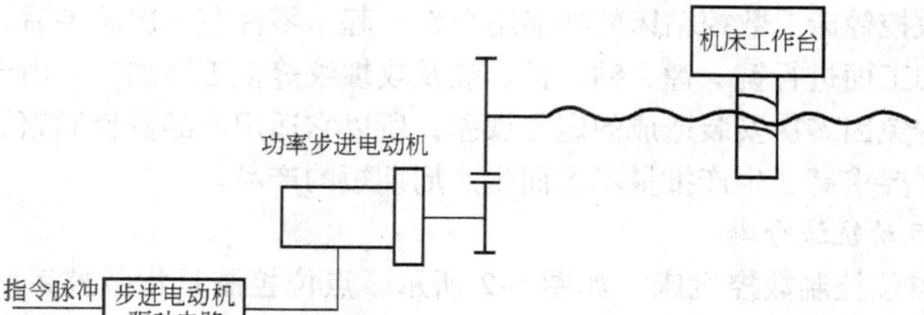

图5-5　开环控制系统

脉冲信号，每一脉冲信号使步进电动机转动一定的角度，工作台移动一定的距通过滚珠丝杠推动离。

这种控制系统的伺服机构比较简单，工作稳定，容易掌握使用，但精度和速度的提高受到限制。

（2）半闭环控制系统　如图5-6所示，半闭环控制系统是在伺服电动机轴或丝杆轴端部装有角位移检测装置，通过检测伺服机构的滚珠丝杠转角间接检测移动部件的位移，反馈到数控装置的比较器中，与输入的原指令位移值进行比较，用比较后的差值进行控制，使移动部件补充位移，直到差值消除为止的控制系统。

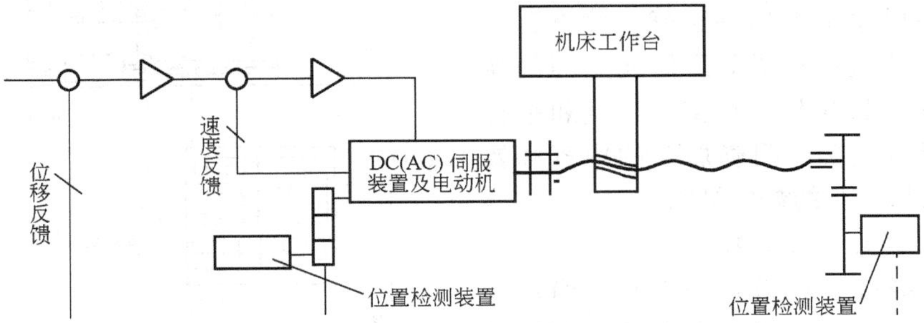

图5-6　半闭环控制系统

这种控制系统的伺服机构所能达到的精度、速度和动态特性优于开环伺服机构，为大多数中小型数控机床所采用。

（3）闭环控制系统　如图5-7所示，闭环控制系统是在机床移动部件位置上直接装有直线位置检测装置，将检测到的实际位移反馈到数控装置的比较器中，与输入的原指令位移值进行比较，用比较后的差值控制移动部件作补充位移，直到差值消除时才停止移动，达到精确定位的控制系统。

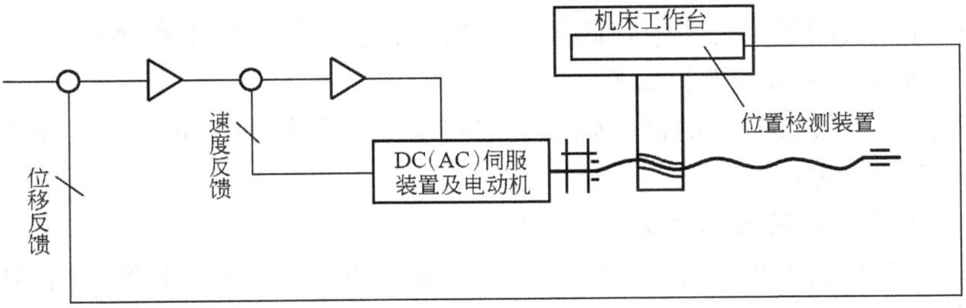

图5-7　闭环控制系统

闭环控制系统的定位精度高于半闭环控制，但结构比较复杂，调试维修的难度较大，常用于高精度和大型数控机床。

第二节　数控机床的加工特点

一、数控机床加工过程

数控机床的工作大致有如下几个过程，见图5-8。

1. 分析零件图

对零件图样进行分析，检查零件图样的尺寸是否标注正确，计算各坐标点的数值；各图形几何元素间的相互关系（如相切、相交、垂直和平行等）是否明确；明确加工的内容和要求；选择适合的数控机床。

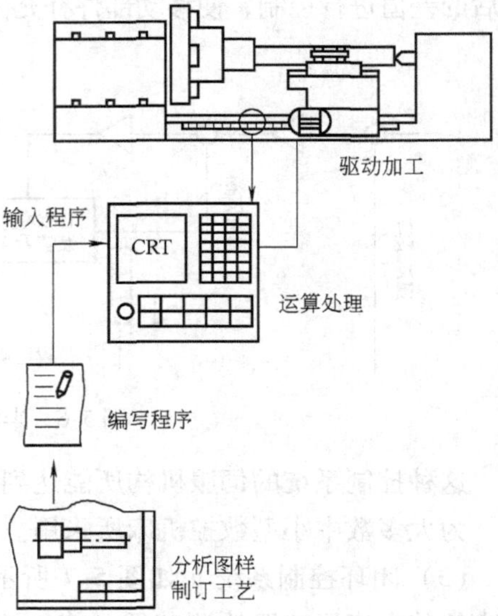

图5-8　数控机床加工过程

2. 制订加工工艺

选择或设计刀具和夹具；确定合理的进给路线，选择合理的切削用量等。这一工作要求编程人员能够对零件图样的技术特性、几何形状、尺寸及工艺要求进行分析，并结合数控机床使用的基础知识，如数控机床的规格、性能、数控系统的功能等，确定加工方法和加工路线。

3. 编写数控加工程序

根据计算出的运动轨迹坐标值和已确定的运动顺序、刀具号、切削参数以及辅助动作等，按照规定的指令代码及程序格式，逐段编写加工程序单。

4. 将数控程序输入数控装置

可采用光电阅读机、键盘、磁盘、连接上级计算机的DNC接口、网络等多种形式输入加工程序。

5. 数控装置对伺服机构发出控制信号

数控装置对加工程序进行识别、译码、运算处理，由输出装置发出相应的运动指令和控制指令。

6. 伺服机构驱动机床的运动部件进行加工

伺服机构接受来自数控装置的运动指令，驱动机床的各移动部件按照程序规定的动作进行加工。

二、数控机床加工特点

1. 适应性强

由于数控机床能实现多个坐标的联动，所以数控机床能完成复杂型面的加工，特别是对于可用数学方程式和坐标点表示的形状复杂的零件，加工非常方便。当改变加工零件时，数控机床只需更换零件加工的数控程序，不必用凸轮、靠模、样板或其他模具等专用工艺装备，且可采用成组技术的成套夹具。因此，数控机床的适应性强，生产准备周期短，有利于机械产品迅速更新换代。

2. 加工精度高

数控机床有较高的加工精度，一般在0.005～0.1mm之间。数控机床的加工精度不受零件复杂程度的影响，机床传动链的反向齿轮间隙和丝杠的螺距误差等都可以通过数控装置自动进行补偿，其定位精度比较高，同时，还可以利用数控软件进行精度校正和补偿。

对于同一批零件，由于使用同一机床和刀具及同一加工程序，刀具的运动轨迹完全相同，且数控机床是根据数控程序自动进行加工，可以避免人为的误差，这就保证了零件加工的一致性好且质量稳定。

3. 生产率高

数控机床上可以采用较大的切削用量，有效地节省了机动工时。还有自动变速、自动换刀和其他辅助操作自动化等功能，使辅助时间大为缩短，而且无需工序间的检验与测量，所以，比普通机床的生产率高3～4倍甚至更高。

数控机床的主轴转速及进给范围都比普通机床大。目前数控机床的最高进给速度可达到100m/min以上，最小分辨率达0.01μm。一般来说，数控机床的生产能力约为普通机床的三倍，甚至更高。数控机床的时间利用率高达90%，而普通机床仅为30%～50%。

4. 劳动强度低

在输入程序并启动后，数控机床就自动地连续加工，直至零件加工完毕。这样就简化了工人的操作，使劳动强度大大降低。特别是在柔性制造系统（FMS）中，由于工业机器人、机械手、自动搬运车、自动化仓库的加入，使自动化程度大大提高，工人的劳动条件大为改善。

5. 经济效益好

虽然数控机床价格昂贵，但是使用数控机床可节省许多其他费用。例如，带自动换刀的数控加工中心，在一次装夹的情况下，几乎可以完成零件的全部加工工序，一台数控机床可以代替数台普通机床。这样可以减少装夹误差，节约工序之间的运输、测量和装夹等辅助时间，还可以节省车间的占地面积。另外，数控机床的加工精度稳定，废品率低、故障率低、寿命长、能快速适应市场需求，所以总体成本下降，带来较高的经济效益。

6. 有利于实现现代化管理

数控机床使用数字信息与标准代码处理、传递信息，使用了计算机控制方法，为计算机辅助设计、制造及管理一体化奠定了基础。

第三节　数控编程基础

一、数控编程概念

1. 程序编制的内容

数控机床和普通机床不同，整个加工过程中不需要人对它进行操作，而由程序来进行控制。所以在数控机床上加工零件时，首先要分析零件图样的要求、确定合理的加工路线及工艺参数、计算刀具中心运动轨迹及其位置数据，然后把全部工艺过程以及其他辅助功能（主轴的正转与反转、切削液的开与关、变速、换刀等）按运动顺序，用规定的指令代码及程序格式编制成数控加工程序，经过调试后记录在控制介质（或称程序载体）上，最后输入到数控机床的数控装置中，以此控制数控机床完成工件的全部加工过程。因此，把从分析零件图样开始到获得正确的程序载体为止的全过程称为零件加工程序的编制。

数控机床的程序编制主要包括：分析零件图样、确定工艺过程、数值计算、编写程序单、制作控制介质、程序检验与首件试切，如图5-9所示。

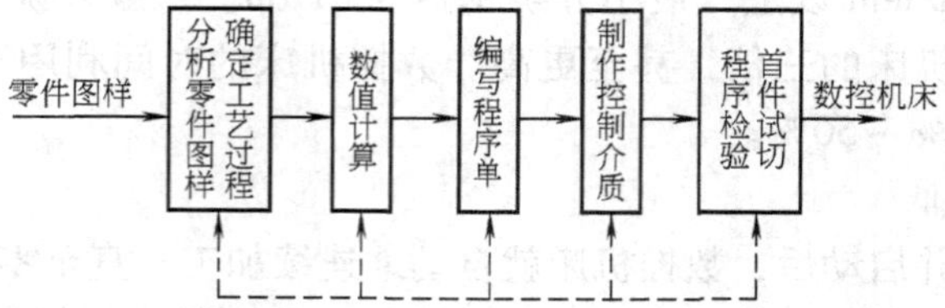

图5-9　程序编制的内容

（1）分析零件图样、确定工艺过程　分析零件图样，明确加工内容和要求，从而确定加工方法、定位夹紧以及加工工步顺序、使用刀具和切削用量等，即制定加工工艺。在确定工艺的过程中，要做到加工路线短，进给、换刀次数少，充分发挥数控机床的功能，加工安全、可靠。

（2）数值计算　根据零件的尺寸要求、加工路线及设定的坐标系，进行运动轨迹坐标值的计算。对于由圆弧和直线组成的简单零件，需要计算零件轮廓上各几何元素的交点或切点的坐标，得出各几何元素的起点、终点、圆弧圆心的坐标值。如果数控系统无刀具补偿功能，还应该计算刀具中心的运动轨迹。对于由非圆曲线组成的复杂零件，由于数控机床通常只具有直线和平面圆弧插补功能，因而只能采用直线段或圆弧段逼近的方法进行加工，这时就要计算逼近线段和被加工曲线交点（即节点）的坐标值。

如果运动轨迹是平面的，各几何元素坐标值的计算常由人工完成。如果运动轨迹是三维立体的，则坐标值的计算常借助于计算机来完成。

（3）编写程序单　根据计算出的运动轨迹坐标值和已确定的运动顺序、刀具号、切削参数以及辅助动作等，按照规定的指令代码及程序格式，逐段编写加工程序单。

（4）制作控制介质　将程序单的内容记录在控制介质上，再输入至数控装置。简单程序可以直接用键盘输入至数控装置。但在保存和使用之前，必须经过检验、调试和试切。

（5）程序检验与首件试切　在加工之前，要对程序进行检验。检验的方法有：

1）空运行。机床上不装夹工件，空运行程序，通过检查工件和刀具的运动轨迹、坐标显示值的变化来检验程序。也可把机床锁住，只观察坐标显示值的变化来检验。在数控铣床上加工平面零件时，还可用笔代替刀具，用坐标纸代替工件，进行空运行画图来检验。

2）图形模拟。在具有图形模拟功能的数控机床上，可通过显示刀具路径或模拟刀具对工件的切削过程，对程序进行检查。

3）首件试切。上述的方法只能检查程序是否正确，而不能保证零件的加工精度。因此，有必要进行首件试切，分析影响加工精度的原因，加以解决。

从以上的内容看，作为一名编程人员，不但要熟悉数控机床的功能与结构，有一定的机床操作经验，还要熟悉零件的加工工艺，掌握数值计算的方法，最好还掌握一定的计算机知识。

2. 程序编制的方法

数控编程一般分为手工编程和自动编程两种。

（1）手工编程　手工编程是指程序编制的整个步骤几乎全部是由人工来完成的。

对于几何形状不太复杂的零件，所需要的加工程序不长，计算也比较简单，出错机会较少，这时用手工编程既及时又经济，因而手工编程仍被广泛地应用于形状简单的点位加工及平面轮廓加工中。但是，工件轮廓复杂，特别是加工非圆弧曲线、曲面等表面，或工件加工程序较长时，使用手工编程既繁琐、又费时，而且容易出错，常会出现手工编程工作跟不上数控机床加工的情况，影响数控机床的开动率。此时，必须用自动编程的方法编制程序。

（2）自动编程　自动编程有两种：计算机语言编程（APT）和计算机绘图编程（CAM）。计算机语言编程是利用计算机和相应的处理程序、后置处理程序对零件源程序进行处理，以得到加工程序的编程方法。在具体的编程过程中，除拟定工艺方案仍主要依靠人工进行外（有些自动编程系统能自动确定最佳的加工工艺参数），其余的工作，包括数值计算、编写程序单、制作控制介质、程序检验等各项工作均由计算机自动完成。编程人员只需要根据图样的要求，使用数控语言编写出零件加工的源程序，输入计算机，由计算机自动地进行数值计算、后置处理，编写出零件加工程序单，并在屏幕模拟显示加工过程，及时修改，直至自动穿出数控加工纸带，或将加工程序通过直接通信的方式送入数控机床，指挥机床工作。

计算机绘图编程是利用CAM软件将加工零件以图形形式输入计算机，由计算机自动进行数值计算、前置处理，在屏幕上形成加工轨迹，及时修改，再通过后置处理形成加工程序输入数控机床进行加工。自动编程的出现使得一些计算繁琐、手工编程困难或手工无法编出的程序能够实现。

二、数控机床的坐标系

在数控机床上加工零件时，刀具与工件进行相对运动，必须在确定的坐标系中才能按规定的程序进行加工。

1. 坐标和运动方向的命名原则

为了便于编程时描述机床的运动，简化程序的编制方法，保证记录数据的互换性，数控机床的坐标和运动方向均已标准化。其命名原则和规定如下：

（1）刀具相对于静止工件而运动的原则　这一原则是为了编程人员能够在不知道是刀具移近工件，还是工件移近刀具的情况下，就能够依据零件图样，确定机床的加工过程。

（2）机床坐标系的规定　数控机床的坐标系采用标准笛卡儿直角坐标系，符合右手法则。如图5-10所示，在图中，拇指的方向为X轴的正方向；食指的方向为Y轴的正方向；中指的方向为Z轴的正方向。

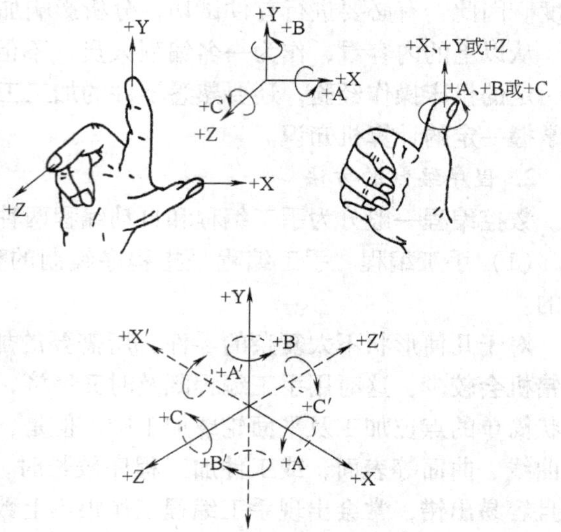

图5-10　右手笛卡儿直角坐标系

（3）运动方向的规定　数控机床的某一部件运动的正方向，是工件和刀具之间距离增大的方向。

2. 数控机床的坐标轴

（1）坐标轴的指定

1）Z 轴。Z 轴的运动是由传递切削力的主轴决定的，与主轴轴线平行或重合的坐标轴即为 Z 轴。对铣床、钻床、镗床等机床是主轴带动刀具旋转；对车床、磨床等机床是主轴带动工件旋转。如果机床上有多个主轴，则选一垂直于工件装夹平面的、常用的主轴为 Z 轴。对于没有回转主轴的机床（如牛头刨床），则指定垂直于工作台面的轴为 Z 轴。如有另一轴平行于 Z 轴，则定义为 W 轴，还有第三轴平行于 Z 轴，则定义为 R 轴。

2）X 轴。X 轴通常是水平轴，且平行于工件装夹平面。这是在刀具或工件定位平面内运动的主要坐标。在工件旋转的机床上，X 的运动方向是径向的。如另有第二、第三轴平行于 X 轴，则分别定义为 U 轴和 P 轴。

3）Y 轴。Y 轴可以根据右手法则来确定。如另有第二、第三轴平行于 Y 轴，则分别定义为 V 轴和 Q 轴。

（2）坐标轴的方向

1）Z 轴。Z 坐标的正方向是使工件与刀具之间距离增加的方向。例如在钻镗加工中，钻入和镗入工件的方向是 Z 坐标的负方向，而退出为正方向。

2）X 轴。X 坐标的正方向是如下定义的：在刀具旋转的机床上（如铣床、钻床、镗床），如 Z 坐标是水平的（卧式），则由主轴向工件看，X 坐标的正方向指向右方；如 Z 坐标是垂直的（立式），则由主轴向立柱看，X 坐标的正方向指向右方。

在工件旋转的机床上（如车床、磨床等），X 的运动方向是径向的，而且平行于横向滑座。刀具离开工件旋转中心的方向是 X 的正方向。

在没有回转刀具、工件的机床上，主要切削方向为 X 的正方向。

3）Y 轴。Y 轴的正方向可以根据右手法则来确定。

（3）回转运动及回转方向　数控机床除了有沿 X、Y、Z 轴的直线运动外，还有轴线平行于 X、Y、Z 轴的回转运动，分别称为 A、B、C 轴。正方向由右手螺旋法则确定，如图 5-10 所示。

3. 机床坐标系与工件坐标系

在确定了机床各坐标轴及方向后，还应进一步确定机床坐标系原点的位置。

（1）机床坐标系　数控机床出厂时，制造厂家在机床上设置了一个固定的点，以这一点为坐标原点而确立的坐标系称为机床坐标系，而这一固定点称为机床原点或机床零点。在数控车床上，一般取在卡盘端面与主轴中心线的交点处。如图 5-11 所示，图中 O_1 即为机床原点。在数控铣床上，机床原点一般取在 X、

Y、Z三个直线坐标轴正方向的极限位置上，如图5-12所示，图中O_1即为立式数控铣床的机床原点。

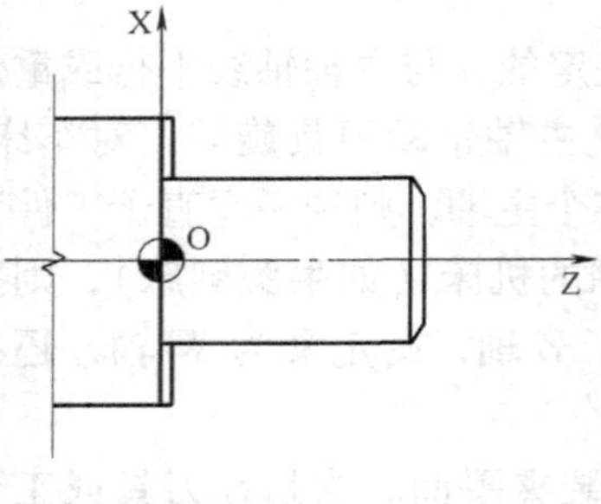

图5-11 数控车床的机床坐标系

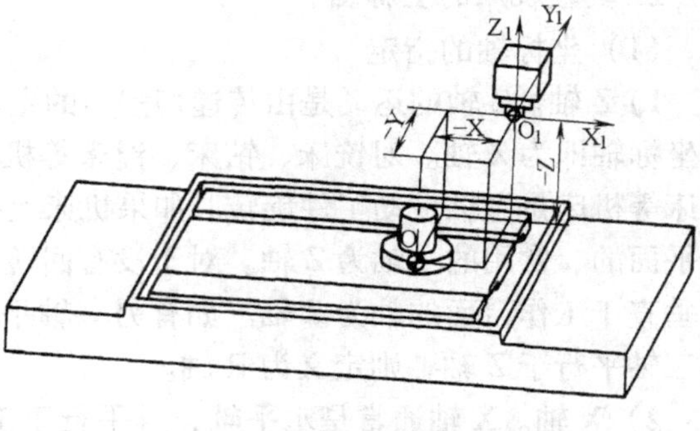

图5-12 数控铣床的机床坐标系

数控机床上还有一个重要的固定点，称为参考点。参考点与机床原点之间的位置通过每个进给轴上的挡块和限位开关精确地预先确定好了。当进行回参考点操作时，装在各进给轴上的行程开关碰到相应的挡块后，向数控系统发出信号，由系统控制各进给轴停止运动，完成回参考点的操作。这一个操作过程通常称为回零操作。

数控机床在通电以后，不论刀架位于什么位置，此时显示器上显示的X、Y、Z的坐标值均为零，而不是显示刀架在机床坐标系中的坐标值，说明机床坐标系并没有建立。当完成回参考点的操作之后，则马上显示此时刀架中心在机床坐标系中的坐标值，此时机床坐标系才真正建立起来。

通常在下列情况下要进行回零操作：

1）在机床接通电源以后。

2）当机床产生报警而复位清零以后。

需要注意的是，并不是所有的数控机床在碰到上述情况下都要回零，有些数控机床只需要开机回零，还有些数控机床可以不回零。

（2）工件坐标系　建立了机床坐标系后，就可以编写零件加工程序了。如加工图5-13所示工件ϕ10H7孔，用机床坐标系编程时，只要事先测量出工件相对于机床零点的尺寸X_W，Y_W，Z_W，就可以计算出ϕ10H7孔在机床坐标系中的坐标尺寸。如测出$X_W = 180.953$，$Y_W = 103.846$，$Z_W = 20.0$，则ϕ10H7孔在机床坐标系中的坐标尺寸为

$$X = X_W + 40 = 220.953$$
$$Y = Y_W + 30 = 133.846$$
$$Z = Z_W = 20$$

如钻孔定位时，编程如下：

……

N0040　G00　X220.953　Y133.846　Z25.0　（离开工件表面5mm）

……

显然，用机床坐标系编程时除了要进行计算外，最大的缺点是只能在确定了工件装夹位置后才能进行编程，非常不方便。

假如，在工件的左前上角重新建立一个坐标系（图5-14），这样就可以不考虑工件的装夹位置，只要根据零件图样就可以编程了，编程就方便多了。把这个在工件上建立的坐标系称为工件坐标系，它的原点称为工件零点。当然，工件零点不一定设在工件的左上角，编程人员可根据工件尺寸、标注基准和计算方便的原则来确定。机床坐标系与工件坐标系之间的位置关系，可通过加工前的对刀、调试来解决。

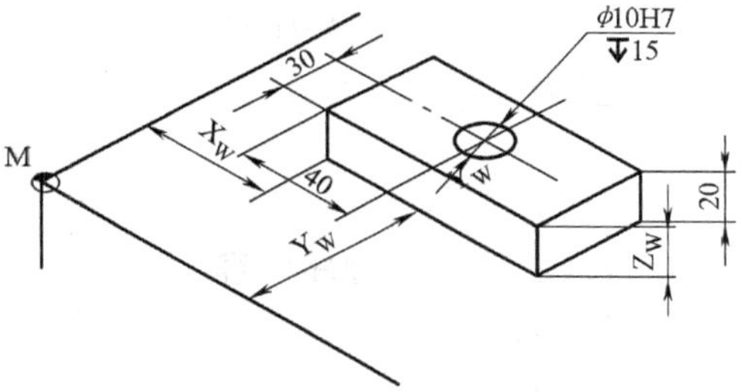

图5-13　工件的编程零点

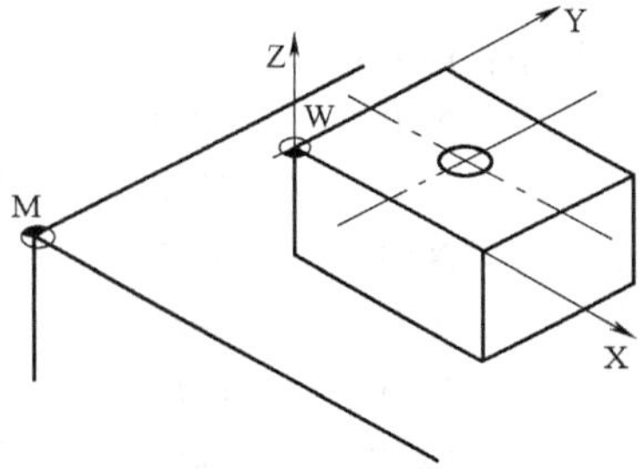

图5-14　确定工件零点

编程中，通常把工件坐标系作为编程坐标系。

4. 绝对坐标系和相对坐标系

（1）绝对坐标系　刀具（或工作台）运动轨迹的坐标值是相对于某一固定的编程坐标原点计算的坐标系，称为绝对坐标系。如图5-15a所示，A、B、C三点的坐标均以固定的坐标原点O计算的，其值为：$X_A=20$，$Y_A=20$；$X_B=10$，$Y_B=50$；$X_C=30$，$Y_C=40$。

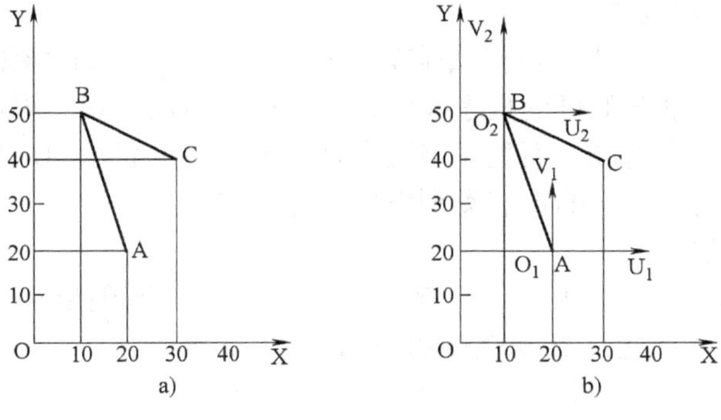

图5-15　绝对坐标系与相对坐标系

（2）相对（增量）坐标系　刀具（或工作台）运动轨迹的坐标值是以前一个位置为零点进行计算的坐标系，称为相对（增量）坐标系。常用U、V、W表示X、Y、Z方向的增量。如图5-15b所示，B、C两点的坐标均是相对于前一点计算的，其值为：$U_B=-10$，$V_B=30$；$U_C=20$，$V_C=-10$。

三、常用的数控编程指令

1. 指令格式

数控编程时，必须先了解程序的结构、句法和编程规则等有关规定，才能正确编写数控加工程序。

（1）程序的结构与格式　一个完整的程序由程序号、程序的内容和程序结束三部分组成。

例如：O0001；　　　　程序号

N10	G50	X150	Z150；	
N20	M03	S600；		
N30	T10；			
N40	G00	X40	Z50；	程序内容
N50	G01	Z0	F0.3；	
N60	G00	X150	Z150；	
N70	M05；			
N80	M02；			程序结束

1）程序号。为了区别存储器中的程序，每个程序都要有程序编号。一般以规定的英文字母（多用O、P）开头，后面跟若干位数字组成。有些系统的程序号由英文字母、数字或英文、数字混合组成。

2）程序内容。程序内容部分是整个程序的核心，它由许多程序段组成，每个程序段由一个或多个指令构成，它表示数控机床要完成的全部动作。

3）程序结束。程序结束是以程序结束指令M02或M30作为整个程序结束的符号，来结束整个程序。

（2）程序段格式　程序段格式是指程序段中的字、字符和数据的安排形式。目前，通常使用地址符的可变程序段格式，又称字地址格式。对这种格式，每个程序段有若干程序字组成，而程序字通常是由英文字母表示的地址符和地址符后面的数字及符号组成，字的功能类别由地址符决定。

程序段格式如下：

N—	G—	X—	Y—	Z—	其他坐标—
顺序号	准备功能	运动轨迹的坐标尺寸			
F—	S—	T—	M—	LF	
进给功能	主轴功能	刀具功能	辅助功能	结束符号	

在程序段的顺序号之前，还可输入斜线符“/”。当机床控制面板上的程序跳步功能有效时，有该符号的程序段在程序的执行过程中会被跳过不执行。有些系统在程序段的后面还可加上注释，如：G00　X100　Y200　（POCKET）　LF（括号中的内容为注释）。

字地址格式的特点：

1）程序段中字的前后排列顺序并不严格，但为了编辑、修改程序的方便，最好按上面的格式顺序书写。

2）没有必要的功能字可以省去。

3）有一些功能字属模态指令，所谓模态指令是指一经使用一直有效，直到被同组的其他代码取代为止。所以，由前面程序段指定的某些 G 功能或 F、S、T、M 功能，若本程序段仍然有效，则可以省略。

4）坐标尺寸字中可只写有效数字，省略前置零。

正是由于字地址格式具有上述特点，所以在一个程序中各个程序段的长度是可变的，故被称为可变程序段格式。

（3）程序字说明　程序字是组成程序的最基本单元，它是由地址字符和数字字符组成。地址字符的含义见表 5-1。

表 5-1　地址字符

字符	意义	字符	意义
A	关于 X 轴的角度尺寸	N	顺序号
B	关于 Y 轴的角度尺寸	O	程序号
C	关于 Z 轴的角度尺寸	P	平行于 X 轴的第三尺寸
D	第二刀具功能	Q	平行于 Y 轴的第三尺寸
E	第二进给功能	R	平行于 Z 轴的第三尺寸
F	第一进给功能	S	主轴速度功能
G	准备功能	T	第一刀具功能
H	刀具长度补偿	U	平行于 X 轴的第二尺寸
I	平行于 X 轴的插补参数或螺纹导程	V	平行于 Y 轴的第二尺寸
J	平行于 Y 轴的插补参数或螺纹导程	W	平行于 Z 轴的第二尺寸
K	平行于 Z 轴的插补参数或螺纹导程	X	基本 X 尺寸
L	循环次数	Y	基本 Y 尺寸
M	辅助功能	Z	基本 Z 尺寸

1）顺序号字。又称程序段号，位于程序段之首，用地址符 N 和后面的若干位数字（常用 2 ~ 4 位）来表示。一般都将第一程序段冠以 N10，后面以 10 为间隔设置，这主要是便于调试时插入新的程序段，如在 N10 和 N20 之间可插入

N11～N19。顺序号的作用主要是便于程序的校对和检索修改，还可用于程序转移。

需要注意的是程序的执行顺序和程序输入的顺序有关，而与顺序号的大小无关。所以，整个程序中也可以全不设顺序号，或只在需要的部分设置。

2）准备功能字。地址符是G，故又称G功能或G指令，是使数控机床准备好某种运动方式的指令。G代码由地址G及其后的两位数字组成，从G00～G99共100种，有些系统的G代码已使用三位数。G指令在使用中有以下一些特点：

① G指令根据功能定义分成若干个组，同一程序段中同组G指令只能使用一个，若指定两个以上时，则只有最后一个有效。

② G指令分模态指令和非模态指令两种。模态指令是指一经使用一直有效，直到被同组的其他代码取代为止；非模态指令只在本程序段中有效。

③ G代码中前置“0”允许省略，如G1就表示G01。

我国根据ISO 1056—1975（E）制定的JB/T 3208—1999标准中，规定了G代码的功能定义，但世界上的数控系统生产厂家，为了体现本身系统的特点，常不按照国际标准进行功能定义，造成G功能含义的差别。因此，今后在具体使用时，必须根据机床说明书的规定进行编程。表5-2为JB/T 3208—1999标准与几种国外数控系统的G功能含义对照表。

表5-2　G功能字含义对照表

G功能字	JB/T 3208—1999规定的功能含义	日本FANUC0i-MA系统	德国SIEMENS 810系统
G00	点定位	点定位	点定位
G01	直线插补	直线插补	直线插补
G02	顺时针圆弧插补	顺时针圆弧插补	顺时针圆弧插补
G03	逆时针圆弧插补	逆时针圆弧插补	逆时针圆弧插补
G04	暂停	暂停	暂停
G05	不指定	—	—
G06	抛物线插补	—	—
G07	不指定	—	—
G08	加速	预读控制	—
G09	减速	精确停止	—
G10	不指定	设定偏置值	同步
G11～G14	不指定	—	—
G15	不指定	极坐标取消	—

（续）

G 功能字	JB/T 3208—1999 规定的功能含义	日本 FANUC0i-MA 系统	德国 SIEMENS 810 系统
G16	不指定	极坐标	—
G17	XY 平面选择	XY 平面选择	—
G18	XZ 平面选择	XZ 平面选择	—
G19	YZ 平面选择	YZ 平面选择	—
G20	不指定	英制输入	—
G21	不指定	米制输入	—
G22 ~ G26	不指定	—	—
G27	不指定	参考点返回检验	—
G28	不指定	自动返回参考点	—
G29	不指定	从参考点返回	—
G30	不指定	返回第二参考点	—
G31	不指定	跳转功能	—
G32	不指定	—	—
G33	等螺距螺纹切削	螺纹切削	铣等螺距螺纹
G34	增螺距螺纹切削	—	铣增螺距螺纹
G35	减螺距螺纹切削	—	铣减螺距螺纹
G36 ~ G39	永不指定	—	—
G40	刀具补偿偏置注销	刀具半径补偿注销	刀具半径补偿注销
G41	刀具补偿-左	刀具半径补偿-左	刀具半径补偿-左
G42	刀具补偿-右	刀具半径补偿-右	刀具半径补偿-右
G43	刀具偏置-正	正向长度补偿	—
G44	刀具偏置-负	负向长度补偿	—
G45	刀具偏置 +/+	刀具偏置	—
G46	刀具偏置 +/-	刀具偏置	—
G47	刀具偏置 -/-	刀具偏置	—
G48	刀具偏置 -/+	刀具偏置	—
G49	刀具偏置 0/+	取消长度补偿	—
G50	刀具偏置 0/-	比例缩放取消	—
G51	刀具偏置 +/0	比例缩放	—
G52	刀具偏置 -/0	局部坐标系设定	—
G53	直线偏移注销	机床坐标系选择	附加零点偏置

（续）

G功能字	JB/T 3208—1999规定的功能含义	日本FANUC0i-MA系统	德国SIEMENS 810系统
G54	直线偏移X	工件坐标系选择	零点偏置1
G55	直线偏移Y	工件坐标系选择	零点偏置2
G56	直线偏移Z	工件坐标系选择	零点偏置3
G57	直线偏移XY	工件坐标系选择	零点偏置4
G58	直线偏移XZ	工件坐标系选择	—
G59	直线偏移YZ	工件坐标系选择	—
G60	准确定位1（精）	单向定位	准停
G61	准确定位2（中）	准确停止	—
G62	快速定位（粗）	自动拐角倍率	—
G63	攻螺纹	攻螺纹方式	—
G64	不指定	切削方式	—
G65	不指定	用户宏指令命令	—
G66～G67	不指定	用户宏指令命令	—
G68	刀具偏置，内角	坐标系旋转	—
G69	刀具偏置，外角	坐标系旋转取消	—
G70	不指定	—	英制
G71	不指定	—	米制
G72	不指定	—	—
G73	不指定	分级进给钻削指令	—
G74	不指定	反攻螺纹循环	—
G75～G79	不指定	—	—
G80	固定循环注销	固定循环注销	固定循环注销
G81～G89	固定循环	固定循环	固定循环
G90	绝对尺寸	绝对值编程	绝对尺寸
G91	增量尺寸	增量值编程	增量尺寸
G92	预置寄存	工件坐标系设定	主轴转速极限
G93	时间倒数，进给率	—	—
G94	每分钟进给	每分钟进给	每分钟进给
G95	主轴每转进给	每转进给	每转进给
G96	恒线速度	—	恒线速度
G97	主轴每分钟转数	—	注销G96
G98	不指定	固定循环中退到起始点	—
G99	不指定	固定循环退到R点	—

3）坐标尺寸字。尺寸字给定机床在各种坐标轴上的移动方向和位移量，由尺寸地址符和带正、负号的数字组成。尺寸地址符较多，有 X、Y、Z、U、V、W、P、Q、R 表示直线坐标；A、B、C 表示角度坐标；I、J、K 表示圆心坐标；R 还可指定圆弧半径（参见表 4-1）。

坐标尺寸可以通过 G 指令选择米制或英制。采用米制时，坐标尺寸的最小单位一般为 0.001mm 或 0.01mm；采用英制时，坐标尺寸的最小单位一般为 0.0001in 或 0.001in。

4）进给功能字。由地址符 F 和若干位数字组成，故又称 F 功能或 F 指令。它的功能是指定切削的进给速度。具体的进给速度由 F 后的数字给出。进给速度的单位有每转进给（mm/r）和每分钟进给（mm/min）两种，一般通过 G95、G94 指令来选择。通常加工中心、数控铣床使用每分钟进给；数控车床使用每转进给，数控车床中 F 还可用来指定螺纹导程。

5）主轴转速功能字。由地址码 S 和若干位数字组成，故又称 S 功能或 S 指令，后面的数字直接指定主轴的转速，单位为 r/min。例如：S600——表示主轴转速为 600r/min。

对于数控车床来讲，S 后面的数字还可指定切削线速度，单位为 m/min。用 G96、G97 来选择是指定每分钟转速还是线速度。线速度和转速之间的关系为

$$v_c = \pi D n / 1000$$

式中　D——切削部位的直径（mm）；

v_c——切削线速度（m/min）；

n——主轴转速（r/min）。

当选择线速度后，加工中切削线速度就会保持恒定，而主轴转速会随着切削直径的变化而不断变化。

6）刀具功能字。由地址符 T 和若干位数字组成，故又称 T 功能或 T 指令，主要用来指定加工所用的刀具，还可指定刀具数据补偿号。

数控车床的刀具功能常用 2 位或 4 位，前面 1 位或 2 位表示刀具号，后面 1 位或 2 位表示刀补号。例如：

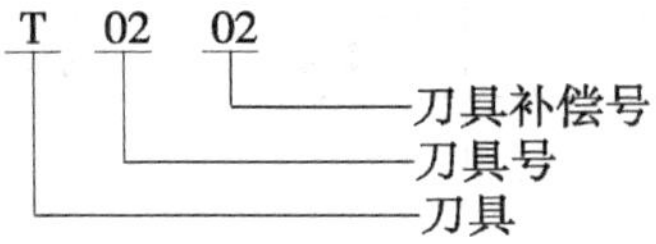

为了记忆方便刀具补偿号应尽量与刀具号统一，同时不采用 0 号刀具和 0 号刀补，假如刀补号为 0，则表示取消刀补。

加工中心中，少数系统的刀具功能和车床一样既表示刀具号又表示刀补号；

多数系统的刀具功能只表示刀具号，而刀补号由地址符 D 或 H 指定。

7）辅助功能字。又称 M 功能，主要用于数控机床开关量的控制，是表示一些机床辅助动作的指令。用地址码 M 和后面的两位数字表示，M00 ~ M99 共 100 种，有些系统的 M 功能已使用三位数。与 G 指令一样，M 指令在实际使用中的标准化程度也不高。现将我国根据 ISO 1056—1975（E）制定的行业标准 JB/T 3208—1999 中 M 指令的含义与几种国外数控系统中实际使用的 M 指令含义进行对照，见表 5-3。

表 5-3　M 功能字含义对照表

M 功能字	JB/T 3208—1999 规定的功能含义	美国辛辛那提 850 系统	日本 FANUC 6T-B 系统
M00	程序停止	程序停止	程序停止
M01	选择停止	选择停止	选择停止
M02	程序结束	程序结束	程序结束
M03	主轴顺时针方向	主轴顺时针方向	主轴顺时针方向
M04	主轴逆时针方向	主轴逆时针方向	主轴逆时针方向
M05	主轴停止	主轴停止	主轴停止
M06	换刀	换刀	—
M07	2 号切削液开	2 号切削液开	
M08	1 号切削液开	1 号切削液开	切削液开
M09	切削液停	切削液停	切削液停
M10	夹紧	—	—
M11	松开		
M12	不指定		
M13	主轴正转，切削液开	主轴正转，切削液开	
M14	主轴逆转，切削液开	主轴逆转，切削液开	
M15	正（方向）运动	—	
M16	负（方向）运动	—	—
M17	不指定	主轴正转，2 号切削液开	排屑器起动
M18	不指定	主轴逆转，2 号切削液开	排屑器停止
M19	主轴定向停止	—	—
M20	不指定		
M21	不指定		误差检测通，尖角
M22	不指定		误差检测关，圆角
M23	永不指定		倒角

（续）

M 功能字	JB/T 3208—1999 规定的功能含义	美国辛辛那提 850 系统	日本 FANUC 6T-B 系统
M24	永不指定	主轴正转,主轴孔冷却	倒角解除
M25	永不指定	主轴逆转,主轴孔冷却	—
M26 ~ M27	永不指定	—	
M28	永不指定		
M29	永不指定	第三切削液开	主轴速度一致检出
M30	纸带结束	子程序结束	穿孔带结束
M31	互锁解除	—	进给修调取消
M32	不指定	当前子程序结束	进给修调恢复
M33 ~ M34	不指定		
M35	不指定		
M36	进给范围 1		
M37	进给范围 2		主轴低速范围
M38	主轴速度范围 1		主轴中速范围
M39	主轴速度范围 2		主轴高速范围
M40	可作齿轮换挡		
M41	可作齿轮换挡		
M42	可作齿轮换挡		
M43	可作齿轮换挡		
M44	可作齿轮换挡		
M45	可作齿轮换挡		
M46	不指定		
M47	不指定		
M48	注销 M49		
M49	进给率修正旁路		
M50	3 号切削液开		
M51	4 号切削液开		
M52 ~ M54	不指定		
M55	刀具直线位移,位置 1		
M56	刀具直线位移,位置 2		
M57	不指定		卡盘闭
M58	不指定		卡盘开
M59	不指定		
M60	更换工件		
M61	刀具直线位移,位置 1		

（续）

M 功能字	JB/T 3208—1999 规定的功能含义	美国辛辛那提 850 系统	日本 FANUC 6T-B 系统
M62	刀具直线位移，位置 2		
M63	不指定		
M64	不指定		
M65	不指定		刀头确认
M66	不指定		刀台回转禁止
M67	不指定		刀台回转允许
M68 ~ M69	不指定		—
M70	不指定	选择 M 功能	刀检空气吹扫
M71	刀具角度位移，位置 1		
M72	刀具角度位移，位置 2		
M73 ~ M79	不指定		
M80	不指定		第一刀具组跳读
M81	不指定		第二刀具组跳读
M82	不指定		第三刀具组跳读
M83	不指定		第四刀具组跳读
M84	不指定		第五刀具组跳读
M85	不指定		—
M86	不指定		机外计测，内径
M87	不指定		机外计测，外径
M88 ~ M89	不指定		
M90 ~ M91	永不指定		
M92	永不指定		外部输入刀具补偿
M93	永不指定		外部输入刀具补偿
M94 ~ M97	永不指定		—
M98	永不指定		子程序调出
M99	永不指定		返回主程序

从表中可以看到，除 M00 ~ M05 及 M30 的含义一致外，其他的 M 指令都有些区别。因此，今后在具体使用时，必须根据机床说明书的规定进行编程。

8）程序段结束。写在每一程序段之后，表示程序段结束。当用 EIA 标准代码时，结束符为“CR”，用 ISO 标准代码时为“NL”或“LF”。有的用符号“;”、“*”、“#”表示。

2. 编程规则

(1) 绝对值编程和增量值编程　数控机床编程时，可采用绝对值编程、增量值编程或两者混合编程。如图 5-16 所示，采用上述三种方法编程如下：

1) 绝对值编程。

……

N40 G01 X25 Y15 F60;

N50 G01 X40 Y35;

……

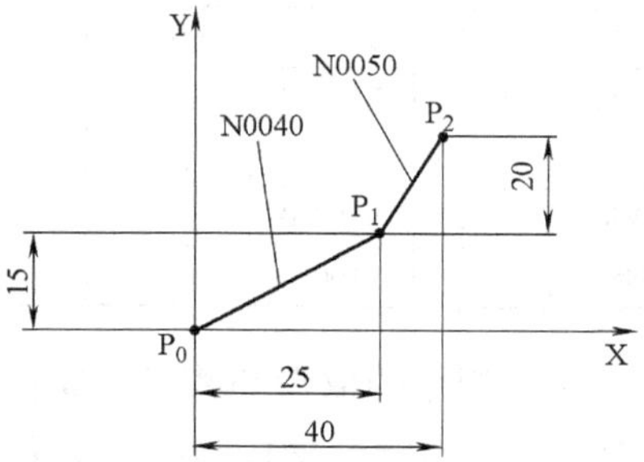

图 5-16　混合编程实例

2) 增量值编程。

……

N40 G01 U25 V15 F60;

N50 G01 U15 V20;

……

3) 混合编程。

……

N40 G01 X25 Y15 F60;

N50 G01 X40 V20;

……

(2) 小数点编程　数控编程时，可以使用小数点编程，也可使用脉冲数编程。

例如：X50. 0 或 X50. ——表示 X 坐标 50mm

X0. 01 或 X. 01——表示 X 坐标 0. 01mm

假如不写小数点，就表示用脉冲数编程，例如当脉冲当量为 0. 001mm 时：

X50——表示 X 坐标 0. 05mm

当系统设定为不使用脉冲数编程时：

X50 或 X50. ——都表示 X 坐标 50mm

X. 001——表示 X 坐标 0. 001mm

(3) 自保持功能　大多数 G 代码和 M 代码都具有自保持功能，除非是它们被取代或取消，否则一直保持有效。另外，当 X、Y、Z、F、S、T 字的内容不不变时，下一程序段会自动接收此内容，因此也可省略不写，见表 5-4。

表 5-4　自保持功能程序段

N10	G00	X20. 0	Y10. 0	Z－5. 0				S800	T0101
N20	G01	X100. 0	Y10. 0★	Z－5. 0★			F80	S800★	T0101★
N30	G01★	X100. 0★	Y40. 0	Z－5. 0★			F80★	S800★	T0101★
N40	G02	X150. 0	Y40. 0★	Z－5. 0★	I25. 0	J0. 0	F80★	S800★	T0101★
N50	G02★	X100. 0	Y40. 0★	Z－5. 0★	I-25. 0	J0. 0	F80★	S800★	T0101★

表5-4中有★的指令内容和上一程序段相同，因其具有自保持功能，所以，以上程序段可简写成表5-5。

表5-5　简写程序段

N10	G00	X20.0	Y10.0	Z－5.0				S800	T0101
N20	G01	X100.0					F80		
N30			Y40.0						
N40	G02	X150.0			I25.0	J0.0			
N50		X100.0			I－25.0	J0.0			

（4）指令的取消和替代　G代码和M代码可分成各种不同的组，同组中的指令，后输入的指令代码取消前面的指令。例如：

N10　G00　X34　Z2　S600　T11　M03；

N20　G01　X60　Z－10　F0.3；

N30　G00　X80　Z50　M05；

N10程序中的G00被N20程序中的G01替代了，M03被N30程序中的M05取消。

3. 准备功能指令

（1）有关坐标系的指令

1）坐标系设定指令——G92（在EIA代码中为G50）。该指令的作用是按照程序规定的尺寸字设置或修改坐标位置，不产生机床运动（图5-17）。通过该指令设定起刀点，即程序开始运动的起点，从而建立加工坐标系。应该注意的是，该指令只是设定坐标系，机床（刀具或工作台）并未产生任何运动。

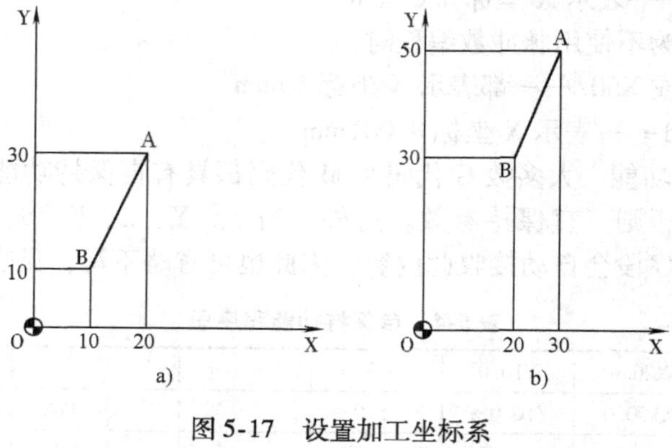

图5-17　设置加工坐标系

程序格式为：G92/G50X～Y～Z～

式中，X、Y、Z是指起刀点相对于加工原点的位置。

假如，在图 5-17a 中，若加工坐标系如图设置，加工坐标系原点在 O，刀具起刀点在 A 点，则设定该加工坐标系的程序段为：G92/G50 X20 Y30。

应该注意的是，用这种方式设置的加工原点是随刀具起始点位置的变化而变化，这一点在重复加工中应予注意。

若仍以图 5-17a 为例，当刀具起刀点在 B 点，要建立图示的加工坐标系时，则设定该加工坐标系的程序段为：G92/G50 X10 Y10。

这时，若仍用程序段 G92/G50 X20 Y30。来设置坐标系，则所设置的加工坐标系如图 5-17b 所示。

2）坐标偏置——G54、G55、G56、G57、G58、G59　这些指令可以分别用来选择相应的工件坐标系，这六个工件坐标系是通过 CRT/MDI 方式设定的。

程序格式：G54/G55/G56/G57/G58/G59

G92 和 G54 ~ G59 指令都用于设定工件坐标系，但它们在使用中是有区别的。G92 指令是通过程序来设定工件坐标系的；坐标原点的位置随当前刀具位置的不同而改变；理论上没有机床坐标系也能建立工件坐标系；加工完成后刀具必须可以返回原起始位置为程序的再次执行作准备。G54 是通过 CRT/MDI 方式设定工件坐标系的；必须先有机床坐标系才能偏置建立工件坐标系；坐标系的建立与当前刀具位置无关；加工完成后刀具可以返回到任意位置。

3）选择机床坐标系——G53　该指令用于取消坐标偏置（G54 ~ G59），指定机床坐标系。

程序格式：G53

例如加工程序中出现下述程序段：

G53 G90 G00 X－100 Y－100 Z－100；

执行程序后，刀具快速定位到机床坐标系的 X－100 Y－100 Z－100 位置。

4）绝对尺寸与增量尺寸指令——G90、G91。ISO 代码中，绝对尺寸指令用 G90 指定，增量尺寸指令用 G91 指定，这是一对模态指令。

有些数控系统则不用 G 指令作规定，而直接用地址符来区分是绝对尺寸还是增量尺寸。例如，在 FANUC 系统中，绝对尺寸字地址用 X、Y、Z 表示，增量尺寸字地址用 U、V、W 表示。而且，在同一程序段中，绝对尺寸与增量尺寸可以混用，实现混合编程。

5）坐标平面选择指令——G17、G18、G19。坐标平面选择指令是用来选择圆弧插补平面和刀具补偿平面。

对于数控铣床、加工中心等三坐标机床，有三个加工平面，即 XY 平面、XZ 平面和 YZ 平面。常用这些指令指定机床在哪个平面内进行圆弧插补加工和加工补偿。G17、G18、G19 分别指定机床在 XY 平面、XZ 平面和 YZ 平面内的加工，不指定时，默认加工平面为 XY 平面。由于数控铣床、加工中心（不管立式、卧式）通常在XY平面内进行加工，故G17可以省略。只有要在其他两个平面上加工时，才会使用坐标平面选择指令。

对于数控车床总是在XZ平面内加工，故一般数控车床不需要选择坐标平面。

移动指令与平面选择无关，例如G17Z～；这条指令可使机床在Z轴方向上产生移动。

（2）快速定位及插补指令

1）快速点定位指令——G00。G00指令要求刀具以点定位控制方式从刀具所在位置用最快的速度移动到目标点位置，实现点定位。

程序格式为：G00　X～　Y～　Z～

其中，X、Y、Z为目标点坐标。

不运动的坐标可以省略，在省略坐标的方向不作任何运动。

G00的速度不能用程序指定，指定F进给速度对G00程序段无效。具体的G00速度可通过机床参数设定或机床面板上的开关调节。

G00的运动轨迹不一定是直线，通常是折线。假定三个坐标方向都有位移量，则开始时三个坐标轴同时快速运动，哪一个坐标方向先到，就先停止，余下两个坐标轴继续移动，当又有一轴完成位移后，只剩下最后一个轴移动，直至到达终点。忽略这一点，就容易发生碰撞，而且在快速状态下的碰撞又相当危险。

2）直线插补指令——G01。G01指令用于产生按指定进给速度的直线运动。

程序格式为：G01　X～　Y～　Z～　F～

其中，X、Y、Z为坐标直线终点。

G01的运动轨迹肯定是直线。

G01的进给速度由程序段中的F指定，对数控车床来讲进给速度的常用单位为mm/r，而数控铣床的常用单位为mm/min。

3）圆弧插补指令——G02、G03。G02/G03指令用于加工平面圆弧，G02为顺时针方向圆弧插补，G03为逆时针方向圆弧插补，这对各类数控系统都是一样的。

圆弧顺、逆方向的判别方法是：从垂直于圆弧平面内的坐标轴的正方向向负方向看去，顺时针方向为G02，逆时针方向为G03，如图5-18所示。

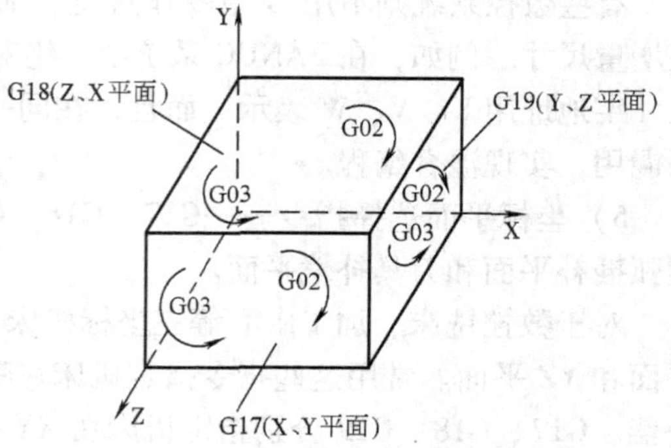

图5-18　圆弧顺逆方向的判别

XY 平面加工圆弧时程序格式为：G02/G03 X ~ Y ~ I ~ J ~ F ~

G02/G03 X ~ Y ~ R ~ F ~

其中，X、Y 为指定圆弧终点的坐标；I、J 为指定圆弧的圆心位置；R 为指定圆弧的半径。

多数数控系统的圆心坐标 I、J、K 在任何情况下都是圆心相对于圆弧起点的增量坐标。I、J、K 分别对应于 X、Y、Z，并有正负号。

也有些数控系统规定，在绝对状态下，圆心坐标 I、J、K 是圆心在编程坐标系中的绝对坐标值，在增量状态下，圆心坐标 I、J、K 才是圆心相对于圆弧起点的增量坐标值。

在数控车床上，X 方向的圆心坐标 I 通常是指半径值，也有些数控系统是指直径值。

采用半径 R 编程时，从起始点到终点存在两条圆弧线段，它们的编程参数完全一样，如图 5-19 所示，图中两条顺时针方向圆弧，不但起始点、终点坐标一致，而且圆弧半径相等。为了区分这两种情况，用参数 R 编程时规定：当圆弧小于等于 180°时，如图中 n 段圆弧，半径值 R 为正；当圆弧大于 180°时，如图中 m 段圆弧，半径值 R 为负。一般数控车床上的圆弧不会超过 180°。

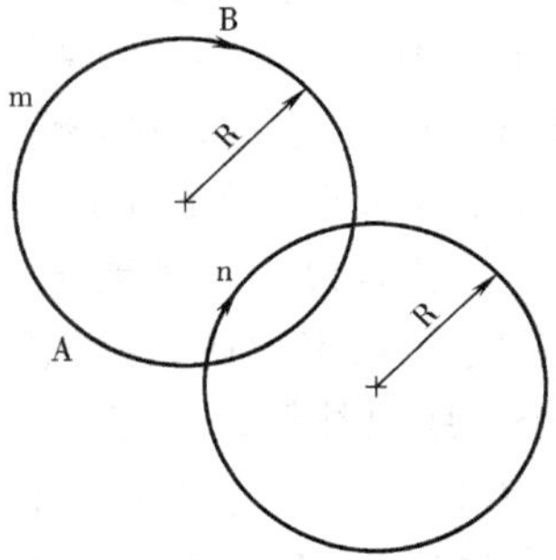

图 5-19　用 R 编程时两条圆弧线的处理

还应注意用半径 R 编程时，不能描述整圆。因为这时有无穷个圆符合要求，只能用指定圆心坐标 I、J、K 的方式编程。

对数控铣床、加工中心等三坐标机床，通常在默认的 XY 平面内加工直线和圆弧，此时 G17 指令可省略，如果在其他平面内加工直线和圆弧，则应在 G02、G03 指令前加上相应的平面设定指令；数控车床只有一个 XZ 平面，所以不需要平面设定指令。

（3）刀具补偿指令

1）刀具半径补偿指令——G40、G41、G42。在轮廓加工过程中，由于刀具总有一定的半径，因此，刀具中心的运动轨迹不等于加工零件的实际轮廓。如图 5-20a 所示，在进行外轮廓加工时，在图样上已标注出各外形尺寸 $P_1 \sim P_6$，如果按图样尺寸编程，也就是铣刀中心轨迹，加工后的工件的各部分尺寸减少了一个铣刀半径，工件就报废了（图 5-20a 中虚线位置）。当然可以将各点尺寸均加上一个铣刀半径，再按 $P_1' \sim P_6'$尺寸编程，也可加工出正确形状，但计算非常麻烦，并容易出错，而且，一旦铣刀半径改变或磨损，则原来 $P_1' \sim P_6'$的计算数值和编写的程序就全部作废。为此，数控机床一般都具有刀具半径自动补偿功能。

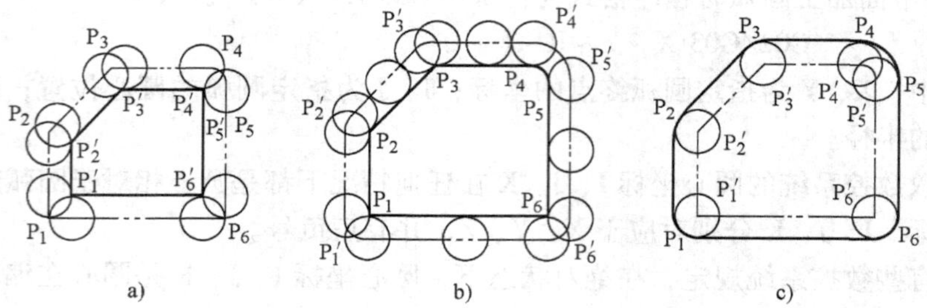

图 5-20　刀具半径补偿

有刀具半径补偿功能的机床，在编程时只需按零件的轮廓编程，并在机床的刀具参数页面中输入有关刀具半径值，在加工外轮廓时，用相应的刀具补偿指令，CNC 系统会控制刀具中心向工件外轮廓偏移一个刀具半径值（图 5-20b）。在加工内轮廓时，CNC 系统会控制刀具中心向工件内轮廓偏移一个刀具半径值（图 5-20c）。这样，就避免了计算，而且，一旦铣刀半径改变，只要改变机床刀具参数中的刀具半径值就可以了，程序不需作任何修改。

从图 5-20b、c 能看出，一样走 $P_1 \sim P_6$ 的编程轨迹，补偿的方向有两个，所以补偿指令有：

G41——刀具半径左补偿。

G42——刀具半径右补偿。

G40——刀具半径补偿撤消。

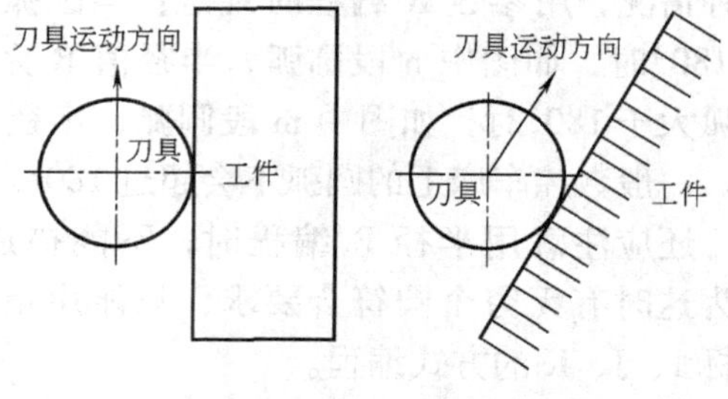

图 5-21　左偏刀具半径补偿

左刀补、右刀补的判别方法是：沿着刀具的运动方向向前看（假设工件不动），刀具位于编程轨迹左侧的为左刀补；刀具位于编程轨迹右侧的为右刀补，如图 5-21、图 5-22 所示。

所以，加工图 5-20b 所示的外轮廓时，如刀具路径为 $P_1 \sim P_6$ 时，为左刀补；

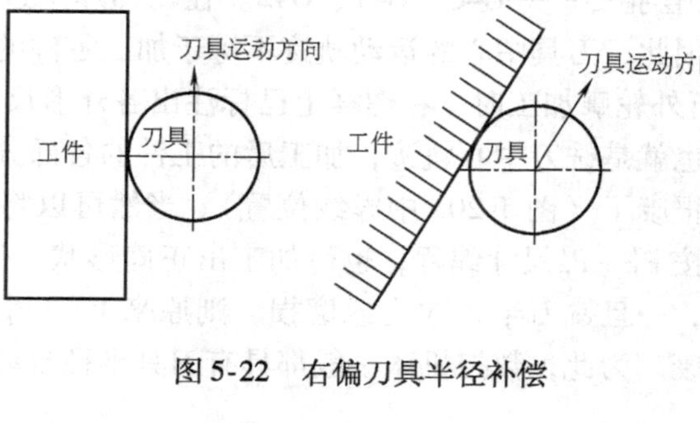

图 5-22　右偏刀具半径补偿

反之，刀具路径为 $P_6 \sim P_1$ 时，为右刀补。加工图5-20c所示的内轮廓时，如刀具路径为 $P_1 \sim P_6$ 时，为右刀补；反之，刀具路径为 $P_6 \sim P_1$ 时，为左刀补。这也说明了，左刀补、右刀补和加工内、外轮廓无关。而且，整个加工过程中，补偿方向不会改变。

程序段格式：

建立刀补程序段格式：G01/G00　G41/G42　X～　Y～　D～　F～

撤消刀补程序段格式：G01/G00　G40　X～　Y～　F～

其中，X、Y 为建立/撤消刀补直线段的终点坐标；D 为指定刀具半径补偿值所在的存储地址。

刀具半径补偿的过程分为三步：

① 刀补的建立。刀补的建立是使刀具从无刀具半径补偿运动到所希望的刀具半径补偿开始点。应在走 G00/G01 线段的时候建立刀补。如图 5-23 所示，OA 段为建立刀补段，程序为：

G41　G01　X50　Y40　F100　D01；

或 G41　G00　X50　Y40　D01；

编程轨迹为 OA，实际运动轨迹为 OB，则建立了刀补。

② 刀补进行。在 G41、G42 程序段后，刀具中心始终与编程轨迹相距一个偏移量，直至刀补取消。

③ 刀补的撤消。最后一段刀补轨迹加工完成后，必须撤消刀具半径补偿，使刀具中心轨迹过渡到和编程轨迹重合。和建立刀补一样，应在走 G00/G01 线段的时候撤消刀补。如图 5-23 所示，撤消刀补的程序段为：

G40　G01　X0　Y0　F100；

或 G40　G00　X0　Y0；

编程轨迹为 AO，实际运动轨迹为 CO，则撤消了刀补。

几点说明：

a. 补偿是平面的，通常在 XY 平面。

b. 补偿状态中不得改变补偿平面。

c. 撤消刀具半径补偿的终点应放在刀具切出工件以后，避免发生碰撞。

d. 建立/撤消刀补时，移动指令只能是 G00/G01，不能用 G02/G03；而且程序段中应指定偏置平面内不为 0 的任意一轴的移动。

e. 程序中若指定了 D00，则就取消了刀补。

f. 注意刀具半径补偿引起的过切。如图 5-24 所示，因刀具半径大于工件内轮廓转角半径而引起过切，但如果转角处没有圆弧或圆弧半径大于刀具半径，则不会引起过切。图 5-25 所示为因台阶高度小于铣刀半径引起过切。加工内轮廓时不要在“角”上建立和撤消刀补，否则产生过切。图 5-26a 为过切，图 5-26b

为合理的方法。

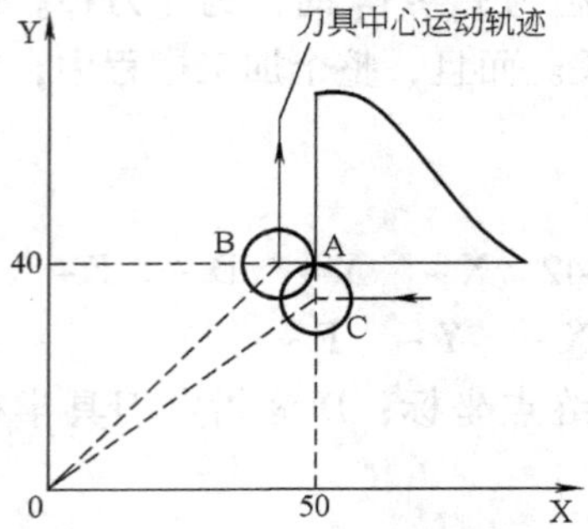

图 5-23　刀具半径补偿的过程

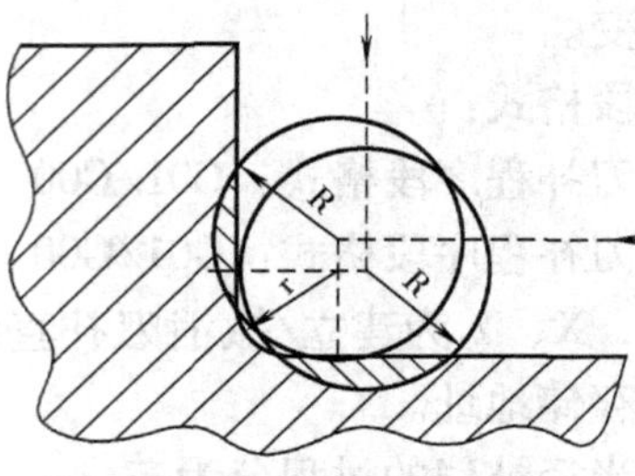

图 5-24　加工内轮廓转角

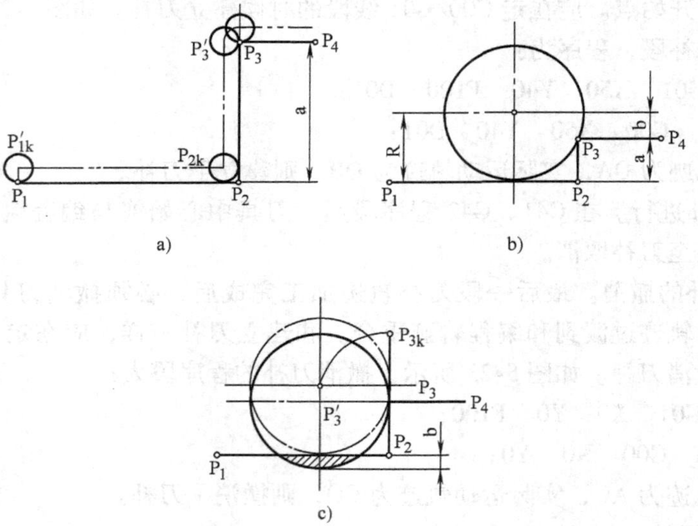

图 5-25　产生工件轮廓损伤

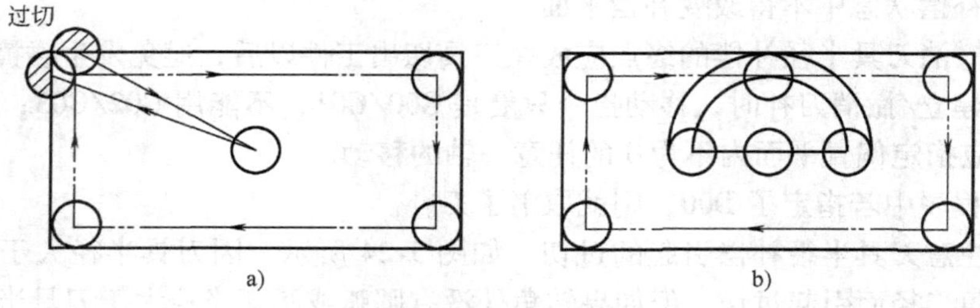

图 5-26　对过切的处理示意图

g. 若D代码中存放的偏移量为负值，那么G41和G42指令将相互取代。因此，可用同一程序加工出凹凸两模。

h. 常用刀具半径补偿功能实现对零件轮廓的粗、精加工。如图 5-27 所示，当按零件轮廓编程以后，在粗加工零件时我们可以把偏移量设为 R + Δ，其中 R 为铣刀半径，Δ 为精加工余量，那么零件被加工完成以后将得到一个比零件轮廓 ABCDEF 各边都大 Δ 的零件 A′B′C′D′E′F′。在精加工时，再把偏移量设为 R 即可。

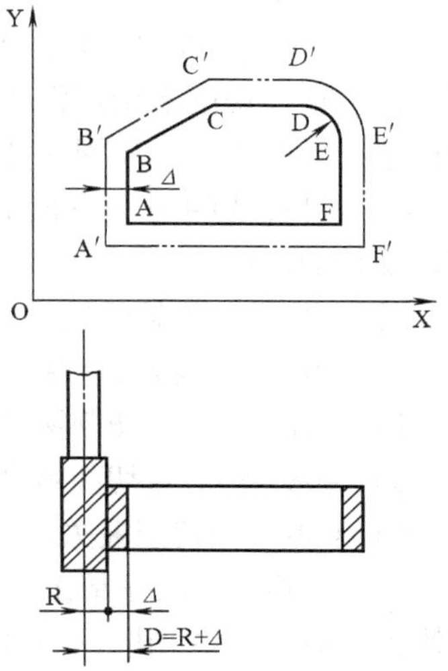

图 5-27　刀补功能的利用

2）刀具长度补偿指令——G43、G44、G49。刀具长度补偿指令一般用于刀具轴向（Z 方向）的补偿，它使刀具在 Z 方向上的实际位移量比程序给定值增加或减少一个偏移量，这样当刀具在长度方向的尺寸发生变化时，可以在不改变程序的情况下，通过改变偏移量，加工出所要求的零件尺寸。

刀具长度补偿：G43/G44　Z ~　H ~

撤消刀具长度补偿：G49

其中，G43 为刀具长度正补偿；G44 为刀具长度负补偿；H 为刀具长度补偿值的存储地址。

使用 G43、G44 时，不管用绝对编程还是增量编程，程序中指定的 Z 轴移动指令的终点坐标值，都要与偏移地址 H 中的偏移量进行运算。G43 时相加，G44 时相减。然后把运算结果作为终点坐标值进行加工。

（4）暂停指令——G04　在进行锪孔、车槽、钻中心孔等加工时，常要求刀具在短时间内实现无进给光整加工，此时可以用 G04 指令实现暂停，暂停结束，继续执行下一段程序。

其程序格式为：G04　X ~/P ~

其中，X、P 指定暂停时间，范围为 0.001 ~ 99999.999s。X 可用小数点编程，单位为 s，P 不允许用小数点，单位为 ms。

例如，暂停时间为 3.5s 的程序为：

G04　X3.5　　　　或　G04　P3500

G04 是非模态指令，只在本程序段有效。

4. 辅助功能指令

1）M00——程序停止。该指令执行后，程序停止执行（但主轴、冷却等保持原来状态），如要继续执行，必须重新按起动按钮。主要用于自动加工过程中，暂停程序执行，进行零件的检验、测量。

2）M01——选择停止。同M00作用相似，区别在于只有按下机床控制面板上的“选择停止”按钮时，该指令才有效，否则继续执行后面的程序。该指令常用于加工中抽查测量。

3）M02——程序结束。该指令写在程序的最后，表示程序结束。一般执行完后，主轴、切削液全部停止，使数控系统处于复位状态，但指令光标不一定返回程序开头的位置，应视具体的系统而定。

4）M03、M04——主轴正转、反转。该指令后常跟主轴转速字S，指定主轴正、反转的转速。

5）M05——主轴停转。

6）M06——换刀。该指令后常跟刀具功能字T，指定刀具号。

7）M07——2号切削液开。

8）M08——1号切削液开。

9）M09——切削液关。

10）M30——程序结束，并返回到起始状态。作用同M02相同，而且该指令执行完后，指令光标返回程序开头的位置，为加工下一个零件作好准备。

四、数控编程实例

1. 数控车床编程实例

编写如图5-28所示零件的精加工程序，零件材料为45钢。

加工设备：FANUC　0T系统数控车床

步骤如下：

1）根据零件图样要求、毛坯情况，确定工艺方案及加工路线。用自定心卡盘夹持ϕ55mm外圆一头（图中未画出），使工件伸出卡盘80～85mm，一次装夹完成精加工。

2）选择机床设备。根据零件图样要求，选用经济型数控车床即可达到要求。

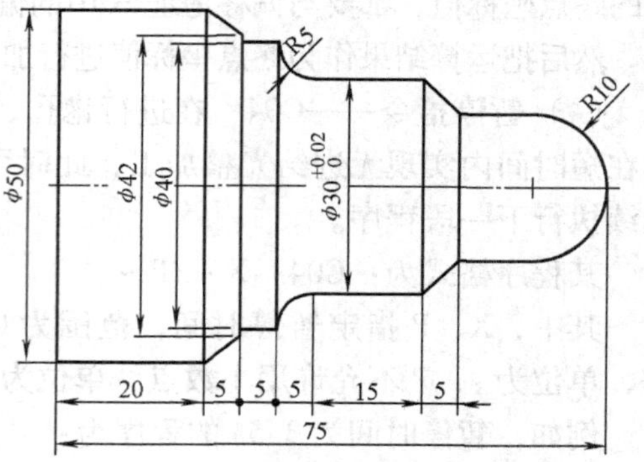

图5-28　数控车床编程实例

3）选择刀具。根据加工要求，选用1把刀具，T01为精加工90°外圆车刀。同时把刀在自动换刀刀架上安装好，且都对好刀，这把刀为基准刀，故没有刀补。今后根据实际加工精度可以再输入刀补。

4）确定切削用量。切削用量的具体数值应根据该机床性能、相关的手册并结合实际经验确定，详见加工程序。

5）确定工件坐标系、对刀点和换刀点。确定以工件左端面与轴心线的交点0为工件原点，建立XOZ工件坐标系。采用手动试切对刀方法，换刀点设置在工件坐标系的X100、Z50处。

6）编写程序。

精加工程序：

```
O0001;
N10  G50  X100  Z50;
N20  M03  S800  T0100;
N30  G00  X0  Z2;
N40  M08;
N50  G01  Z0  F0.5;
N60  G03  X20  Z-10  R10  F0.1;
N70  G01  Z-20;
N80  X30.01  Z-25;
N90  Z-40;
N100  G02  X40  Z-45  R5;
N110  G01  Z-50;
N120  X42;
N130  X50  Z-55;
N140  Z-75;
N150  X57;
N160  G00  X100  Z50;
N170  M09;
N180  M30;
```

2. 数控铣床编程实例

编写如图5-29所示零件的外轮廓精加工程序，深5mm，材料为45钢。

加工设备：FANUC 0M系统数控车床

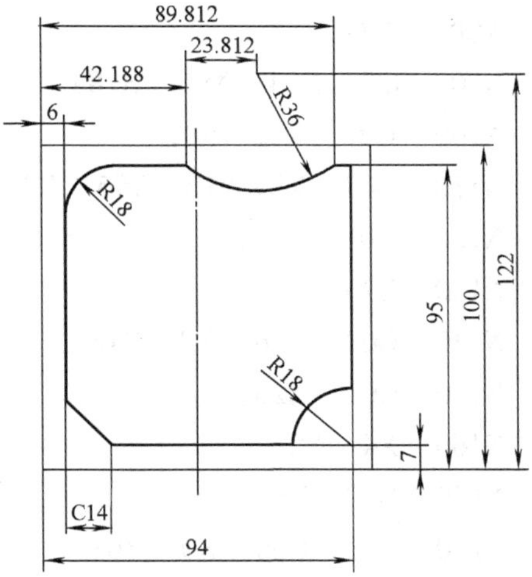

图5-29 数控铣床编程实例

1）根据图样要求、毛坯及前道工序加工情况，确定工艺方案及加工路线。以已加工过的底面为定位基准，用机用虎钳夹紧工件前后两侧面，机用虎钳固定于铣床工作台上。一次装夹完成精加工。

2）选择机床设备。根据零件图样要求，选用经济型数控铣床即可达到要求。故选用 XKN7125 型数控立式铣床。

3）选择刀具。现采用 ϕ18mm 的平底立铣刀，并把该刀具的半径输入到刀具参数表（D01）中。

4）确定切削用量。切削用量的具体数值应根据该机床性能、相关的手册并结合实际经验确定，详见加工程序。

5）确定工件坐标系和对刀点。在 XOY 平面内确定以工件左下角为工件原点，Z 方向以工件表面为工件原点，建立工件坐标系。采用手动对刀方法。

6）编写程序。按该机床规定的指令代码和程序段格式，把加工零件的全部工艺过程编写成程序清单。

精加工程序：

```
O0002;
N10   G90;
N20   G92   X0   Y0   Z50;
N30   M03   S600;
N40   G00   X-20   Y-20   Z5;
N50   M08;
N60   G01   Z-5   F60;
N70   G01   G41   X6   Y15   D01   F100;
N80   Y77;
N90   G02   X24   Y95   R18;
N100   G01   X42.188;
N110   G03   X89.812   Y95   R36;
N120   G01   X94;
N130   Y25;
N140   G03   X76   Y7   R18;
N150   G01   X20;
N160   X4   Y23;
N170   G00   Z50;
N180   G40   G00   X0   Y0;
N190   M09;
N200   M30;
```

复习思考题

1. 什么叫数控机床？它由哪几部分组成？
2. 什么叫脉冲当量？
3. 什么叫加工中心？它的特点是什么？
4. 点位控制和轮廓控制有什么不同？各适用于什么场合？
5. 简述开环、半闭环、闭环系统的特点及区别？
6. 常用的控制介质有哪些？
7. 程序检验的方法有哪些？
8. 程序字主要有哪几类？简述其含义？
9. 什么叫模态指令和非模态指令？举例说明。
10. 精铣图 5-30、图 5-31 所示零件的轮廓，材料为 45 钢，试编程。
11. 分别编制图 5-32、图 5-33 所示车床零件的精加工程序，材料为 45 钢。

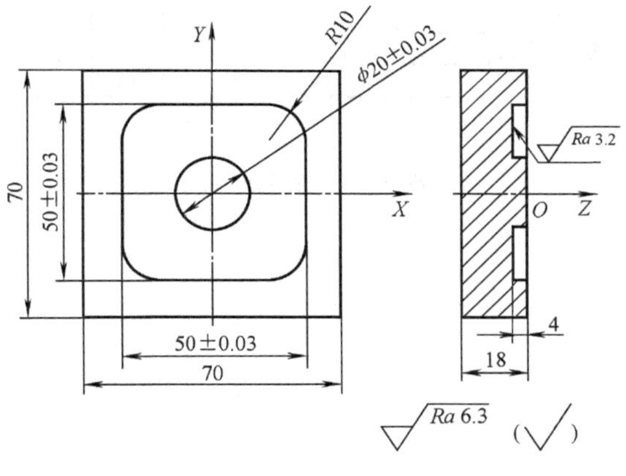

图 5-30　铣削槽

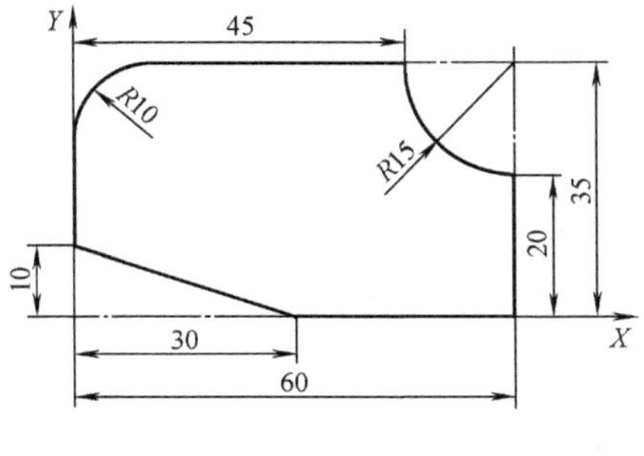

图 5-31　铣削外轮廓（深 3mm）

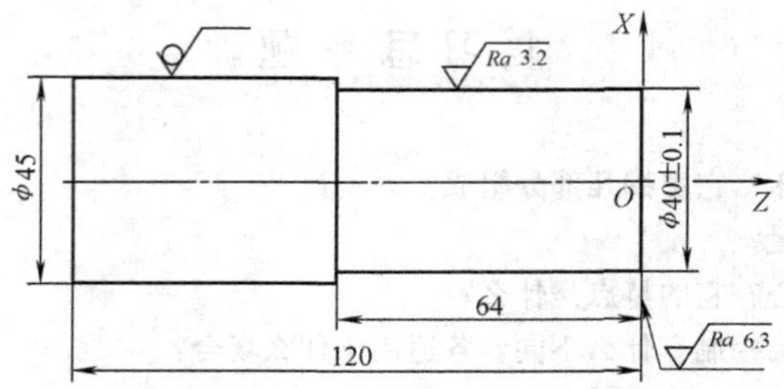

图 5-32　车削端面、外圆

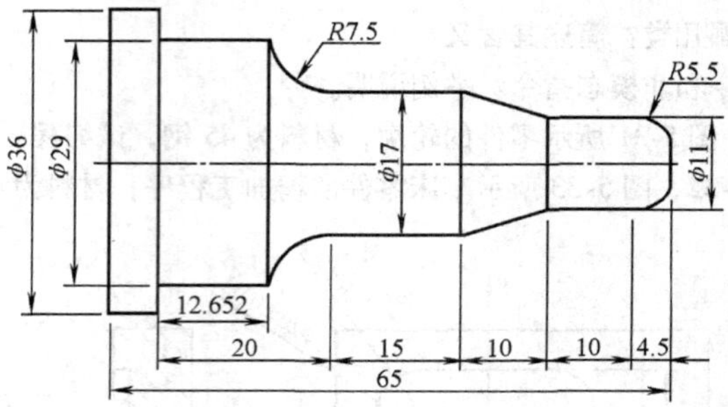

图 5-33　精车外圆

试　题　库

一、判断题（正确的画√，错误的画×）

1. 液压传动的工作原理是依靠液体流动时产生的动能来传递运动的。（　）
2. 液压泵是将电动机输入的机械能转换成液压能的一种能量转换装置。（　）
3. 蓄能器是液压系统中的控制调节元件。（　）
4. 液压泵、液压马达均是液压系统中的执行元件。（　）
5. 液压泵、液压马达均是液压系统中的动力元件。（　）
6. 静止液体不呈现粘性。（　）
7. 液体在单位体积上的质量称为密度，一般矿物油的密度为 $900kg/m^2$。（　）
8. N32 号液压油是指这种油在 40℃时的运动粘度平均值为 32st。（　）
9. N46 号液压油是指这种油在 50℃时的运动粘度平均值为 46cst。（　）
10. 液压系统中油温越高则液压油的粘度就越大。（　）
11. 液压系统中压力越高则液压油的粘度就越大。（　）
12. 液压系统中如工作压力高时，应选用粘度较高的液压油。（　）
13. 液压系统中如工作机构的运动速度较高时，应选用粘度较高的液压油。（　）
14. 当环境温度较高时，应选用粘度较高的液压油。（　）
15. 液体的可压缩性比钢的可压缩性大 100～140 倍。（　）
16. 液压油具有可压缩性，由于压缩量很小，所以一般可忽略不计。（　）
17. 1 工程大气压等于 9.8×10^5Pa。（　）
18. 绝对压力是指以大气压为基准测出的压力。（　）
19. 当绝对压力低于大气压时说明产生真空，此绝对压力即为真空度。（　）

20. 液压千斤顶之所以能用很小的力顶起很重的物体，是利用帕斯卡原理。（　）

21. 单位时间内流过某过流截面的液体的体积称为流速，单位为 m/min。（　）

22. 液体在管道内稳定流动时，流过各通流截面的流量是相等的。（　）

23. 液体在管中流动时，其管道截面越小，则流速越高，而压力越小。（　）

24. 液压系统中的功率是流量和压力的乘积。（　）

25. 空穴现象是由于液压系统中压力升高所引起的。（　）

26. 刀具寿命的长短、切削效率的高低与刀具材料切削性能的优劣有关。（　）

27. 安装在刀架上的外圆车刀切削刃高于工件中心时，使切削时的前角增大，后角减小。（　）

28. 刀具几何参数、刀具材料和刀具结构是研究金属切削刀具的三项基本内容。（　）

29. 由于硬质合金的抗弯强度较低，冲击韧度差，所取前角应小于高速钢刀具的合理前角。（　）

30. 当粗加工、强力切削或承受冲击载荷时，要延长刀具寿命，必须减少刀具摩擦，所以后角应取大些。（　）

31. 切屑形成过程是金属切削层在刀具作用力的挤压下，沿着与待加工面近似成45°夹角滑移的过程。（　）

32. 在精加工时要设法避免积屑瘤的产生，但积屑瘤对粗加工有一定的好处。（　）

33. 切屑在形成过程中往往塑性和韧性提高，脆性降低，使断屑形成了内在的有利条件。（　）

34. 一般在切削脆性金属材料和切削厚度较小的塑性金属材料时，所发生的磨损往往在刀具的主后面上。（　）

35. 刀具主切削刃上磨出分屑槽目的是改善切削条件，延长刀具寿命，可以增加切削用量，提高生产效率。（　）

36. 进给力 F_f 是纵向进给方向的力，又称轴向力。（　）

37. 刀具的磨钝是指在切削过程中，刀具在高温高压下与工件及切屑产生强烈摩擦，失去正常切削能力的现象。（　）

38. 所谓前面磨损就是形成月牙洼的磨损，一般在切削速度较高，切削厚度较大情况下，加工塑性金属材料时引起的。（　）

39. 刀具材料的硬度越高，强度和韧性越低。（　）

40. 粗加工磨钝标准是按正常磨损阶段结束时的磨损值来制订的。 (　　)

41. 切削铸铁等脆性材料时，切削层首先产生塑性变形，然后产生崩裂的不规则粒状切屑，称为崩碎切屑。 (　　)

42. 立方氮化硼是一种超硬材料，其硬度略低于人造金刚石，但不能以正常的切削速度切削淬火钢等硬度较高的材料。 (　　)

43. 刀具因存在细微裂纹而产生的破损和因切削高温而产生的卷刃都是正常磨损现象。 (　　)

44. 在中等速度切削加工时，热效应使硬质合金刀具产生磨损，其主要形式包括相变磨损、扩散磨损和氧化磨损。 (　　)

45. 粗加工磨钝标准是按正常磨损阶段开始时的磨损值来制订的。 (　　)

46. 刀具磨损越慢，切削加工时间就越长，也就是刀具寿命越长。 (　　)

47. 刀具寿命仅反映刀具几何参数和切削用量选择的合理与否。 (　　)

48. 刀具寿命的确定有两个原则，即经济寿命和最大生产率寿命。 (　　)

49. 刃磨成形车刀，必须严格控制前角的大小和原有几何参数，才能保证切削刃形状不产生畸变。 (　　)

50. 若沿铰刀切削部分的前面进行刃磨，则校准部分棱边会逐渐变窄，甚至消失。 (　　)

51. 修磨钻头横刃时，其长度磨得越短越好。 (　　)

52. 磨削过程中同时参加切削的磨粒数极多。 (　　)

53. 磨削加工可获得高精度和较低的表面粗糙度值。 (　　)

54. 砂轮由磨料和结合剂构成。 (　　)

55. 绿碳化硅砂轮适宜于磨削韧性好的钢材，如高速钢、不锈钢等。(　　)

56. 砂轮的粒度是指磨料颗粒的大小。粒度号越大，表示颗粒尺寸越大。 (　　)

57. 砂轮的强度、耐冲击性、耐腐蚀性、耐热性主要决定于结合剂的性能。 (　　)

58. 磨料的硬度越高表示砂轮的硬度也越高。 (　　)

59. 原材料等的运输、保管均属于工艺过程。 (　　)

60. 工件的装夹次数越多，引起的误差就越大，所以在同一道工序中，应尽量减少工件的装夹次数。 (　　)

61. 轴类零件上的外圆表面、内孔表面、端面、螺纹表面等都能在车床上加工，这些加工内容都应划在同一车削工序内。 (　　)

62. 在机械加工中，一个工件在同一时刻只能占据一个工位。 (　　)

63. 机械加工工艺过程是由一系列的工序组成。 (　　)

64. 采用多工位，可以减少装夹次数，提高生产率。 (　　)

65. 在一道工序中只能有一次装夹。（　　）

66. 成批生产的特点是工件的数量较多，成批地进行加工，并会周期性的重复生产。（　　）

67. 在同一工作地长期地重复进行某一工件、某一工序的加工，属于大量生产。（　　）

68. 单件生产时，应尽量利用现有的专用设备和工具。（　　）

69. 毛坯的精度越高，加工时余量就越少，但毛坯的制造费用很高，一般只用于单件小批量生产类型的零件。（　　）

70. 成批生产轴类零件时，机械加工第一道工序一般安排为铣两端面、钻中心孔。（　　）

71. 工艺卡是以工序为单位，说明一个工件的全部加工过程的工艺文件。（　　）

72. 拟订工件的工艺路线，就是选择各表面的加工方法，划分工序及确定各表面的加工顺序等。（　　）

73. 经济加工精度是指同一设备最低加工成本所能达到的加工精度。（　　）

74. 要避免采用低精度加工方法去加工高精度的零件，但可以采用高精度加工方法去加工低精度的零件。（　　）

75. 把机械加工工艺过程划分为几个阶段，不便于安排热处理工序。（　　）

76. 在半精加工阶段，除为重要表面的精加工作准备外，可以完成次要表面的最终加工。（　　）

77. 为了提高机床的使用率，尽量在一台机床上连续完成工件的粗、精加工。（　　）

78. 采用工序集中法加工时，容易达到较高的相对位置精度。（　　）

79. 当工人的平均操作技能水平较低时，宜采用工序集中法进行加工。（　　）

80. 工序集中的加工方法，有利于提高生产率，是现代化生产发展的趋势。（　　）

81. 在安排工件表面的加工顺序时，应先加工出后续工序的精基准面。（　　）

82. 在机械加工工艺过程中，安排热处理工序的目的是改变材料的力学性能和消除内应力。（　　）

83. 预备热处理包括退火、正火、时效和调质。（　　）

84. 退火和正火，可以消除毛坯制造时的内应力，但不能改善切削性能。（　　）

85. 高碳钢采用退火处理，有降低硬度的作用。（　　）

86. 时效热处理的主要作用是消除内应力。 ( )

87. 工件经淬火后，表面硬度很高，一般不再用金属切削刀具进行切削加工。 ( )

88. 工件渗氮处理有提高抗腐蚀性的作用。 ( )

89. 工件在渗氮处理之前，常安排一道时效热处理工序。 ( )

90. 采用时效处理方法可以改善钢材的切削性能。 ( )

91. 一个表面的加工总余量等于该表面的所有加工余量之和。 ( )

92. 某工序的最大加工余量与该工序尺寸公差无关。 ( )

93. 某一组成环的尺寸增大，引起封闭环尺寸也随之增大，该组成环为减环。 ( )

94. 加工时直接获得的公称尺寸为增环，间接获得的派生尺寸为减环。 ( )

95. 在尺寸链中只有一个封闭环。 ( )

96. 在尺寸链中必须有增环。 ( )

97. 制订时间定额时，准备与结束时间应与零件的批量成正比。 ( )

98. 在机床上使工件始终保持不动并使其在加工过程中占有正确的加工位置的工艺装备称为机床夹具。 ( )

99. 夹具按其作用和功能，可由导向元件、夹紧装置、夹具体基本部分组成。 ( )

100. 在机床夹具中，定位元件用来确定工件在夹具中的位置。 ( )

101. 在机床夹具中，对刀或导向元件用来保证工件与刀具之间的正确位置。 ( )

102. 使用机床夹具可改变和扩大原机床的功能。 ( )

103. 在机床夹具中，成组夹具是针对通用夹具和组合夹具的缺陷而发展起来的。 ( )

104. 用六个支承点就可使工件在空间的位置完全被确定下来。 ( )

105. 只有完全定位的工件，才能保证加工质量。 ( )

106. 工件定位，并不是任何情况下都要限制六个自由度。 ( )

107. 工件定位时，若夹具上的定位点不足六个，则肯定不会出现过定位。 ( )

108. 欠定位在机械加工过程中不允许存在。 ( )

109. 在夹具的具体结构中，工件以支承板元件定位时，可限制工件的三个自由度。 ( )

110. 用定位心轴作工件孔的定位元件，孔轴的接触长度与直径之比大于1时，可以消除工件的两个自由度。 ( )

111. 工件的定位基准面需经加工，才能采用V形块定位。 ( )

112. 用长定位套作工件外圆柱面定位元件，孔轴的接触长度与直径之比大于1时，可以消除工件的四个自由度。 ( )

113. 在车削加工中，以两顶尖装夹工件，其中移动顶尖限制工件的一个自由度。 ( )

114. 工件以一面两孔定位时，一般采用两个圆柱销作为孔的定位元件。 ( )

115. 具有独立的定位作用且能限制工件自由度的支承，称为辅助支承。 ( )

116. 只有采用调整法加工一批工件时，才可能产生定位误差。 ( )

117. 工件以平面定位时，不需考虑基准位移误差。 ( )

118. 工件在夹紧后不能动了，就表示工件定位正确。 ( )

119. 为减少工件变形，薄壁工件应尽可能不用径向夹紧的方法，而采用轴向夹紧的方法。 ( )

120. 夹紧力的作用点应与支承件相对，否则工件容易变形和不稳固。 ( )

121. 在斜楔机构中，当斜楔升角小，则产生的夹紧力大。 ( )

122. 自动定心夹紧机构能使工件同时得到定心和夹紧。 ( )

123. 多件联动夹紧是一个作用力，通过一定的机构实现对几个工件同时进行夹紧。 ( )

124. 螺旋、偏心、凸轮等机构是斜楔夹紧的变化应用。 ( )

125. 专用夹具是专为某一种工件的某道工序的加工而设计制造的夹具。 ( )

126. CNC是计算机数字控制的英文缩写。 ( )

127. 数控机床能与计算机实现串行通信，但还不能与计算机实现宽带网络连接。 ( )

128. 世界上第一台数控机床是数控铣床。 ( )

129. 伺服系统是数控机床最重要的组成部分。 ( )

130. 两轴半联动是指X、Y轴能实现联动，Z轴只能做周期性进给运动。 ( )

131. 目前，大多数数控机床的控制方式是闭环控制。 ( )

132. 手工编程适用于零件不太复杂、计算较简单、程序较短的场合，经济性较好。 ( )

133. 数控程序最早的控制介质是磁盘。 ( )

134. 不同的数控机床可能选用不同的数控系统，但数控加工程序指令都是

相同的。（　）

135. 程序段号根据数控系统的不同，在某些系统中可以省略。（　）

136. 数控车床的进给方式有每分钟进给和每转进给两种，一般可用 M 指令指定。（　）

137. 如果在同一程序段中指定了两个或两个以上属于同一组的 G 代码时，那么只有最后的 G 代码有效。（　）

138. G 代码可以分为模态 G 代码和非模态 G 代码。（　）

139. 数控机床输入程序时，不论何种系统，坐标值不论是整数还是小数都不必加入小数点。（　）

140. 数控系统的脉冲当量越小，数控轨迹插补越精细。（　）

141. 右手直角坐标系中的拇指表示 Z 轴。（　）

142. 通常在命名或编程时，不论何种数控机床都一律假定工件静止刀具运动。（　）

143. 在直角坐标系中与主轴轴线平行或重合的轴一定是 Z 轴。（　）

144. 绕 Z 轴旋转的回转运动坐标轴是 K 轴。（　）

145. 机床参考点是由程序设定的一个基准点。（　）

146. 数控机床编程有绝对值和增量值编程之分，具体用法由图样给定而不能互相转换。（　）

147. 辅助指令（即 M 功能）与数控装置的插补运算无关。（　）

148. M07 属于切削液开关指令。（　）

149. M02 表示程序段结束，光标和屏幕显示自动返回程序的开头处。（　）

150. F150 表示控制主轴转速，使主轴转速保持在 150r/min。（　）

151. G97 S150 表示控制主轴转速，使切削点的速度始终保持在 150r/min 。（　）

152. 数控车床恒线速度控制时，工件切削点直径越大，进给速度就越慢。（　）

153. 数控车床用恒线速度控制加工端面、锥度和圆弧时，必须限制主轴的最高转速。（　）

154. 在执行 M00 后，不仅准备功能（G 功能）停止运动，连辅助功能（M 功能）也停止运动。（　）

155. 编制数控加工程序时一般以机床坐标系作为编程的坐标系。（　）

156. G53 ~ G59 指令是工件坐标系选择指令。（　）

157. 程序段 G50 X100.0 Z50.0 的作用是刀具快速移动到程序段指定的位置而达到设定工件坐标系的目的。（　）

158. 直线插补程序段中或直线插补程序段前必须指定进给速度。 （ ）

159. 圆弧插补 G02 和 G03 的顺逆判别方向是：沿着垂直插补平面的坐标轴的负方向向正方向看去，顺时针方向为 G02，逆时针方向为 G03。 （ ）

160. 圆弧插补时 Z 坐标的圆心坐标符号用 J 表示。 （ ）

161. 在某一程序段中，圆弧插补整圆其终点重合于起点，用 R 无法定义，所以用圆心坐标编程。 （ ）

162. G04 执行期间主轴在指定的短时间内停止转动。 （ ）

163. 数控铣削刀具补偿功能包含刀具半径补偿和刀具长度补偿。 （ ）

164. 刀具半径补偿取消用代码 G40，如：G40 G02 X20.0 Y0 R5.0；该程序段执行后刀补被取消。 （ ）

165. 刀具补偿寄存器内存入的是负值表示实际补偿方向取反。 （ ）

166. 刀具补偿有三个过程是指 G41、G42 和 G40 三个过程。 （ ）

167. B 功能刀具补偿，可以自动完成轮廓之间的转接。 （ ）

168. 设 H01 = -2mm，执行 N10 G90 G00 Z5.0；N20 G43 G01 Z-20.0 H01；其中 N20 实际插补移动量为 22mm。 （ ）

169. 数控铣一内轮廓圆弧形零件，如铣刀直径改小 1mm（假设刀补不变），则圆弧内轮廓直径也小 1mm。 （ ）

170. 圆弧插补采用半径编程时，一个程序段不能加工整圆。 （ ）

171. G00 的运动轨迹肯定是直线。 （ ）

172. FANUC 车床数控系统中，圆心坐标 I 的规定是半径值编程。 （ ）

173. FANUC 0T 系统中 G90 表示绝对坐标编程。 （ ）

174. 所有机床开机后必须先回零建立机床坐标系。 （ ）

175. 数控铣床的默认加工平面为 XY 平面。 （ ）

二、选择题

1. 液压传动是利用液体的（ ）来进行能量的传递。

A. 动能　B. 势能　C. 压力能　D. 热能

2. 液压系统中的压力继电器属于（ ）。

A. 动力元件　B. 执行元件　C. 控制元件　D. 辅助元件

3. 液压马达是属于液压系统中的（ ）。

A. 动力元件　B. 执行元件　C. 控制元件　D. 辅助元件

4. 液压系统中的蓄能器属于（ ）。

A. 动力元件　B. 执行元件　C. 辅助元件　D. 控制元件

5. 1 工程大气压（kgf/cm^2）单位的压力等于（ ）巴（10^5Pa）。

A. 1　B. 1.02　C. 0.98　D. 9.8

6. 1 工程大气压（kgf/cm^2）单位的压力等于（　　）帕斯卡（N/m^2）。

A. 9.8×10^3　　B. 9.8×10^4　　C. 9.8×10^5　　D. 9.8

7. 1 巴（10^5Pa）单位的压力等于（　　）。

A. $1kgf/cm^2$　　B. $1.02kgf/cm^2$　　C. $0.98kgf/cm^2$　　D. $9.8kgf/cm^2$

8. 液压油的粘度与温度成（　　）。

A. 正比　　B. 反比　　C. 无关　　D. 指数关系

9. 液压油的粘度与压力成（　　）。

A. 正比　　B. 反比　　C. 无关　　D. 指数关系

10. 液压油的牌号是采用（　　）的值来标号的。

A. 动力粘度　　B. 运动粘度　　C. 相对粘度　　D. 恩氏粘度

11. 由于测量的仪器不同，各国相对粘度的表示也不同，我国采用的是（　　）。

A. 恩氏粘度　　B. 赛氏粘度　　C. 雷氏粘度　　D. 赛氏通用粘度

12. N32 号液压油是指油温在 40℃时的（　　）平均值为 32cSt 左右。

A. 动力粘度　　B. 相对粘度　　C. 运动粘度　　D. 恩氏粘度

13. N46 号液压油是指运动粘度的平均值约 46cSt，测量时的油温为（　　）。

A. 40℃　　B. 45℃　　C. 50℃　　D. 30℃

14. 用来测量液压系统中液体压力的压力表一般所指示的压力为（　　）。

A. 绝对压力　　B 相对压力　　C. 真空度　　D. 大气压

15. 液体在直径不变的直管中流动时，其压力损失与流速成（　　）。

A. 正比　　B. 反比　　C. 无关　　D. 指数关系

16. 通过管内不同截面的液流速度与其横截面的大小成（　　）。

A. 正比　　B. 反比　　C. 无关　　D. 指数关系

17. 液压系统中的压力取决于（　　）。

A. 外负载　　B. 流量　　C. 流速　　D. 截面积

18. 液压系统中由泄漏引起的损失为（　　）。

A. 压力效率　　B. 机械效率　　C. 容积效率　　D. 损失效率

19. 液体在直径不变的管道内流动时，各点的压力是（　　）。

A. 前大后小　　B. 处处相等　　C. 前小后大　　D. 不确定

20. 液体在直径不同的管道内流动时，各个截面上的（　　）与管道的截面成反比。

A. 流量　　B. 流速　　C. 压力　　D. 作用力

21. 当液压缸的截面积一定时，液压缸（或活塞）的运动速度取决于进入液压缸的液体的（　　）。

A. 流量　　B. 流速　　C. 压力　　D. 不确定

22. 当液压缸的截面积一定时，作用于液压缸（或活塞）上的外力越大时，缸内的压力也就（　　）。

A. 越大　　B. 越小　　C. 不变　　D. 波动

23. 液压系统中的功率是（　　）的乘积。

A. 速度和作用力　B. 作用力和流量　C. 流量和压力　D. 速度和流量

24. 液体在管道内流动，其流量是（　　）的乘积。

A. 流速和截面积　B. 截面积和压力　C. 压力和作用力　D. 压力和流速

25. 液压系统中的空穴现象是由于系统中压力（　　）至某一值所引起的。

A. 升高　　B. 降低　　C. 波动　　D. 稳定

26. 金属切削刀具切削部分的材料应具备（　　）要求。

A. 高硬度、高耐磨性、高耐热性　B. 足够的强度与韧性

C. 良好的工艺性　　D. A、B、C 都是

27. 抗弯强度最好的刀具材料是（　　）。

A. 硬质合金　B. 合金工具钢　C. 高速钢　D. 人造金刚石

28. 制造较高精度、切削刃形状复杂并用于切削钢材的刀具，其材料应选用（　　）。

A. 碳素工具钢　B. 硬质合金　C. 高速工具钢　D. 立方氮化硼

29. 常用硬质合金的牌号（　　）主要适用于铸铁、有色金属及其合金的粗加工，也可用于断续切削。

A. K01　　B. K10　　C. K20　　D. K30

30. 常用硬质合金的牌号（　　）主要适用于碳钢、合金钢的精加工。

A. P01　　B. P10　　C. P20　　D. P30

31. 切削相同工件材料，（　　）刀具材料可取较大的前角。

A. 高速钢　　B. 硬质合金　　C. 陶瓷　　D. 立方氮化硼

32. 增大刀具的前角能（　　）。

A. 增大切削变形　　B. 增大切削力

C. 抑制积屑瘤　　D. 增大切削刃强度

33. 定尺寸刀具（如圆孔拉刀、铰刀等）应选择较小（　　），以增加重磨次数，延长刀具使用寿命。

A. 前角　　B. 后角　　C. 刃倾角　　D. 主偏角

34. 增大刀具的后角能（　　）。

A. 减少刀具磨损　　B. 增大切削刃强度

C. 增加散热条件　　D. 增大切削变形

35. 在车削细长轴时，为了减小工件的变形和振动，故采用较大（　　）的车刀进行切削，以减小径向切削分力。

A. 前角　　B. 后角　　C. 刃倾角　　D. 主偏角

36. 在刀具的几何角度中，(　　) 越小，刀尖强度越大，工件加工后的表面粗糙度值越小。

A. 前角　　B. 后角　　C. 刃倾角　　D. 主偏角

37. 在断续切削时，能起控制切削刃在切入与切出平稳性的刀具几何角度是(　　)。

A. 前角　　B. 后角　　C. 刃倾角　　D. 主偏角

38. 在刀具的几何角度中，(　　) 增大，背向力减小，进给力增大。

A. 前角　　B. 后角　　C. 刃倾角　　D. 副偏角

39. 切削塑性较大的金属材料时，形成 (　　) 切屑。

A. 带状　　B. 节状　　C. 粒状　　D. 崩碎

40. 切削塑性金属时，形成带状切屑时切削过程最平稳，切削波动最小，形成 (　　) 对切削波动最大。

A. 带状切屑　　B. 节状切屑　　C. 粒状切屑　　D. 崩碎切屑

41. 关于积屑瘤对切削加工的影响，下列说法不正确的是 (　　)。

A. 容易引起振动　　B. 会使切削刃形状发生改变

C. 表面粗糙度值减小　　D. 可以增大刀具前角

42. 切削低碳钢时，避免产生积屑瘤的有效措施是对材料进行 (　　)。

A. 正火　　B. 退火　　C. 淬火　　D. 调质

43. 减小或避免积屑瘤的有效措施之一是：采用大 (　　) 刀具切削，以减少刀具与切屑接触的压力。

A. 前角　　B. 后角　　C. 刃倾角　　D. 主偏角

44. 外圆车削时，a_p 增加 1 倍，则总切削力 (　　)。

A. 增大约不到 2 倍　　B. 增大约 1 倍

C. 减小约 1 倍　　D. 不变化

45. 在切削金属材料时，属于正常磨损中最常见的情况是 (　　) 磨损。

A. 前面　　B. 后面　　C. 前后面同时　　D. 副后面

46. 刀具磨损过程的三个阶段中，作为切削加工应用的是 (　　) 阶段。

A. 初期磨损　　B. 正常磨损　　C. 急剧磨损　　D. A 和 B

47. 在切削加工中，切削速度对切削温度的影响 (　　)。

A. 很大　　B. 不变　　C. 较小　　D. 很小

48. 在切削过程中，切削油主要起 (　　) 作用。

A. 冷却　　B. 润滑　　C. 清洗　　D. 防锈

49. 切削液中，水溶液主要用于 (　　)。

A. 车削　　B. 铣削　　C. 钻削　　D. 磨削

50. 一般在切削速度较高，切削厚度较大情况下，加工塑性金属材料时，所发生的磨损往往在刀具的（　　）上。

A. 前面　　B. 后面　　C. 副后面　　D. 刀尖

51. 当刀具超过一定温度时，刀具材料的金相组织发生变化，硬度显著下降，从而使刀具迅速磨损，这种现象称为（　　）磨损。

A. 磨粒　　B. 粘接　　C. 扩散　　D. 相变

52. （　　）是指工件或切屑上的硬质点将刀具表面上的微粒擦掉而造成的磨损。

A. 磨粒　　B. 粘接　　C. 扩散　　D. 氧化

53. （　　）磨钝标准是以加工精度和表面粗糙度为前提制订的。

A. 荒加工　　B. 粗加工　　C. 半精加工　　D. 精加工

54. （　　）磨钝标准是按正常磨损阶段终了时的磨损值来制订的。

A. 荒加工　　B. 粗加工　　C. 半精加工　　D. 精加工

55. 当磨钝标准相同时，刀具寿命越大表示刀具磨损（　　）。

A. 越快　　B. 越慢　　C. 不变　　D. 不定

56. 在不产生振动和工件形状允许的前提下，（　　）的主偏角，能使切削刃强度提高，散热条件改善，可延长刀具寿命。

A. 0°　　B. 较小　　C. 较大　　D. 较小负值

57. 切削用量对刀具寿命的影响中，（　　）。

A. v_c 最大，f 其次，a_p 最小　　B. f 最大，a_p 其次，v_c 最小

C. a_p 最大，v_c 其次，f 最小　　D. a_p 最大，f 其次，v_c 最小

58. 刃磨钻头的砂轮，其硬度为（　　）。

A. 中软级　　B. 中级　　C. 中硬级　　D. 硬级

59. 关于磨削加工的特点，下列说法不正确的是（　　）。

A. 磨粒呈负前角　　B. 磨削比能大

C. 磨粒的切削速度高　　D. 磨削时产生的热量

60. 磨削淬硬的高碳钢、高速钢材料时，宜选用（　　）磨料的砂轮。

A. 绿碳化硅　　B. 棕刚玉　　C. 黑碳化硅　　D. 白刚玉

61. 磨削铸铁和黄铜时，宜选用（　　）磨料的砂轮。

A. 绿碳化硅　　B. 棕刚玉　　C. 黑碳化硅　　D. 白刚玉

62. 关于砂轮粒度的选用，下列说法不正确的是（　　）。

A. 精磨时，选粒度号较大的　　B. 磨削硬金属，选粒度号较大的

C. 成形磨削时，选粒度号较小的　　D. 砂轮与工件接触面积大时，选粒度号较小的

63. 用（　　）结合剂制成的砂轮，目前应用范围最广。

A. 陶瓷　　B. 树脂　　C. 橡胶　　D. 金属

64. 关于砂轮硬度的选用，下列说法不正确的是（　　）。

A. 磨削导热性差工件时，选较软砂轮

B. 磨削硬材料，选较软砂轮

C. 成形磨削时，选较软砂轮

D. 砂轮与工件接触面积大时，选较软砂轮

65. 机械加工工艺过程能使（原）材料或毛坯改变（　　）和表面质量。

A. 形状、尺寸　B. 热处理　C. 表面硬度　D. 性能

66. 一个工序的定义，强调的是（　　）。

A. 工作地点固定与工作连续　B. 只能加工一个工件

C. 只能是一个工人完成　D. 只能在一台机床上完成

67. 阶梯轴的加工过程中“调头继续车削”属于一个（　　）。

A. 工序　B. 工步　C. 安装　D. 进给

68. 在机械加工过程中，工件（或装配单元）经一次装夹后所完成的那部分工序称为（　　）。

A. 工位　B. 工步　C. 安装　D. 进给

69. 阶梯轴的加工过程中“调头继续车削”属于变换了一个（　　）。

A. 工序　B. 工步　C. 安装　D. 进给

70. 在镗床上镗箱体孔，先镗孔的一端，然后，工作台回转 180°，再镗孔的另一端，该加工过程属于（　　）。

A. 两道工序　B. 两个工步　C. 两个工位　D. 两次安装

71. 将一个法兰工件装在分度头上钻 6 个等分孔，钻好一个孔要分度一次，钻第二个孔。钻削该工件 6 个孔，就有（　　）。

A. 6 个工位　B. 6 道工序　C. 6 次安装　D. 6 次进给

72. 在机械加工中，在加工表面和加工工具不变的情况下，所连续完成的那一部分工序称为（　　）。

A. 工位　B. 工步　C. 安装　D. 进给

73. 在摇臂钻床上加工一个工件上 6 个相同孔，钻好一个孔钻第二个孔，钻削该工件 6 个孔，就有（　　）。

A. 1 个工步　B. 6 个工步　C. 1 次进给　D. 6 次进给

74. 在机械加工中，批量是指（　　）。

A. 每批投入制造的零件数　B. 每年投入制造的零件数

C. 一个工人一年加工的零件数　D. 在一个产品中的零件数

75. （　　）的特点是工件的数量较多，成批地进行加工，并会周期性的重复生产。

A. 单件生产　B. 成批生产

C. 单件小批生产　　　　　　　　D. 大批大量生产

76. 单件小批生产的特征之一是（　　）。

A. 毛坯粗糙，工人技术水平要求低

B. 毛坯粗糙，工人技术水平要求高

C. 毛坯精化，工人技术水平要求低

D. 毛坯精化，工人技术水平要求高

77. 关于成批生产的工艺特征，下列说法不正确的是（　　）。

A. 需要一定熟练程度的工人　　　B. 采用通用机床+高生产率机床

C. 毛坯加工余量中等　　　　　　D. 简单的工艺路线卡

78. 机械加工中，基准是（　　）。

A. 用来确定生产对象上几何要素关系的点、线、面

B. 在工件上特意设计的测量点

C. 工件上与机床接触的点

D. 工件的运动中心

79. 零件在加工过程中使用的基准称为（　　）。

A. 设计基准　　B. 装配基准　　C. 定位基准　　D. 测量基准

80. 套类零件以心轴定位车削外圆时，其定位基准面是（　　）。

A. 心轴外圆柱面　　　　　　　B. 工件内圆柱面

C. 心轴中心线　　　　　　　　D. 工件孔中心线

81. 轴类零件以V形架定位时，其定位基准面是（　　）。

A. V形架两斜面　　　　　　　B. 工件外圆柱面

C. V形架对称中心线　　　　　D. 工件轴中心线

82. 对粗基准的选择的说法不正确的一项是（　　）。

A. 粗基准可以在第一道工序中使用多次

B. 选取重要的表面作为粗基准

C. 对于所有表面都要加工的零件，就选择余量和公差最小的表面作粗基准

D. 当零件上有好几个不加工的表面，应选择与加工表面精度要求高的表面作为粗基准

83. 关于粗基准的选择，下述说法中正确的是（　　）。

A. 粗基准选得合适，可重复使用

B. 为保证其重要加工表面的加工余量小而均匀，应以该重要表面作粗基准

C. 选加工余量最大的表面作粗基准

D. 粗基准的选择，应尽可能使加工表面的金属切除量总和最大

84. 直接选用加工表面的（　　）作为定位基准称为基准重合原则。

A. 精基准　　B. 粗基准　　C. 工艺基准　　D. 设计基准

85. 轴类零件常用两中心孔作为定位基准，下列说法不正确的是（　　）。

A. 符合基准统一原则　　B. 符合基准重合原则

C. 属于辅助基准　　D. 符合自为基准

86. 在尺寸链中，当其他尺寸确定后，最后产生的一个环是（　　）。

A. 增环　　B. 减环　　C. 封闭环　　D. 尺寸环

87. 构成尺寸链的每一尺寸称为“环”，一般由封闭环、增环和（　　）组成。

A. 开环　　B. 乘环　　C. 闭环　　D. 减环

88. ΣT_i 为所有增环公差之和，ΣT_j 为所有减环公差之和，那么，封闭环公差为（　　）。

A. ΣT_i　　B. ΣT_j　　C. $\Sigma T_i + \Sigma T_j$　　D. $\Sigma T_i - \Sigma T_j$

89. ΣES_i 表示所有增环的上极限偏差之和，ΣEI_i 表示所有增环的下极限偏差之和，ΣES_j 表示所有减环的上极限偏差之和，ΣEI_j 表示所有减环的下极限偏差之和，那么，封闭环的下极限偏差为（　　）。

A. $\Sigma EI_i + \Sigma ES_j$　　B. $\Sigma EI_i - \Sigma ES_j$　　C. $\Sigma EI_i + \Sigma EI_j$　　D. $\Sigma EI_i - \Sigma EI_j$

90. 在机床上加工工件时，加工前需要使工件在机床上占有正确的位置，称为（　　）。

A. 定位　　B. 夹紧　　C. 夹具　　D. 夹具体

91. 夹具按其作用和功能，可由定位元件、夹紧装置、（　　）、夹具体等元件组成。

A. 钻套　　B. 定位销　　C. 刀具　　D. 对刀元件

92. 在机床夹具中，（　　）是用来确定工件在夹具中的位置。

A. 定位装置　　B. 夹紧装置　　C. 导向元件　　D. 夹具体

93. 在机床夹具中，（　　）是用来保证夹具与刀具之间的正确位置。

A. 定位装置　　B. 夹紧装置　　C. 导向元件　　D. 夹具体

94. 关于机床夹具的作用，下列说法不正确的是（　　）。

A. 易保证工件的加工精度　　B. 操作者技术等级可降低

C. 适用于单件生产中　　D. 生产成本降低

95. 在机床夹具中，（　　）是一种由一套标准元件组装而成的夹具。

A. 通用夹具　　B. 专用夹具　　C. 成组夹具　　D. 组合夹具

96. 在机械加工中，经常使用的自定心卡盘、机用虎钳、分度头等机床附件属于（　　）。

A. 通用夹具　　B. 随行夹具　　C. 成组夹具　　D. 组合夹具

97. 工件在夹具中定位时，按照定位原则最多限制（　　）自由度。

A. 五个　　B. 六个　　C. 七个　　D. 八个

98. 不在一条直线上的三个支承点，可以限制工件的（　　）自由度。

A. 两个　　B. 三个　　C. 四个　　D. 五个

99. 在定位方式中，工件的（　　）自由度全部被限制，因而工件在夹具中处于完全确定的位置，称为完全定位。

A. 五个　　B. 六个　　C. 七个　　D. 八个

100. 在定位方式中，工件的六个自由度没有全部被限制，就不能称为（　　）。

A. 欠定位　　B. 不完全定位　　C. 完全定位　　D. 过定位

101. 半圆套定位装置，其下部的半圆套起（　　）作用。

A. 导向　　B. 定位　　C. 夹紧　　D. 分度

102. 只有在（　　）精度很高时，过定位才允许采用，且有利于增加工件的刚度。

A. 导向元件　　B. 定位基准和定位元件

C. 夹紧机构　　D. 分度装置

103. 工件在安装定位时，根据加工技术要求实际限制的自由度数少于六个，且不能满足加工要求，这种情况称为（　　）。

A. 欠定位　　B. 不完全定位　　C. 完全定位　　D. 过定位

104. 机械加工中，（　　）是绝对不允许出现的。

A. 欠定位　　B. 不完全定位　　C. 完全定位　　D. 过定位

105. 在夹具的具体结构中，常以一块矩形支承板元件代替理论上的（　　）支承点。

A. 两个　　B. 三个　　C. 四个　　D. 五个

106. 在夹具的具体结构中，常以两块等高的条形支承板元件代替理论上的（　　）支承点。

A. 两个　　B. 三个　　C. 四个　　D. 五个

107. 在夹具中，短定位销作工件上圆柱孔的定位元件，可以限制工件的（　　）自由度。

A. 两个　　B. 三个　　C. 四个　　D. 五个

108. 在夹具中，长圆柱心轴作工件上圆柱孔的定位元件，可以限制工件的（　　）自由度。

A. 两个　　B. 三个　　C. 四个　　D. 五个

109. 在夹具中，较长的V形架作工件上圆柱表面的定位元件，可以限制工件的（　　）自由度。

A. 两个　　B. 三个　　C. 四个　　D. 五个

110. 在夹具中，短的V形架作工件上圆柱表面的定位元件，可以限制工件的（　　）自由度。

A. 两个　　B. 三个　　C. 四个　　D. 五个

111. 在夹具中，短的定位套作工件上外圆柱表面的定位元件，可以限制工件的（　　）自由度。

A. 两个　　B. 三个　　C. 四个　　D. 五个

112. 在车削中，以两顶尖装夹工件，可以限制工件的（　　）自由度。

A. 两个　　B. 三个　　C. 四个　　D. 五个

113. 在车削中，以两顶尖装夹工件，其中固定顶尖可以限制工件的（　　）自由度。

A. 三个转动　　B. 三个移动

C. 一个转动两个移动　　D. 两个移动一个转动

114. 采用“两面一销”定位，销指的是（　　）。

A. 短圆柱销　　B. 圆锥销　　C. 削边销　　D. 长圆柱销

115. 用“一面两销”定位，两销指的是（　　）。

A. 两个短圆柱销　　B. 短圆柱销和短圆锥销

C. 短圆柱销和削边销　　D. 短圆锥销和削边销

116. 辅助支承是每加工（　　）工件要调整一次。

A. 一个　　B. 十个　　C. 一批　　D. 十批

117. 基准位移误差的大小与（　　）有关。

A. 本道工序要保证的尺寸大小和技术要求

B. 本道工序的设计基准与定位基准之间的位置误差

C. 定位元件和定位基准面本身的制造误差

D. 工件夹紧形式

118. 在工件定位过程中，下列项（　　）不是产生定位误差的原因。

A. 工件定位基面的制造误差

B. 定位元件工作表面的制造误差

C. 工序基准与测量基准不重合误差

D. 工序基准与定位基准不重合误差

119. 保证已确定的工件位置在加工过程中不发生变更的装置，称为（　　）装置。

A. 定位　　B. 夹紧　　C. 导向　　D. 联接

120. 夹紧力方向应朝向工件（　　）的方向。

A. 刚度较好　　B. 刚度较差　　C. 面积大　　D. 面积小

121. 为保证工件在夹具中加工时不会引起振动，夹紧力的作用点应选择在（　　）的表面。

A. 工件未加工　　B. 靠近加工　　C. 工件已加工　　D. 刚度不足的

122. 夹紧力作用点应落在（　　）或几个定位元件所形成的支承区域内。
A. 定位元件　　B. V形架　　C. 支承钉　　D. 支承板
123. 在基本的夹紧机构中，（　　）夹紧机构夹紧行程小、自锁性差，适合于加工负荷小、振动不大的场合。
A. 斜楔　　B. 螺旋　　C. 偏心　　D. 铰链
124. 在基本的夹紧机构中，对工件尺寸公差要求高的是（　　）夹紧机构。
A. 斜楔　　B. 螺旋　　C. 偏心　　D. 铰链
125. （　　）紧机构是指能同时使工件得到定心和夹紧的装置。
A. 斜楔　　B. 螺旋　　C. 偏心　　D. 自动定心
126. 英文缩写 NC 的含义是（　　）。
A. 数字控制　　B. 计算机数字控制
C. 数控机床　　D. 计算机数控机床
127. 英文缩写 CNC 的含义是（　　）。
A. 数字控制　　B. 计算机数字控制
C. 数控机床　　D. 计算机数控机床
128. 数字控制的英文缩写是（　　）。
A. MC　　B. FMC　　C. NC　　D. CNC
129. 柔性制造单元的英文缩写是（　　）。
A. FMS　　B. FMC　　C. MC　　D. CIMS
130. 英文缩写 FMS 的含义是（　　）。
A. 计算机集成制造　　B. 柔性制造单元
C. 柔性制造系统　　D. 加工中心
131. 普通数控机床的脉冲当量一般采用（　　）。
A. 0.1mm　　B. 0.01mm　　C. 0.001mm　　D. 0.0001mm
132. 世界上第一台数控机床诞生年代是（　　）。
A. 70年代　　B. 60年代　　C. 50年代　　D. 40年代
133. 世界上第一台数控机床是（　　）。
A. 加工中心　　B. 数控冲床　　C. 数控车床　　D. 数控铣床
134. 对数控程序进行译码、存储、运算处理的组成部分是（　　）。
A. 伺服系统　　B. 检测装置　　C. 控制介质　　D. 数控装置
135. 对数控机床的工作性能、加工精度和效率影响最大的部分是（　　）。
A. 伺服系统　　B. 检测装置　　C. 控制介质　　D. 数控装置
136. 数控机床中把脉冲信号转换成机床移动部件运动的组成部分称为（　　）。
A. 检测装置　　B. 伺服系统　　C. 控制介质　　D. 数控装置
137. 数控铣床增加一个数控回转工作台后，可控制轴数是（　　）。

A. 2 轴　　B. 3 轴　　C. 4 轴　　D. 5 轴

138. 一般五轴联动控制的数控机床包含了（　　）。

A. 5 个移动轴　　B. 4 个移动轴和 1 个旋转轴

C. 2 个移动轴和 3 个旋转轴　　D. 3 个移动轴和 2 个旋转轴

139. 目前，数控车床、数控铣床的运动方式通常是（　　）。

A. 点位控制　　B. 点位直线控制　　C. 轮廓控制　　D. 直线控制

140. 开环控制系统机床的伺服驱动执行元件通常使用（　　）。

A. 直线电动机　　B. 交流电动机　　C. 直流电动机　　D. 步进电动机

141. 闭环进给伺服系统与半闭环进给伺服系统主要区别在于（　　）。

A. 检测单元　　B. 伺服单元　　C. 位置控制器　　D. 控制对象

142. 数控程序目前用得最多的控制介质是（　　）。

A. 穿孔纸带　　B. 磁盘

C. 光盘　　D. 数控机床读写存储器

143. 零件加工程序是由一个个程序段组成的，而一个程序段则是由若干（　　）组成的。

A. 地址　　B. 地址符　　C. 指令　　D. 指令字

144. 零件加工程序的程序段由若干个（　　）组成的。

A. 功能字　　B. 字母　　C. 参数　　D. 地址

145. 程序段格式目前常用的是（　　）。

A. 固定格式　　B. 字符地址格式　　C. 标准格式　　D. 规定顺序格式

146. 关于程序段号作用的叙述，下列正确是（　　）。

A. 有些系统可以省略，所以没有作用

B. 判定程序段的先后顺序

C. 为了修改程序时排序插入程序段

D. 是转移、调用时的地址入口

147. 下列正确的功能字是（　　）。

A. N8.5　　B. N#1　　C. N-3D　　D. N0005

148. 下列不正确的功能字是（　　）。

A. N8.0　　B. N100　　C. N03　　D. N0005

149. FANUC-0T 系统程序段 G98 F50 表示（　　）。

A. 进给速度为 50mm/min　　B. 主轴线速度为 50m/min

C. 进给速度为 50mm/r　　D. 主轴线速度为 50mm/s

150. 在 FANUC-0T 系统中，G99 F10 表示（　　）。

A. 进给速度 10m/min　　B. 进给速度 10mm/min

C. 进给速度 10mm/r　　D. 进给速度 10m/r

151. 数控机床的S功能常用（　　）单位。

A. m/min　　B. mm/min 或 mm/r

C. m/r　　D. r/min

152. 数控机床的F功能常用（　　）单位。

A. m/s　　B. mm/min 或 mm/r

C. m/min　　D. r/s

153. G02 指令与下列的（　　）指令是同一组的。

A. G00　　B. G01　　C. G03　　D. G04

154. 在同一个程序段中可以指定几个不同组的G代码，如果在同一个程序段中指令了两个以上的同组G代码时，只有（　　）G代码有效。

A. 最前一个　　B. 最后一个　　C. 任何一个　　D. 程序段错误

155. G57 指令与下列的（　　）指令不是同一组的。

A. G56　　B. G55　　C. G54　　D. G53

156. 下列G指令中（　　）是非模态指令。

A. G00　　B. G40　　C. G04　　D. G54

157. 只在本程序段有效，以下程序段需要时必须重写的G代码称为（　　）。

A. 模态代码　　B. 续效代码　　C. 非模态代码　　D. 单步执行代码

158. 在 FANUC 系统中，下列程序段中不正确的是（　　）。

A. G04 P1.5　　B. G04 X2　　C. G04 X0.500　　D. G04 U1.5

159. 数控机床的脉冲当量是指数控机床移动部件的（　　）。

A. 每分钟移动量　　B. 每分钟进给量

C. 每秒钟移动量　　D. 每个脉冲信号所产生的移动量

160. 数控系统所规定的最小设定单位就是数控机床的（　　）。

A. 运动精度　　B. 加工精度　　C. 脉冲当量　　D. 传动精度

161. 数控机床的脉冲当量就是（　　）。

A. 脉冲频率　　B. 每分钟脉冲的数量

C. 移动部件最小理论移动量　　D. 每个脉冲的时间周期

162. 数控车床的基本控制轴数是（　　）。

A. 一轴　　B. 二轴　　C. 三轴　　D. 四轴

163. 数控机床的标准坐标系是以（　　）确定的。

A. 右手笛卡儿直角坐标系　　B. 绝对坐标系

C. 相对坐标系　　D. 极坐标系

164. 右手直角坐标系中（　　）表示为Z轴。

A. 拇指　　B. 食指　　C. 中指　　D. 无名指

165. 不同结构布局、不同运动方式的数控机床，编程时都假定刀具相对于工件运动，该运动是指（　　）。

A. 切削主运动　　B. 进给运动　　C. 辅助运动　　D. 成形运动

166. 下列关于数控编程时假定机床运动的叙述，正确的是（　　）。

A. 数控机床实际进给运动是工件为假设依据

B. 数控机床实际主运动是刀具为假设依据

C. 统一假定数控切削主运动是刀具，工件静止

D. 统一假定数控进给运动是刀具，工件静止

167. 确定数控机床坐标轴时，一般应先确定（　　）。

A. X 轴　　B. Y 轴　　C. Z 轴　　D. C 轴

168. 数控机床 Z 轴（　　）。

A. 与工件装夹平面垂直　　B. 与工件装夹平面平行

C. 与主轴轴线平行　　D. 是水平安置

169. 数控机床坐标系中平行机床主轴的直线运动的轴为（　　）。

A. X 轴　　B. Y 轴　　C. Z 轴　　D. U 轴

170. 旋转的轴心线与机床主轴重合或平行的旋转坐标轴是（　　）。

A. A 轴　　B. I 轴　　C. C 轴　　D. W 轴

171. 绕 X 轴旋转的回转运动坐标轴是（　　）。

A. A 轴　　B. B 轴　　C. U 轴　　D. I 轴

172. 在直角坐标系中 A、B、C 轴与 X、Y、Z 的坐标轴线的关系是前者分别（　　）。

A. 绕 X、Y、Z 的轴线转动　　B. 与 X、Y、Z 的轴线平行

C. 与 X、Y、Z 的轴线垂直

D. 与 X、Y、Z 是同一轴，只是增量表示

173. 数控机床上有一个机械原点，该点到机床坐标零点在进给坐标轴方向上的距离可以在机床出厂时设定，该点称（　　）。

A. 换刀点　　B. 工件坐标原点

C. 机床坐标原点　　D. 机床参考点

174. 数控刀具的刀位点就是在数控加工中的（　　）。

A. 对刀点

B. 刀架中心点

C. 代表刀具在坐标系中位置的理论点

D. 换刀位置的点

175. ISO 标准规定绝对尺寸方式的指令为（　　）。

A. G90　　B. G91　　C. G92　　D. G98

176. 某一程序 N70 G00 X80.0 Z80.0；N80 X50.0 Z30.0；执行完之后，说

明 N80 中（　　）。

A. X 轴移动 50mm，Z 轴移动 30mm

B. X 轴移动 80mm，Z 轴移动 80mm

C. X 轴移动 30mm，Z 轴移动 50mm

D. X 轴移动 130mm，Z 轴移动 110mm

177. 在同一程序段中同时使用 X、W 的编程方式为（　　）。

A. 绝对值方式　　B. 增量值方式　　C. 混合方式　　D. 相对值方式

178. G00 X30 Z6.0；G01 W15.0 F0.5；执行后实际插补移动量为（　　）。

A. 6mm　　B. 9mm　　C. 15mm　　D. 21mm

179. G01 U24.0 W-16.0 F0.4；执行后，刀具移动了（　　）。

A. 8mm　　B. 20mm　　C. 28mm　　D. 40mm

180. 用于机床开关指令的辅助功能的指令代码是（　　）。

A. K 代码　　B. F 代码　　C. S 代码　　D. M 代码

181. 表示切削液关闭的指令是（　　）。

A. M06　　B. M07　　C. M08　　D. M09

182. 表示第一切削液打开的指令是（　　）。

A. M06　　B. M07　　C. M08　　D. M09

183. 表示第二切削液打开的指令是（　　）。

A. M06　　B. M07　　C. M08　　D. M09

184. 表示程序结束运行，光标和屏幕显示自动返回程序的开头处，该指令是（　　）。

A. M00　　B. M01　　C. M02　　D. M30

185. 表示程序结束运行的指令是（　　）。

A. M00　　B. M01　　C. M02　　D. M09

186. 表示主程序结束运行的指令是（　　）。

A. M00　　B. M02　　C. M05　　D. M99

187. 辅助功能中与主轴有关的指令是（　　）。

A. M06　　B. M09　　C. M01　　D. M05

188. G97 S_ ；中 S 后面的数值表示（　　）。

A. 转数　　B. 切削速度　　C. 进给速度　　D. 移动速度

189. 在数控车床中，转速功能字 S 可指定（　　）。

A. m/r　　B. mm/r　　C. r/min　　D. mm/min

190. 数控机床主轴以 800r/min 的转速正转时，其指令应是（　　）。

A. G97 M03 S800　　B. G96 M04 S800

C. M05 S800　　D. G97 M04 S800

191. G96 S120；中的 120 是指（　　）。

A. 转数值　　B. 切削速度值　　C. 进给速度　　D. 背吃刀量

192. 数控机床用恒线速度控制加工端面、锥度和圆弧时，当刀具接近工件中心时，主轴转速会（　　）。

A. 越来越高　　B. 越来越低　　C. 接近零速　　D. 恒定不变

193. 辅助功能中表示程序计划停止的指令是（　　）

A. M00　　B. M01　　C. M02　　D. G04

194. 辅助功能中表示无条件程序暂停的指令是（　　）。

A. M00　　B. M01　　C. M02　　D. M30

195. 执行指令（　　）程序停止运行，若要继续执行下面程序，需按循环启动按钮。

A. M00　　B. M05　　C. M09　　D. M99

196. 指令 G53 是（　　）。

A. 选择机床坐标系　　B. 模态指令

C. 设置机床坐标系　　D. 设置工件坐标系

197. 程序段 G50 X100.0 Z50.0 的作用是（　　）。

A. 刀具快速移动到机床坐标系的点（100，50）

B. 刀具快速移动到工件坐标系的点（100，50）

C. 将刀具当前点作为机床坐标系的点（100，50）

D. 将刀具当前点作为工件坐标系的点（100，50）

198. 使用 G50 指令对刀时，必须把刀具移动到（　　）。

A. 工件坐标原点　　B. 机床坐标原点

C. 已知坐标值的对刀点　　D. 任何一点

199. G00 指令的移动速度值是由（　　）。

A. 数控程序指定　　B. 操作面板指定

C. 机床参数指定　　D. 机床出厂时固定不能改变

200. G01 指令的移动速度值是由（　　）。

A. 数控程序指定　　B. 操作面板指定

C. 机床参数指定　　D. 机床出厂时固定不能改变

201. 直线插补指令使用（　　）功能字。

A. G00　　B. G01　　C. G02　　D. G03

202. 用 G02/G03 指令圆弧编程时，圆心坐标 I、J、K 为圆心相对于（　　）分别在 X、Y、Z 坐标轴上的增量。

A. 圆弧起点　　B. 圆弧终点　　C. 圆弧中点　　D. 圆弧半径

203. 下列关于圆弧插补中半径的叙述，不正确的是（　　）。

A. 零件加工中对整圆轮廓，编程只能用圆心参数法

B. 一个程序段内无法用半径参数插补整圆

C. 已知圆弧的起点、终点和半径，理论上通常有两个圆弧

D. 当圆心角大于180°时半径取负值

204. 下列关于数控加工圆弧插补用半径编程的叙述，正确的是（　　）。

A. 当圆弧所对应的圆心角大于180°时半径取大于零

B. 当圆弧插补程序段中出现半径参数小于零，则表示圆心角大于180°

C. 不管圆弧所对应的圆心角多大，圆弧插补的半径统一取大于零

D. 当圆弧插补程序段中半径参数的正负符号用错，则会产生报警

205. 在G04暂停功能指令中，（　　）参数的单位为ms。

A. X　　B. U　　C. P　　D. Q

206. 执行下列若干段程序段后，累计暂停进给时间是（　　）。

N2 G01 Z－10 F100；N4 G04 P10；N6 G01 Z－20；N8 G04 X10

A. 20秒　　B. 100秒　　C. 11秒　　D. 10.01秒信号

207. 数控铣削刀具补偿有刀具半径补偿和（　　）。

A. 刀具长度补偿　　B. 刀具形状补偿

C. 刀具几何位置补偿　　D. 刀具方向补偿

208. 程序中指定了（　　）时，刀具半径补偿被撤销。

A. G40　　B. G41　　C. G42　　D. G49

209. 在使用G41或G42指令刀补的建立过程中只能用（　）指令。

A. G00　　B. G00或G01　　C. G01或G02　　D. G02或G03

210. 如果H02＝2mm，执行N10 G90 G00 G44 X30.0 Z5.0 H02；N20 G91 G01 Z－20.0 F100；其中N20实际插补移动的深度为（　　）。

A. 18mm　　B. 20mm　　C. 22mm　　D. 25mm

211. G43 G01 Z15.0 H10；其中H10表示（　　）。

A. Z轴的位置增加量是10mm

B. 刀具长度补偿值存放位置的序号是10号

C. 长度补偿值是10mm

D. 半径补偿值是10mm

212. 执行G90 G01 G43 Z－50 H02 F100；（设H02＝－2mm）后，钻孔深度是（　　）。

A. 48mm　　B. 52mm　　C. 50mm　　D. 100mm

213. 用ϕ12mm刀具进行周边外轮廓粗精加工，精加工量为0.4mm，则粗加工刀补偏移量为（　　）。

A. 12.4mm　　B. 5.6mm　　C. 11.6mm　　D. 6.4mm

214. 在数控铣床上用ϕ20mm 铣刀（刀具半径补偿偏置值是 10.3mm），执行 G02 X60.0 Y60.0 R40.0 F120；粗加工 ϕ80mm 内圆弧，测量直径尺寸是 ϕ79.28mm，现精加工则修改刀具半径补偿偏置值为（　　）。

A. 9.64mm　　B. 9.94mm　　C. 10.0mm　　D. 10.36mm

215. 粗加工时刀具半径补偿值的设定是（　　）。

A. 刀具半径　　B. 加工余量

C. 刀具半径 + 加工余量　　D. 刀具半径 - 加工余量

三、简答题

1. 液压传动系统有哪几部分组成？各组成部分的作用是什么？
2. 何谓液体的粘性？
3. 何谓液体的粘度？常用的粘度有哪几种表示？
4. 何谓液体的可压缩性？
5. 选用液压油时应考虑哪些因素？
6. 液压传动中的压力是什么？单位是什么？
7. 何谓帕斯卡定律？
8. 何谓液体的连续性原理？
9. 什么叫液压冲击？减小液压冲击的措施有哪些？
10. 什么叫空穴现象？防止空穴现象的措施有哪些？
11. 钨钴类和钨钛钴类硬质合金的使用性能？
12. 什么是刀具的工作角度？
13. 前角对切削性能有什么影响？
14. 后角对切削性能有什么影响？
15. 主偏角和副偏角对切削性能有什么影响？
16. 刃倾角对切削性能有什么影响？
17. 什么是积屑瘤？
18. 什么是工序、安装、装夹、工位、工步和行程？
19. 生产类型是根据什么划分的？目前生产类型有哪几种？各应用于什么场合？
20. 什么叫装夹？常用的装夹方法有哪些？
21. 定位基准如何分类？它们各自的含义是什么？
22. 简述粗基准的选择原则。
23. 简述粗基准的选择原则。
24. 按照基准统一原则选用精基准有何优点？
25. 什么叫定位？

26. 什么是过定位？以过定位方式进行定位将出现什么不良后果？
27. 确定夹紧力方向应遵循哪些原则？
28. 什么叫不完全定位？
29. 什么叫欠定位？
30. 组合夹具有哪些特点？
31. 简述数控机床的工作过程。
32. 简述数控机床的组成。
33. 简述数控机床的特点。
34. 按工艺用途分，数控机床有哪几类？
35. 简述数控机床的发展趋势。
36. 简述数控机床坐标系的命名原则？
37. 简述数控加工程序的检验方法。
38. 简述圆弧半径左、右补偿的判别方法。
39. 简述数控编程的主要内容。
40. 简述圆弧顺、逆方向的判别方法。

四、应用题

1. 图 1 为车轴端面示意图，请标出（1）主运动方向、进给运动方向、背吃刀量；（2）过渡表面、待加工表面和已加工表面；（3）主偏角、副偏角、前角和后角。

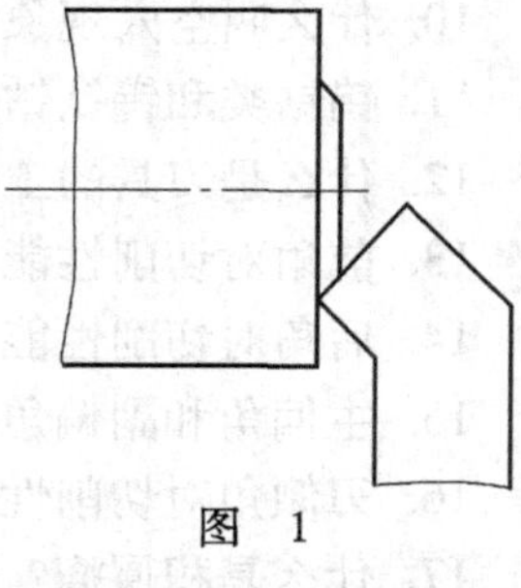

图 1

2. 有一小轴，毛坯为热轧棒料，大量生产的工艺路线为：粗车—半精车—淬火—粗磨—精磨，外圆设计尺寸为 $\phi 30_{-0.013}^{0}$ mm，已知各工序的加工余量和经济精度，试确定各工序尺寸及其极限偏差、毛坯尺寸及粗车余量，并填入下表（余量为双边余量）。

工序名称	工序余量/mm	经济精度/mm	工序尺寸及其极限偏差/mm
毛坯尺寸	4（总余量）	±1	
粗车		0.21（IT12）	
半精车	1.1	0.084（IT10）	
粗磨	0.4	0.033（IT8）	
精磨	0.1	0.013（IT6）	

3. 某主轴箱体主轴孔的设计要求 ϕ100H7，Ra0.8μm。其加工工艺路线为：毛坯—粗镗—半精镗—精镗—浮动镗。已知各工序的加工余量和经济精度，试确

定各工序尺寸及其极限偏差、毛坯尺寸及粗车余量，并填入下表（余量为双边余量）。

工序名称	工序余量/mm	经济精度/mm	工序尺寸及其极限偏差/mm
毛坯尺寸	8(总余量)	±1.2	
粗镗		0.54(IT13)	
半精镗	2.4	0.14(IT10)	
精镗	0.5	0.054(IT8)	
浮动镗	0.1	0.035(IT7)	

4. 试判别图2中各尺寸链中哪些是增环？哪些是减环？

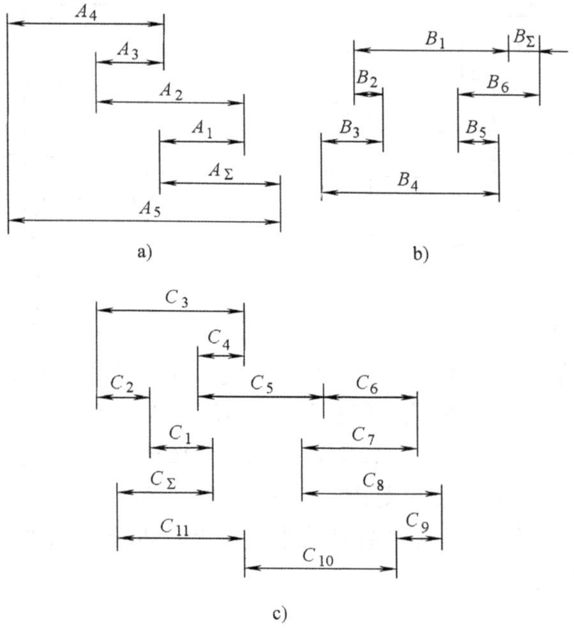

图 2

5. 图3a所示为轴套零件图，当内孔、各外圆及端面均已按图加工完毕，图

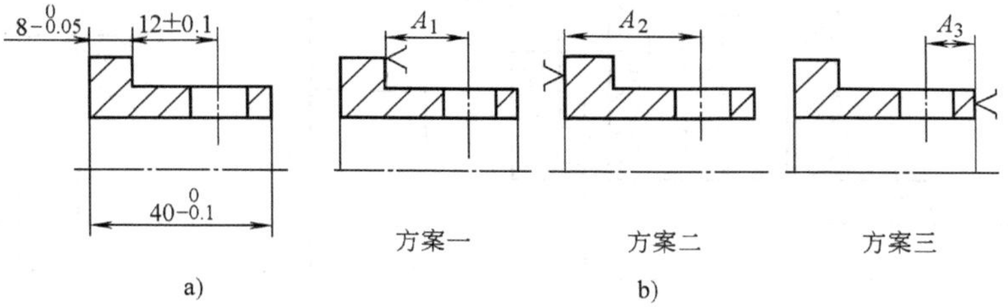

图 3

3b 所示为钻孔时的三种定位方案的加工简图，钻孔时为保证设计尺寸（12 ± 0.1）mm，试计算三种定位方案的工序尺寸及其上、下极限偏差。

6. 图 4 所示零件已在车床上加工完外圆、内孔及各端面，现需在铣床上铣出右端台阶，求试切和调整刀具时的测量尺寸 H、A 及其上、下极限偏差。

7. 图 5 所示为轴套零件，由于设计尺寸 $0.66_{-0.15}^{\ 0}$ mm 不便直接测量，加工时采用：钻、车孔 $\phi6.3_{\ 0}^{+0.05}$ mm；调头车端面 2，保证总长 $11.4_{-0.08}^{\ 0}$ mm；车孔 $\phi7_{\ 0}^{+0.1}$ mm，保证深度 A_3。试分析计算：（1）校核按上述尺寸加工能否保证设计尺寸的要求？（2）合理分配各组成环公差，并求出工序尺寸 A_3。

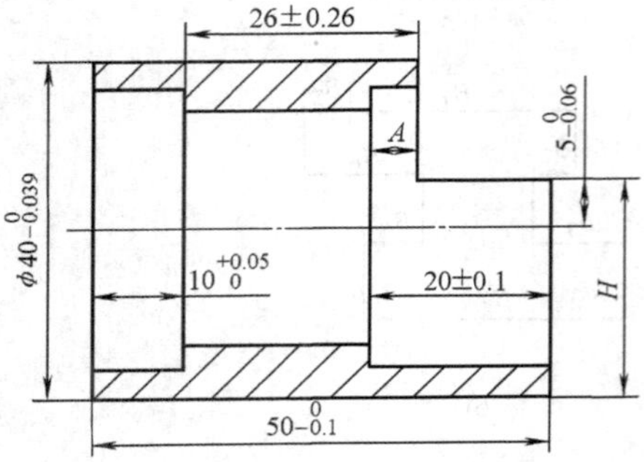

图 4

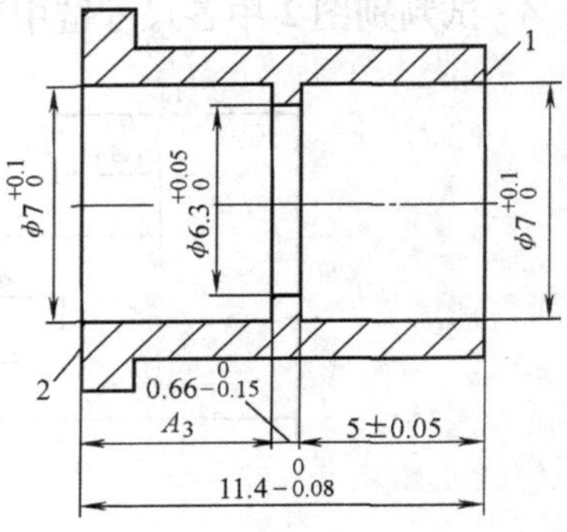

图 5

8. 图 6 所示为零件的尺寸要求，其加工过程为：（1）铣底平面；（2）铣 K 面；（3）钻、扩、铰 ϕ20H8 孔，保证尺寸（125 ± 0.1）mm；（4）加工 M 面，保证尺寸（165 ± 0.3）mm；试求以 K 面定位加工 ϕ16H7 孔的工序尺寸。

9. 图 7 所示为零件的尺寸要求，已知条件：M、N 面及 ϕ25H8 孔已加工。当加工 K 面时，找出便于测量的测量尺寸，试求是否符合精度要求，若不符合，合理分配各组成环公差。

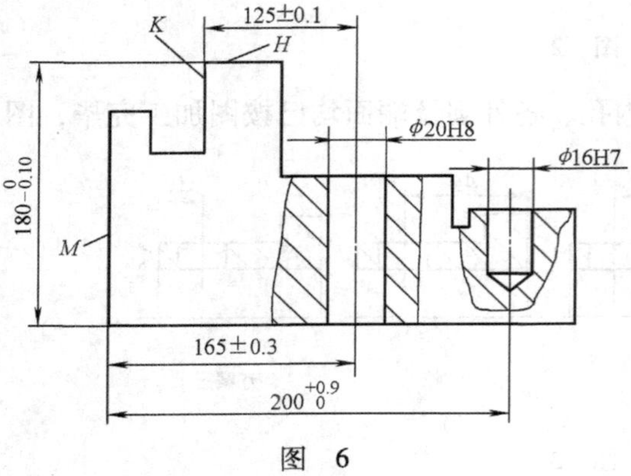

图 6

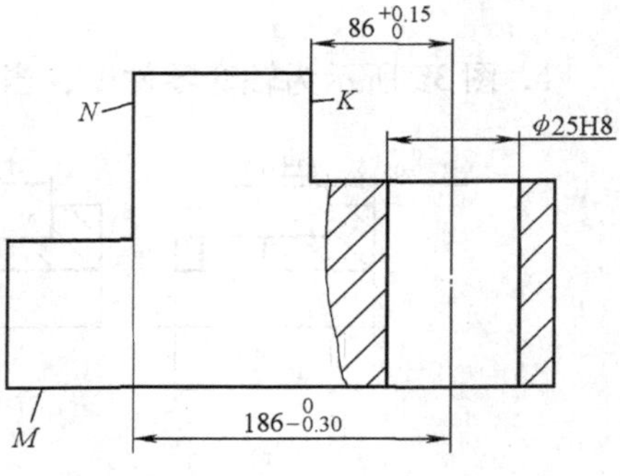

图 7

10. 图 8 所示零件除 $\phi25H7$ 孔外，其他各面均已加工。试求：以 A 面定位加工 $\phi25H7$ 孔的工序尺寸。

11. 根据图 9 所示要求保证所加工的凹槽距轴心线为 $5^{+0.05}_{0}$mm。试分析，加工时的定位基面及工序尺寸。

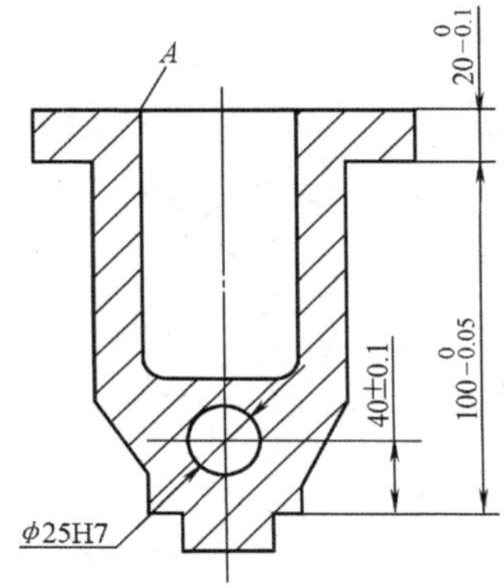

图 8

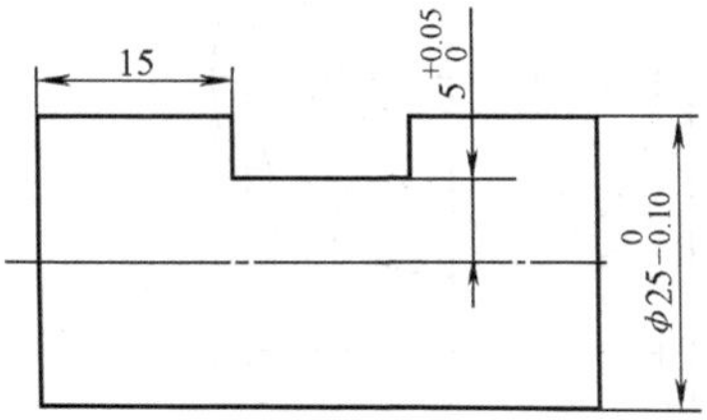

图 9

12. 在卧式车床上按调整法加工一批工件（图 10），若以加工好的大端面 1 为定位基准，加工小端面及台肩面 2，试求相关工序尺寸及其上、下极限偏差。

13. 图 11 所示为齿轮内孔简图，其加工工艺过程如下：

工序Ⅰ　镗内孔至 $A_1=\phi39.6^{+0.10}_{0}$mm

工序Ⅱ　插键槽至 A_2

工序Ⅲ　热处理

工序Ⅳ　磨内孔至 $A_3=\phi40^{+0.025}_{0}$mm，同时保证键槽深度 $A_4=46^{+0.3}_{0}$mm。

求：$A_2=?$

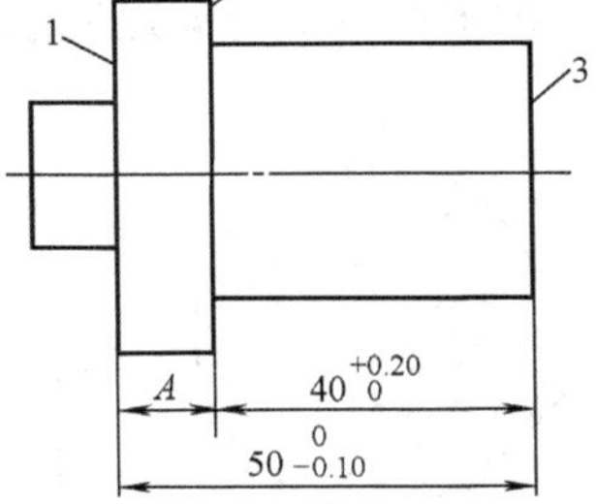

图 10

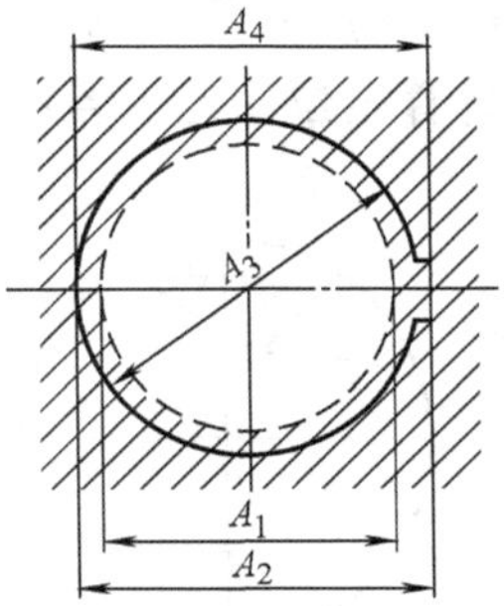

图 11

14. 如图 12 所示，加工主轴要保证键槽深度 $=4^{+0.16}_{0}$mm，其加工工艺过程如下：（1）车外圆至 $\phi28.5^{0}_{-0.1}$mm；（2）铣键槽 H；（3）热处理；（4）磨外圆

至 $\phi28^{+0.024}_{+0.008}$ mm；并保证 $t=4^{+0.16}_{0}$ mm。设磨外圆与车外圆同轴度误差为 0.04mm，试求工序尺寸 H 及其极限偏差。

15. 图 13 所示为在圆盘零件上加工三个圆弧槽，已知槽的半径 $R=50^{+0.3}_{0}$ mm，槽的中心落在外圆 $\phi50^{\ 0}_{-0.1}$ mm 以外的 0.30～0.80mm 处，试选取合理的测量方法并计算其工序尺寸及其上、下极限偏差。

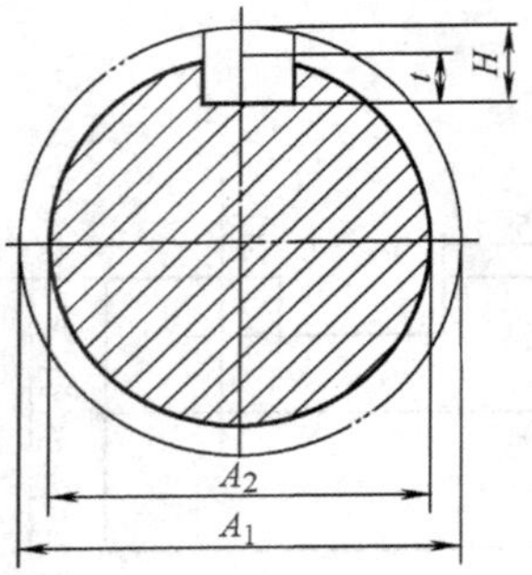

图 12

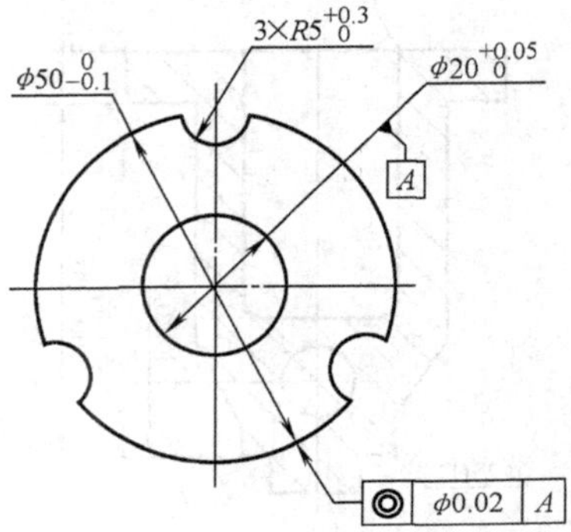

图 13

16. 图 14 所示零件内孔需要渗氮处理，其加工工艺过程如下：

工序Ⅰ　粗磨内孔至 $A_1=\phi144.76^{+0.04}_{0}$ mm

工序Ⅱ　热处理：渗氮层深度 A_4

工序Ⅲ　精磨内孔至 $A_3=\phi145^{+0.04}_{0}$ mm，同时保证渗氮层深度 $A_2=0.3^{+0.20}_{0}$ mm。

试求渗氮处理工序应达到的渗氮层深度 A_4 及极限偏差。

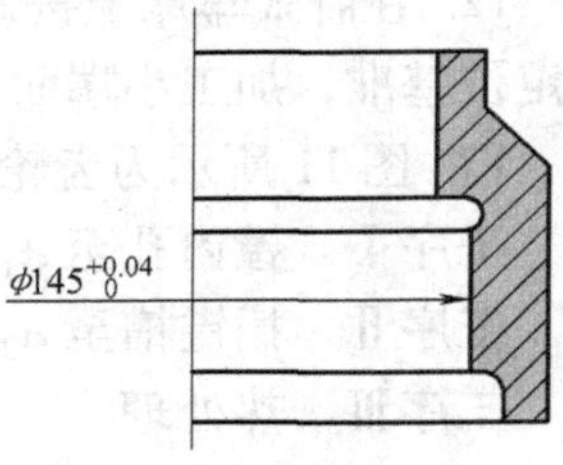

图 14

17. 图 15a 所示零件图，需铣一键槽，用 $\alpha=90°$ 的 V 形块进行装夹（图 15b），试计算定位误差。若不考虑其他误差，其加工精度能否满足要求？

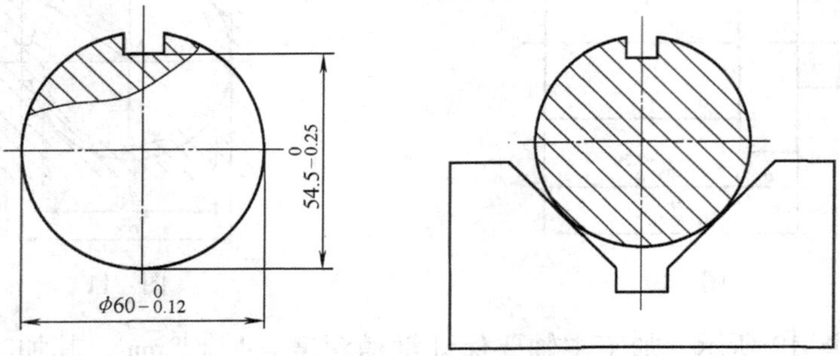

a)　　　　b)

图 15

18. 如图 16 所示，要在 $\phi 80_{-0.14}^{\ 0}$ mm 圆柱体上铣削平面，有两种定位方案：将工件装夹在水平放置的 90°V 形块中定位；将工件装夹在侧放的 90°V 形块中定位。为保证尺寸 $30_{-0.1}^{\ 0}$ mm，试分析两种定位方案的定位误差。

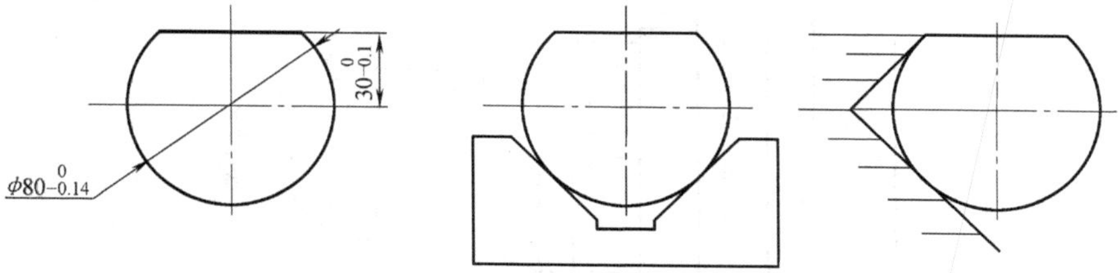

图 16

19. 某批圆柱（直径尺寸 $\phi 50_{-0.2}^{\ 0}$ mm）零件在铣床上采用调整法铣削一缺口，其尺寸如图 17a 所示，要求保证尺寸 $20_{-0.1}^{\ 0}$ mm。现采用 90°的 V 形块和支承板两种定位方案，试分别求它们的定位误差。

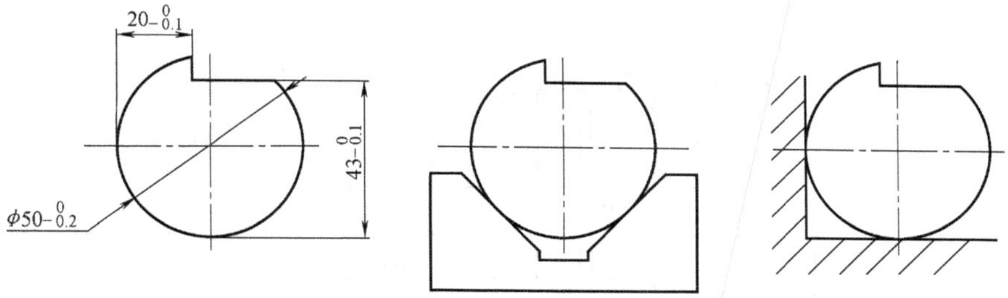

图 17

20. 如图 18 所示，欲加工键槽并保证工序尺寸 $45_{-0.2}^{\ 0}$ mm。工件采用以内孔在水平放置的心轴上定位和自定心卡盘装夹两种方案，试分别求它们的定位误差。

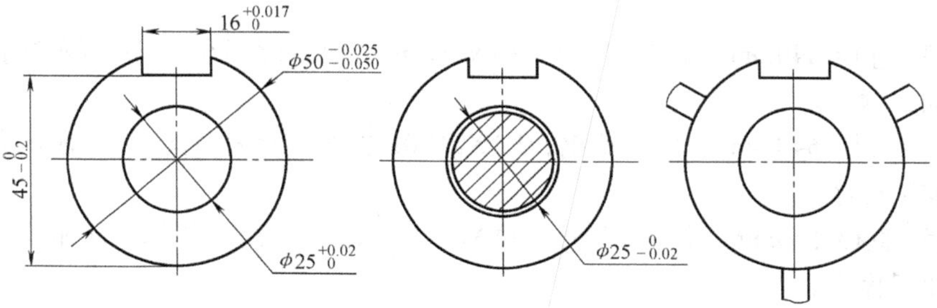

图 18

21. 直径 ϕ40mm，材料 45 钢，FANUC 0i 系统，请编写图 19 所示零件的外圆精加工程序。

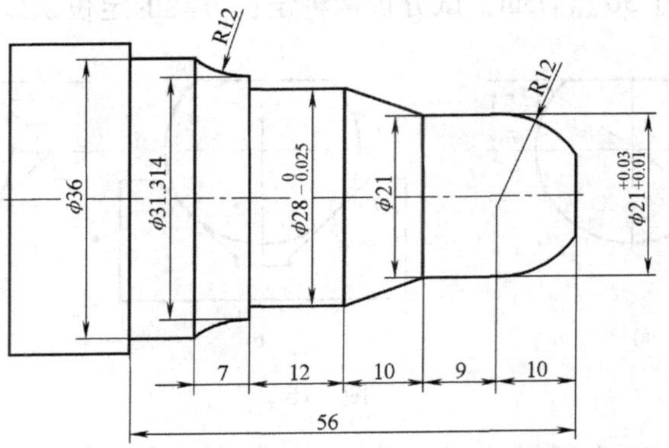

图 19

22. 直径 ϕ40mm，材料 45 钢，FANUC 0i 系统，请编写图 20 所示零件的外圆精加工程序。

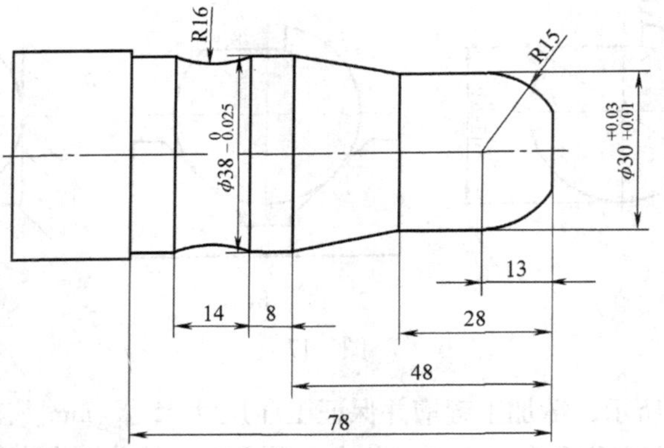

图 20

23. 直径 ϕ40mm，材料 45 钢，FANUC 0i 系统，请编写图 21 所示零件的外圆精加工程序。

24. 直径 ϕ40mm，材料 45 钢，FANUC 0i 系统，请编写图 22 所示零件的外圆精加工程序。

25. 直径 ϕ40mm，材料 45 钢，FANUC 0i 系统，请编写图 23 所示零件的外圆精加工程序。

26. 材料 45 钢，FANUC 0i 系统，请编写图 24 所示零件的加工程序（槽宽由刀具决定）。

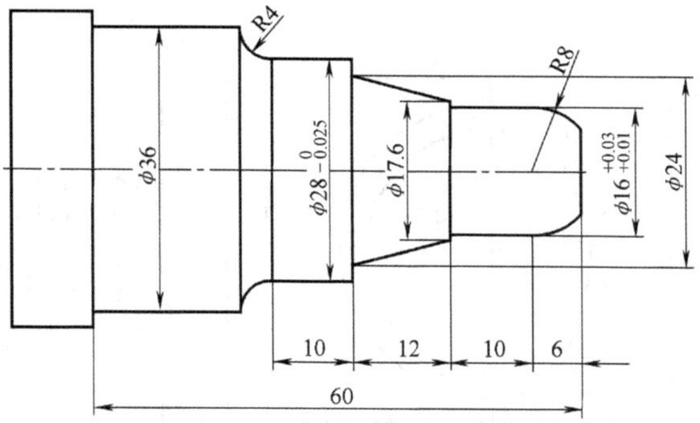

图 21

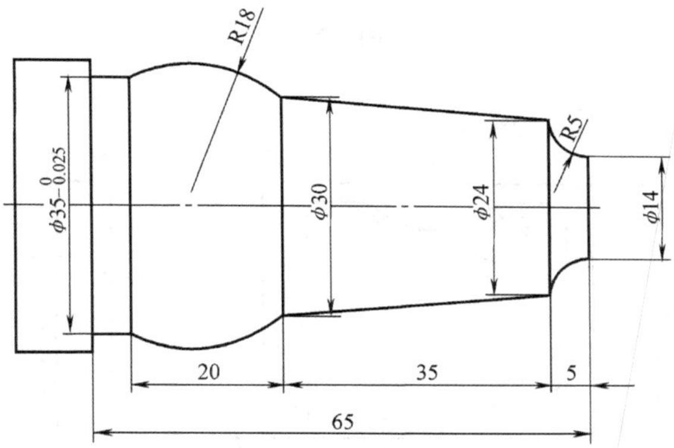

图 22

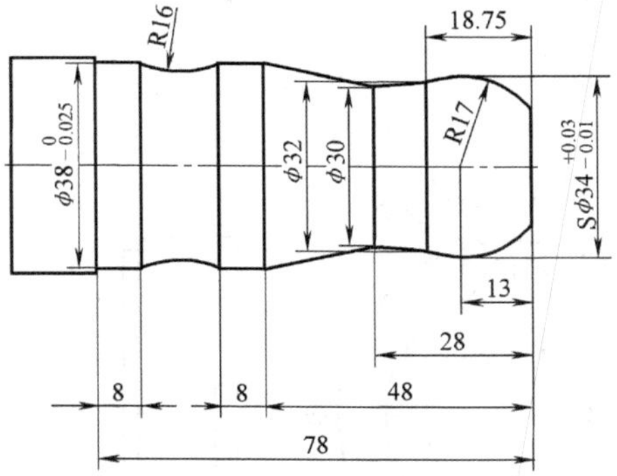

图 23

27. 材料 45 钢，FANUC 0i 系统，请编写图 25 所示零件的轮廓精加工程序。
28. 材料 45 钢，FANUC 0i 系统，请编写图 26 所示零件的轮廓精加工程序。
29. 材料 45 钢，FANUC 0i 系统，请编写图 27 所示零件的轮廓精加工程序。

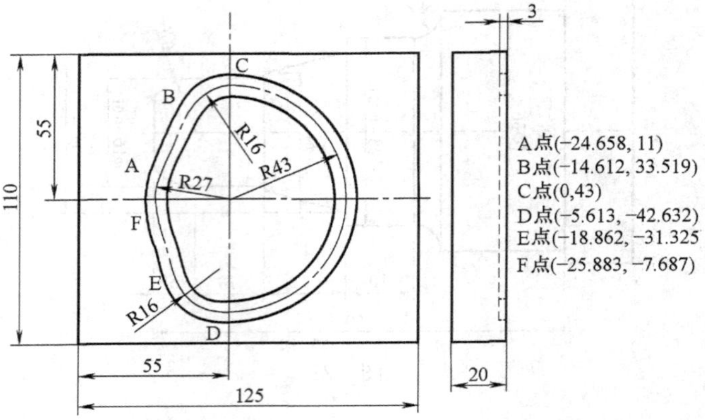
3
C
B
55
R16
A点(-24.658, 11)
B点(-14.612, 33.519)
C点(0,43)
D点(-5.613, -42.632)
E点(-18.862, -31.325)
F点(-25.883, -7.687)
A
R43
R27
110
F
E
R16
D
55
125
20

图 24

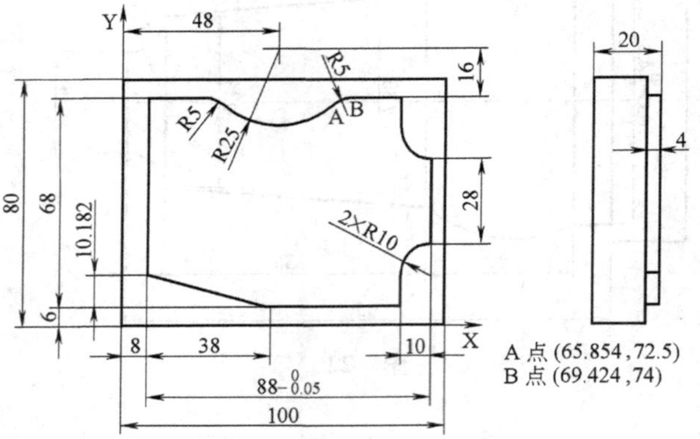
Y
48
R5
16
20
R5
B
A
R25
4
80
68
28
10.182
2×R10
6
X
8
38
10
$88_{-0.05}^{0}$
100
A 点 (65.854 ,72.5)
B 点 (69.424 ,74)

图 25

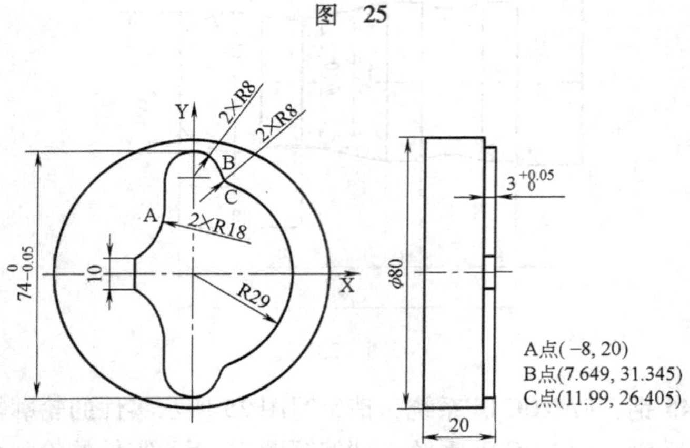
Y
2×R8
2×R8
B
C
$3^{+0.05}_{0}$
A
2×R18
$74_{-0.05}^{0}$
10
X
R29
φ80
A点(-8, 20)
B点(7.649, 31.345)
C点(11.99, 26.405)
20

图 26

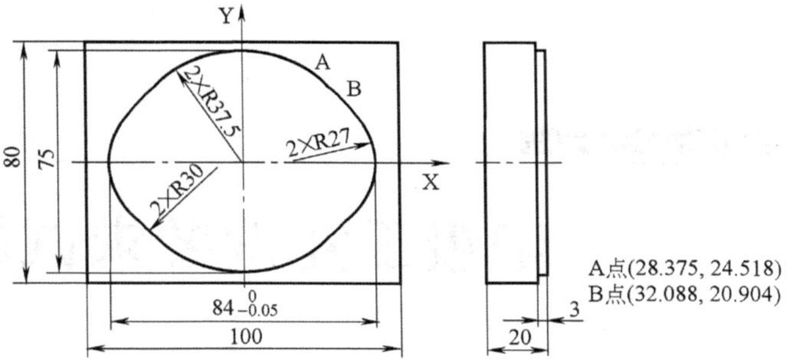

图 27

30. 材料 45 钢，FANUC 0i 系统，请编写图 28 所示零件的轮廓精加工程序。

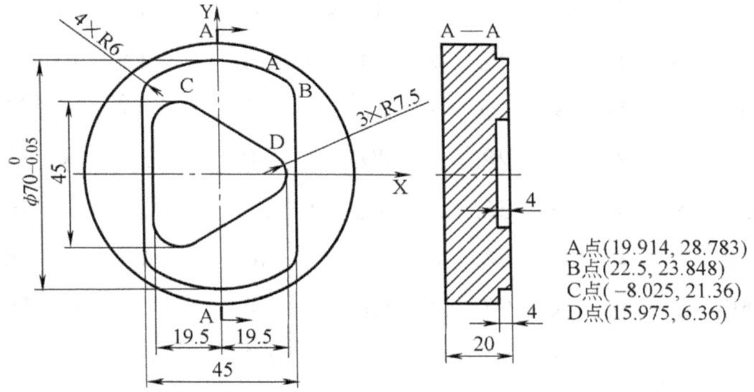

图 28

中级工知识要求试题答案

一、判断题

1. ×	2. ✓	3. ×	4. ×	5. ×	6. ✓	7. ×	8. ×
9. ×	10. ×	11. ✓	12. ✓	13. ×	14. ✓	15. ✓	16. ✓
17. ×	18. ×	19. ×	20. ✓	21. ×	22. ✓	23. ✓	24. ✓
25. ×	26. ✓	27. ×	28. ✓	29. ×	30. ×	31. ×	32. ✓
33. ×	34. ×	35. ✓	36. ×	37. ✓	38. ✓	39. ×	40. ✓
41. ✓	42. ✓	43. ×	44. ×	45. ×	46. ✓	47. ×	48. ✓
49. ✓	50. ✓	51. ×	52. ✓	53. ✓	54. ×	55. ×	56. ×
57. ✓	58. ×	59. ×	60. ✓	61. ×	62. ✓	63. ✓	64. ✓
65. ×	66. ✓	67. ✓	68. ×	69. ×	70. ✓	71. ✓	72. ✓
73. ✓	74. ×	75. ×	76. ✓	77. ×	78. ✓	79. ×	80. ✓
81. ✓	82. ✓	83. ✓	84. ×	85. ✓	86. ✓	87. ✓	88. ✓
89. ✓	90. ×	91. ✓	92. ×	93. ×	94. ×	95. ✓	96. ✓
97. ×	98. ×	99. ×	100. ✓	101. ×	102. ✓	103. ×	104. ×
105. ×	106. ✓	107. ×	108. ✓	109. ×	110. ×	111. ×	112. ✓
113. ×	114. ×	115. ×	116. ✓	117. ✓	118. ×	119. ✓	120. ✓
121. ✓	122. ✓	123. ✓	124. ✓	125. ✓	126. ✓	127. ×	128. ✓
129. ×	130. ×	131. ×	132. ✓	133. ×	134. ×	135. ✓	136. ×
137. ✓	138. ×	139. ×	140. ✓	141. ×	142. ✓	143. ✓	144. ×
145. ×	146. ×	147. ✓	148. ✓	149. ×	150. ×	151. ✓	152. ×
153. ✓	154. ✓	155. ×	156. ×	157. ×	158. ✓	159. ×	160. ×
161. ✓	162. ×	163. ✓	164. ×	165. ✓	166. ×	167. ×	168. ×
169. ✓	170. ✓	171. ×	172. ✓	173. ×	174. ×	175. ✓	

二、选择题

1. C	2. C	3. B	4. C	5. C	6. B	7. B	8. B
9. A	10. B	11. A	12. C	13. A	14. B	15. A	16. B
17. A	18. C	19. A	20. B	21. A	22. A	23. C	24. A
25. B	26. D	27. C	28. C	29. D	30. A	31. A	32. C
33. B	34. A	35. D	36. D	37. C	38. C	39. A	40. C
41. C	42. A	43. A	44. B	45. C	46. B	47. A	48. B
49. D	50. A	51. D	52. A	53. D	54. B	55. B	56. B
57. A	58. A	59. D	60. D	61. C	62. C	63. A	64. C
65. A	66. A	67. A	68. C	69. C	70. C	71. A	72. B
73. A	74. A	75. B	76. B	77. D	78. A	79. C	80. B
81. B	82. A	83. B	84. D	85. D	86. C	87. D	88. C
89. B	90. A	91. D	92. A	93. C	94. C	95. D	96. A
97. B	98. B	99. B	100. C	101. B	102. B	103. A	104. A
105. B	106. B	107. A	108. C	109. C	110. A	111. A	112. D
113. B	114. C	115. C	116. A	117. C	118. C	119. B	120. A
121. B	122. A	123. C	124. C	125. D	126. A	127. B	128. C
129. B	130. C	131. C	132. C	133. D	134. D	135. A	136. B
137. C	138. D	139. C	140. D	141. A	142. D	143. D	144. A
145. B	146. D	147. D	148. A	149. A	150. C	151. D	152. B
153. D	154. B	155. D	156. C	157. C	158. A	159. D	160. C
161. C	162. B	163. A	164. C	165. B	166. D	167. C	168. C
169. C	170. C	171. A	172. A	173. D	174. C	175. A	176. C
177. C	178. C	179. B	180. D	181. D	182. C	183. B	184. D
185. C	186. B	187. D	188. A	189. C	190. A	191. B	192. A
193. B	194. A	195. A	196. A	197. D	198. C	199. C	200. A
201. B	202. A	203. A	204. B	205. C	206. D	207. A	208. A
209. B	210. B	211. B	212. B	213. D	214. B	215. C	

三、简答题

1. 答　液压传动系统除工作介质液压油外，有动力元件、执行元件、控制调节元件和辅助元件四个主要部分组成。各部分的作用：动力元件是为液压系统提供压力油；执行元件是在压力油的推动下驱动工作部件输出力和速度（或转矩和转速）；控制调节元件是控制调节液压系统中液压油的压力、流量和方向；

辅助元件分别起储油、输油、过滤、连接等辅助作用。

2. 答　液体在外力作用下流动时，液体内部各流层之间产生内摩擦阻力的性质，称为液体的粘性。

3. 答　衡量液体粘性大小的物理量称为粘度。液压传动中常用的粘度有动力粘度、运动粘度和相对粘度。

4. 答　液体受压力作用而使其体积发生变化的性质，称为液体的可压缩性。

5. 答　选用液压油时，应首先考虑液压系统的工作压力、周围环境、运动速度，同时还应按液压泵所规定许可采用的液压油。

6. 答　液体相对静止时，液体单位面积上所受的作用力称为压力。压力的单位为Pa，称为帕斯卡，简称帕（Pa），$1Pa=1N/m^2$。

7. 答　加在密闭容器中液体上的压力，能够等值地被液体向各个方向传递，这就是帕斯卡定律。

8. 答　液体在管道内作稳定流动时，根据质量守恒定律，在单位时间内管中每一个通流截面上液体质量是相等的，这就是液体的连续性原理。

9. 答　在液压系统中，由于某种原因引起液体压力在某一瞬间突然急剧上升，而形成很高的压力峰值，这种现象称为液压冲击。减小液压冲击的措施：(1) 延长阀门关闭和运动部件制动的时间；(2) 限制管道内液体的流速和运动部件速度；(3) 适当加大管径或采用橡胶软管；(4) 在液压冲击源附近设置蓄能器。

10. 答　在液压系统中，如果某处压力低于油液工作温度下的空气分离压时，溶于油中的空气就会分离出来而形成大量气泡，这种现象就称为空穴现象。为了防止空穴现象的产生一般采取下列措施：(1) 减小阀孔前后的压力差；(2) 液压泵的安装高度和吸油管的直径要合理；(3) 提高零件的抗气蚀能力。

11. 答　钨钴类硬质合金是由WC和Co组成的、其韧性、磨削性能和导热性好。适用于加工脆性材料（如铸铁）、有色金属和非金属材料。钨钛钴类硬质合金是由WC、TiC和Co组成的，它在合金中加入了TiC，使其耐磨性提高，但抗弯强度、磨削性能和热导率却有所下降，不耐冲击，适用于高速切削一般钢材。

12. 答　刀具在工作时，如果考虑合成运动和实际安装情况，实际起作用的角度与刃磨角度往往不同，这些角度称为刀具的工作角度。

13. 答　增大前角可减小切削变形和降低切削力，抑制积屑瘤和鳞刺的产生，从而提高加工表面质量。前角太大，楔角变小，使刃口和刀尖强度变弱，散热条件变差，使刀具寿命降低；前角太小，切削力和切削温度增高，也会使刀具寿命降低，同时也不利于切屑的断屑。

14. 答　后角的作用主要是减小后面与加工表面之间的摩擦，后角越大，切削刃越锋利，但切削刃和刀头强度同时减弱，散热体积也减小。对一些特殊刀具（如切断刀、车槽刀和锯片铣刀）的副后角，因受刀头强度的限制，只能取较小值。

15. 答　主偏角和副偏角的变化影响加工表面质量，减小主偏角和副偏角可以减小表面粗糙度值，其中副偏角影响较大。主偏角的变化，会改变各切削分力之间的比例。增大主偏角，背向力 F_p 减小，而进给力 F_f 增大；反之，则背向力 F_p 增大，而进给力 F_f 减小。同时也会影响断屑效果，增大主偏角，会使切削厚度增加，切削宽度减小，切屑容易折断。

16. 答　刃倾角对切削性能的影响有：1）控制切屑的流出方向，选用正值时可使切屑流向待加工表面，防止划伤已加工表面。2）增大刃倾角的绝对值，可使实际工作前角增大，切削刃变得锋利。3）负刃倾角可使刀头强度增加，切削时刀尖可避免冲击，散热条件好，可延长刀具的寿命。

17. 答　当切削塑性的金属材料时，在切削速度选择中速条件下，常有一些从切屑和工件上带来的金属“冷焊”在前刀面上，在切削刃上形成一个楔块，这块金属的硬度较高能够代替切削刃切削，并在前刀面上形成新的前角，这个楔块就是积屑瘤。

18. 答　工序：一个或一组操作者，在一个工作地对同一个或同时对几件工件所连续完成的那一部分工艺过程。安装：工件（或装配单元）经一次装夹后所完成的那一部分工序成为安装。装夹：将工件在机床上或夹具中定位、夹紧的过程称为装夹。工位：工件一次装夹后与夹具或设备的可动部分一起相对刀具或设备的固定部分所占据的每一个位置。工步：在加工表面（或装配时的连接表面）和加工（或装配）工具不变的情况下，所连续完成的那一部分工序。行程：工作行程是指刀具以加工进给速度相对工件所完成一次进给运动的工步部分：空行程是指刀具以非加工进给速度相对工件完成一次进给运动的工步部分。

19. 答　生产类型的划分，可根据生产纲领和产品及零件的特征、复杂程度或工作地每月担负的工序数进行。目前机械制造业的生产分为大量生产、成批生产和单件生产三种类型。

20. 答　我们把工件从定位到夹紧的整个过程，称为装夹。常用的装夹方法有直接找正装夹、划线找正装夹和夹具装夹三种。

21. 答　定位基准分为粗基准、精基准和辅助基准等。只能用毛坯上未经加工的表面作定位基准的称为粗基准；由经过加工的表面作定位基准称为精基准，工件上缺乏合适的定位基面，需要在工件上另外增加出专供定位用的基面称为辅助基面。

22. 答　粗基准的选择原则是：若工件必须首先保证某重要表面余量均匀，则应选该表面为粗基准；若工件必须首先保证加工表面与不加工表面的位置要求，则应选不加工表面为粗基准，若有好几个不加工表面，则粗基准应选位置精度要求较高者。选为粗基准的表面应尽可能平整光洁，并有足够的面积，不能有铸造缺陷。粗基准面通常只能使用一次。

23. 答　精基准的选择原则是：要遵循基准重合原则、基准统一原则、自为基准原则、互为基准原则。

24. 答　采用基准统一原则选用精基准能用同一组基准加工大多数表面，有利于保证各表面的相互位置要求，避免基准转换带来的误差，提高加工精度，而且可以简化夹具的设计和制造，降低成本。

25. 答　在机床上加工工件时，为了在工件的某一部位加工出符合工艺规程要求的表面，加工前需要使工件在机床上占有正确的位置称为定位。

26. 答　重复限制工件自由度的情况称为过定位。当工件以过定位方式进行定位时，由于工件与定位元件都存在误差，无法使工件的定位表面同时与两个进行重复定位的定位元件相接触。如将工件强行夹紧，工件与定位元件将产生变形，甚至损坏。

27. 答　1）夹紧力的方向应垂直于主要定位基准面。2）夹紧力的方向应尽可能和切削力、工件重力同向。3）夹紧力的方向应尽可能使工件变形最小。

28. 答　根据工件的加工要求并不需要完全定位，这种没有全部限制工件六个自由度的定位，称为不完全定位。

29. 答　工件定位的实际支承点数目少于理论上应予限制的自由度数，不能满足加工要求，称为欠定位。

30. 答　1）灵活多变，为生产迅速提供夹具，缩短生产准备周期。2）保证加工质量，提高生产效率。3）节约人力、物力和财力。4）减少夹具存放面积，改善管理工作。

31. 答　1）编制加工程序；2）加工程序的输入；3）预调刀具和夹具；4）数控装置对程序进行译码和运算处理；5）加工过程的在线检测。

32. 答　1）程序载体；2）人机交互装置；3）数控装置；4）伺服系统；5）机床主体。

33. 答　适应范围广，生产准备周期短和工序高度集中，生产效率和加工精度高，能完成复杂型面的加工，有利于生产管理的现代化。

34. 答　切削类、成形类、电加工类、测量、绘图类。

35. 答　高速度与高精度化，高柔性，复合化，多功能化，智能化和造型人性化。

36. 答　1）刀具相对于静止工件而运动的原则；2）标准笛卡儿直角坐标系，符合右手法则；3）旋转坐标方向由右手螺旋法则确定；4）增大工件和刀具之间距离的方向为坐标轴运动的正方向。

37. 答　1）以笔带刀，以坐标纸代替工件进行空运行画图来检验程序。

2）图形模拟，显示刀具路径或模拟切削过程来检验程序。

3）首件试切，检验程序和加工精度是否符合要求。

38. 答　左刀补是指沿着刀具运动方向向前看（假设工件不动），刀具位于零件左侧的刀具半径补偿。

右刀补是指沿着刀具运动方向向前看（假设工件不动），刀具位于零件右侧的刀具半径补偿。

39. 答　分析零件图样，工艺处理，数学处理，编写程序，制作控制介质及程序检验。

40. 答　沿着不在圆弧平面内的坐标轴由正方向向负方向看去，顺时针方向为 G02；逆时针方向为 G03。

四、应用题

1. 解　见答图 1

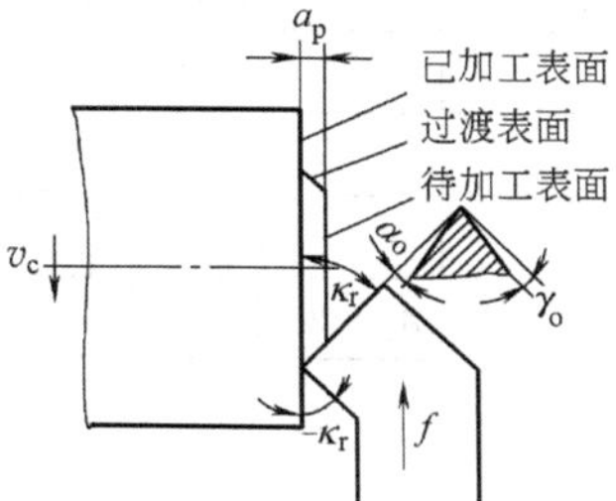

答图　1

2. 答

工序名称	工序余量/mm	经济精度/mm	工序尺寸及其极限偏差/mm
毛坯尺寸	4(总余量)	±1	$\phi34\pm1$
粗车	2.4	0.21(IT12)	$\phi31.6_{-0.21}^{0}$
半精车	1.1	0.084(IT10)	$\phi30.5_{-0.0845}^{0}$
粗磨	0.4	0.033(IT8)	$\phi30.1_{-0.033}^{0}$
精磨	0.1	0.013(IT6)	$\phi30_{-0.013}^{0}$

3. 答

工序名称	工序余量/mm	经济精度/mm	工序尺寸及其极限偏差/mm
毛坯尺寸	8(总余量)	±1.2	$\phi92\pm1.2$
粗镗	5	0.54(IT13)	$\phi97^{+0.54}_{0}$
半精镗	2.4	0.14(IT10)	$\phi99.4^{+0.14}_{0}$
精镗	0.5	0.054(IT8)	$\phi99.9^{+0.054}_{0}$
浮动镗	0.1	0.035(IT7)	$\phi100^{+0.035}_{0}$

4. 解　图2a：增环为$A_1A_3A_5$，减环为A_2A_4；图2b：增环为$B_2B_4B_6$，减环为$B_1B_3B_5$；图2c：增环为$C_1C_2C_4C_7C_9C_{10}C_{11}$，减环为$C_3C_5C_6C_8$。

5. 解　方案一：因工序尺寸A_1的定位基准与设计尺寸12±0.1为同一基准，故定位基准与设计基准重合，设计尺寸直接获得而无需计算。因此$A_1=(12\pm0.1)$mm。

方案二：由定位方案可知，设计尺寸（12±0.1)mm是间接获得的，故为封闭环。其工艺尺寸链见答图2a。

（1）极值法竖式计算　　（单位：mm）

环	公称尺寸	上极限偏差 B_S	下极限偏差 B_X
增环$\overrightarrow{A}_2$	20	+0.05	−0.1
减环$\overleftarrow{A}_1$	−8	+0.05	0
封闭环A_Σ	12	+0.1	−0.1
$A_2=20^{+0.05}_{-0.10}$			

（2）用公式计算

$A_\Sigma=\overrightarrow{A}_2-\overleftarrow{A}_1$

$\overrightarrow{A}_2=A_\Sigma+\overleftarrow{A}_1=(12+8)\text{mm}=20\text{mm}$

$ES_{A_\Sigma}=ES_{\overrightarrow{A}_2}-EI_{\overleftarrow{A}_1}$

$ES_{\overrightarrow{A}_2}=[0.1+(-0.05)]\text{mm}=0.05\text{mm}$

$EI_{A_\Sigma}=EI_{\overrightarrow{A}_2}-ES_{\overleftarrow{A}_1}$

$EI_{\overrightarrow{A}_2}=[(-0.1)+0]\text{mm}=-0.1\text{mm}$

故：$A_2=20^{+0.05}_{-0.10}\text{mm}$

方案三：设计尺寸（12±0.1)mm是间接保证的，故应是封闭环，其工艺尺寸链见答图2b。用公式计算

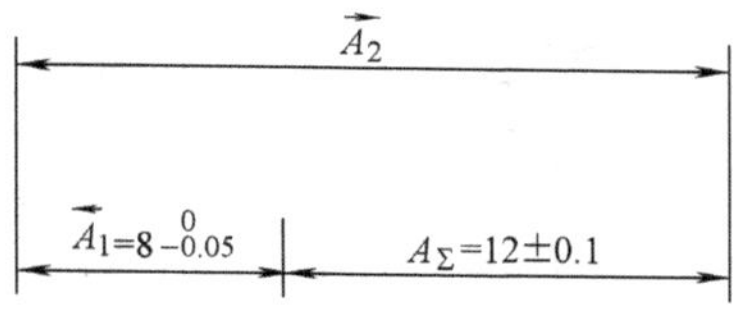

a)

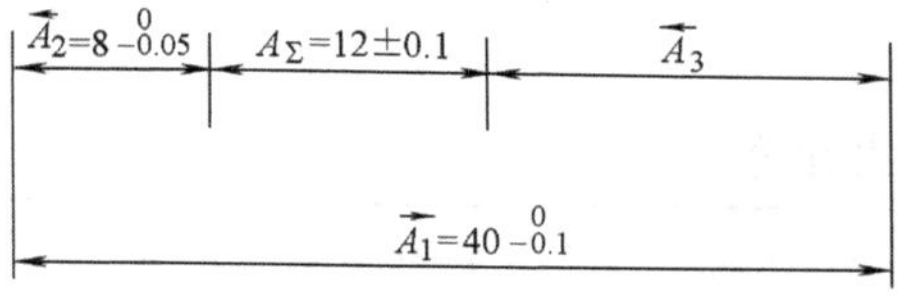

b)

答图 2

$A_\Sigma=\vec{A}_1—\overleftarrow{A}_2—\overleftarrow{A}_3$

$\vec{A}_3=(40-12-8)mm=20mm$

$ES_{A_\Sigma}=ES_{\vec{A}_1}-EI_{\overleftarrow{A}_2}-EI_{\overleftarrow{A}_3}$

$EI_{\overleftarrow{A}_3}=\{0-(-0.05)-0.1\}mm=-0.05mm$

$EI_{A_\Sigma}=EI_{\vec{A}_1}-ES_{\overleftarrow{A}_2}-ES_{\overleftarrow{A}_3}$

$ES_{\overleftarrow{A}_3}=\{(-0.1)-0+0.1\}mm=0$

$A_3=20_{-0.05}^{0}mm$

用极值法竖式计算可以得出相同结论。

极值法竖式计算

（单位：mm）

环	公称尺寸	上极限偏差 B_S	下极限偏差 B_X
增环$\vec{A}_1$	40	0	-0.1
减环$\overleftarrow{A}_2$	-8	+0.05	0
减环$\overleftarrow{A}_3$	-20	+0.05	0
封闭环 A_Σ	12	+0.10	-0.10
$A_3=20_{-0.05}^{0}$			

6. 解　由于设计尺寸（26 ±0.26）mm 和 $5_{-0.06}^{0}$mm 难以直接测量，试切和调整刀具时只好依靠正确掌握尺寸 A 和 H 来间接保证上述两尺寸。因此，可画出以（26 ±0.26）mm 为封闭环的轴向尺寸链图（答图 3a）和以 $5_{-0.06}^{0}$mm 为封闭环的径向尺寸链图（答图 3b）。

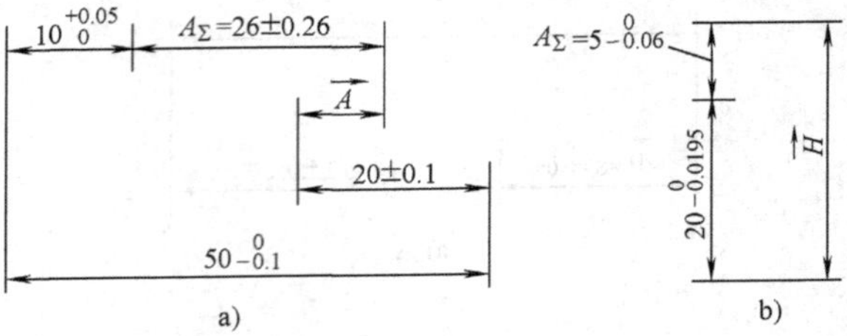

答图 3

（1）用极值法竖式计算（单位：mm）

环	公称尺寸	上极限偏差 B_S	下极限偏差 B_X
增环	50	0	−0.10
增环 A	6	+0.16	−0.01
减环	−10	0	−0.05
减环	−20	+0.10	−0.10
封闭环 A_Σ	26	+0.26	−0.26
$A=6^{+0.16}_{-0.01}$			

（2）用公式计算 A

$\overrightarrow{A}=(-50+26+10+20)\text{mm}=6\text{mm}$

$ES_{\overrightarrow{A}}=[0.26+(-0.1)+0-0]\text{mm}=0.16\text{mm}$

$EI_{\overrightarrow{A}}=[-0.26+0.05+0.1-(-0.1)]\text{mm}=-0.01\text{mm}$

$A=6^{+0.16}_{-0.01}\text{mm}$

同样，也可用极值法竖式计算和公式计算求出 H 的尺寸及极限偏差。用公式计算

$\overrightarrow{H}=A_\Sigma+20\text{mm}=(5+20)\text{mm}=25\text{mm}$

$0\text{mm}=ES_{\overrightarrow{H}}-(-0.0195)\text{mm}$

$ES_{\overrightarrow{H}}=-0.0195\text{mm}$

$-0.06\text{mm}=EI_{\overrightarrow{H}}-0\text{mm}$

$EI_{\overrightarrow{H}}=-0.06\text{mm}$

$H=25^{-0.0195}_{-0.06}\text{mm}$

用极值法竖式计算 （单位：mm）

环	公称尺寸	上极限偏差 B_S	下极限偏差 B_X
增环 H	25	−0.0195	−0.06
减环	−20	+0.0195	0
封闭环 A_Σ	5	0	−0.06
$H=25^{-0.0195}_{-0.06}$			

7. 解　由于设计尺寸 $0.66^{\ 0}_{-0.15}$mm 是间接保证的应为封闭环，按工艺过程可画出尺寸链图（答图 4）。

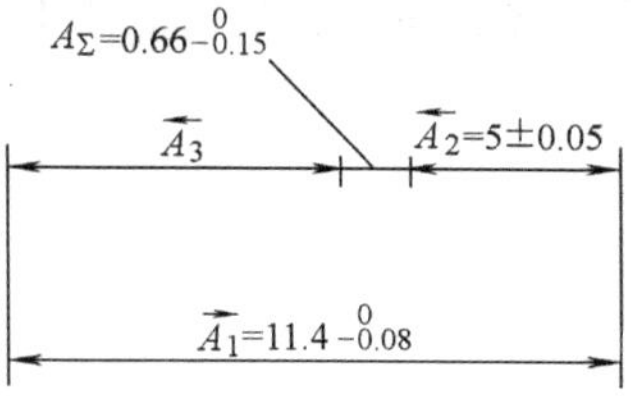

答图　4

（1）由尺寸链图中可以看出，封闭环公差 $T_\Sigma=0.15$mm，而组成公差（不将 A_3 计入）已为 $\sum T_i=(0.10+0.08)$mm $=0.18$mm，显然 $\sum T_i>T_\Sigma$。因此，不能保证设计尺寸的要求。要满足设计尺寸 $0.66^{\ 0}_{-0.15}$mm 必须压缩组成环的公差。

（2）用等公差法，按封闭环公差反计算法分配各组成环公差。组成环的平均公差

$$T_M=T_\Sigma/(n-1)=0.15\text{mm}/(4-1)=0.05\text{mm}$$

按加工情况调整分配各组成环公差如下：

$T_1=0.07$mm

$A_1=11.4^{\ 0}_{-0.07}$mm

$T_2=0.04$mm

$A_2=(5\pm0.02)$mm

用极值法竖式计算 （单位：mm）

环	公称尺寸	上极限偏差 B_S	下极限偏差 B_X
增环 $\overrightarrow{A}_1$	11.4	0	−0.07
减环 $\overleftarrow{A}_2$	−5	+0.02	−0.02
$\overleftarrow{A}_3$	−5.74	−0.02	−0.06
封闭环 A_Σ	0.66	0	−0.15
$A_3=5.74^{+0.06}_{+0.02}$			

用公式计算

$$A_\Sigma=\overrightarrow{A}_1-\overleftarrow{A}_2-\overleftarrow{A}_3$$

$$\overleftarrow{A}_3=(11.4-5-0.66)\text{mm}=5.74\text{mm}$$

$$ES_{A_\Sigma}=ES_{\overrightarrow{A}_1}-EI_{\overleftarrow{A}_2}-EI_{\overleftarrow{A}_3}$$

$EI_{\overleftarrow{A}_3}=[0-(-0.02)]\text{mm}-0=0.02\text{mm}$

$EI_{A_\Sigma}=EI_{\overrightarrow{A}_1}-ES_{\overleftarrow{A}_2}-ES_{\overleftarrow{A}_3}$

$ES_{\overleftarrow{A}_3}=[-0.07-0.02-(-0.15)]\text{mm}=0.06\text{mm}$

$A_3=5.74^{+0.06}_{+0.02}\text{mm}$

8. 解　尺寸 A_3 为以 K 面定位加工 ϕ16H7 孔的工序尺寸。很显然，当孔 ϕ16H7 加工完毕后，$200^{+0.90}_{0}$mm 这一设计尺寸可间接获得，因而为封闭环。按工艺过程可画出尺寸链图（答图5）。

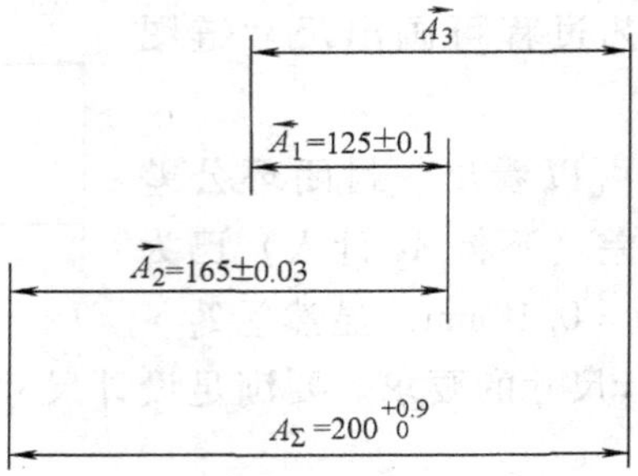

答图　5

用极值法竖式计算　　　　（单位：mm）

环	公称尺寸	上极限偏差 B_S	下极限偏差 B_X
增环 $\overrightarrow{A}_2$	165	+0.30	−0.30
增环 $\overrightarrow{A}_3$	160	+0.50	+0.40
减环 $\overleftarrow{A}_1$	−125	+0.10	−0.10
封闭环 A_Σ	200	+0.90	0
$A_3=160^{+0.50}_{+0.40}$			

用公式计算

$A_\Sigma=\overrightarrow{A}_2+\overrightarrow{A}_3-\overleftarrow{A}_1$

$\overrightarrow{A}_3=A_\Sigma+\overleftarrow{A}_1-\overrightarrow{A}_2$

$\overrightarrow{A}_3=(200+125-165)\text{mm}=160\text{mm}$

$ES_{A_\Sigma}=ES_{\overrightarrow{A}_2}+ES_{\overrightarrow{A}_3}-EI_{\overleftarrow{A}_1}$

$ES_{\overrightarrow{A}_3}=[0.90+(-0.10)-0.30]\text{mm}=0.50\text{mm}$

$EI_{A_\Sigma}=EI_{\overrightarrow{A}_2}+EI_{\overrightarrow{A}_3}-ES_{\overleftarrow{A}_1}$

$EI_{\overrightarrow{A}_3}=[0+0.10-(-0.30)]\text{mm}=0.4\text{mm}$

$A_3=160^{+0.50}_{+0.40}\text{mm}$

9. 解　选 N 面作测量基准。取 N、K 面间的距离为被测量的尺寸。很显然，K 面加工完毕后，间接获得的尺寸为 $86^{+0.15}_{0}$mm。尺寸链图见答图 6。

由尺寸链图中可以看出：封闭环公差 $T_\Sigma=0.15$mm 而组成环公差（不将 A_2 计入）已为 $\sum T_i=0.3$mm，显然 $\sum T_i>T_\Sigma$。因此，不能保证设计尺寸的要求，必须压缩组成环的公差。

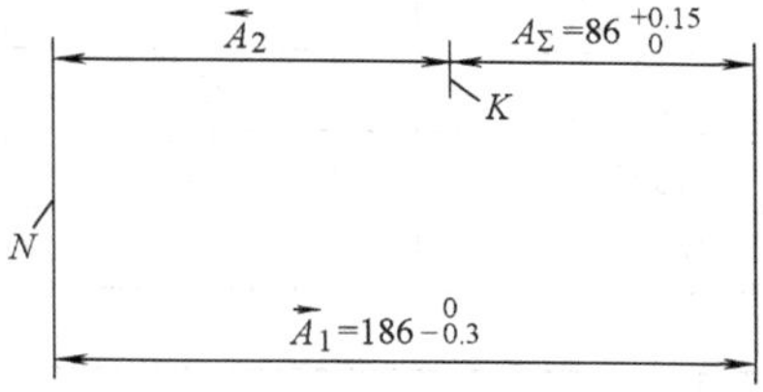

答图　6

用等公差法，按封闭环公差反计算法分配各组成环公差组成环的平均公差。

$$T_M=T_\Sigma/(n-1)=0.15\text{mm}/(3-1)\text{mm}=0.075\text{mm}$$

按加工情况调整分配各组成环公差如下：

$$T_1=0.1\text{mm}\quad T_2=0.05\text{mm}\quad A_1=186^{\ 0}_{-0.1}\text{mm}$$

用极值法竖式计算　　　　（单位：mm）

环	公称尺寸	上极限偏差 B_S	下极限偏差 B_X
增环$\overrightarrow{A}_1$	186	0	−0.10
减环$\overleftarrow{A}_2$	−100	+0.15	+0.10
封闭环 A_Σ	86	+0.15	0
$A_2=100^{-0.10}_{-0.15}$			

用公式计算

$A_\Sigma=\overrightarrow{A}_1-\overleftarrow{A}_2$

$\overleftarrow{A}_2=\overrightarrow{A}_1-A_\Sigma=(186-86)\text{mm}=100\text{mm}$

$ES_{A_\Sigma}=ES_{\overrightarrow{A}_1}-EI_{\overleftarrow{A}_2}$

$EI_{\overleftarrow{A}_2}=ES_{\overrightarrow{A}_1}+ES_{A_\Sigma}=(0-0.15)\text{mm}=-0.15\text{mm}$

$EI_{A_\Sigma}=EI_{\overrightarrow{A}_1}-ES_{\overleftarrow{A}_2}$

$ES_{\overleftarrow{A}_2}=EI_{\overrightarrow{A}_1}-EI_{A_\Sigma}=(-0.10-0)\text{mm}=-0.10\text{mm}$

$A_2=100^{-0.10}_{-0.15}\text{mm}$

10. 解　选 A 面为定位基准加工 $\phi25H7$ 孔的工序尺寸为 A_3，工艺尺寸链图见答图 7。

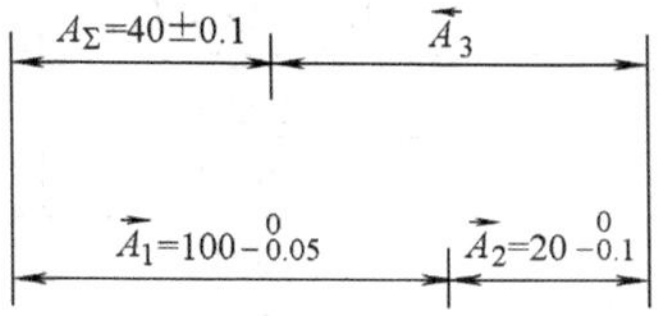

答图　7

用极值法竖式计算 （单位：mm）

环	公称尺寸	上极限偏差 B_S	下极限偏差 B_X
增环$\overrightarrow{A}_1$	100	0	−0.05
增环$\overrightarrow{A}_2$	20	0	−0.10
减环$\overleftarrow{A}_3$	−80	+0.10	+0.05
封闭环 A_Σ	40	+0.10	−0.10
$A_3=80^{-0.05}_{-0.10}$			

用公式计算

$A_\Sigma=\overrightarrow{A}_1+\overrightarrow{A}_2-\overleftarrow{A}_3$

$\overleftarrow{A}_3=\overrightarrow{A}_1+\overrightarrow{A}_2-A_\Sigma=(100+20-40)\text{mm}=80\text{mm}$

$ES_{A_\Sigma}=ES_{\overrightarrow{A}_1}+ES_{\overrightarrow{A}_2}-EI_{\overleftarrow{A}_3}$

$EI_{\overleftarrow{A}_3}=ES_{\overrightarrow{A}_1}+ES_{\overrightarrow{A}_2}-ES_{A_\Sigma}=(0+0-0.10)\text{mm}=-0.10\text{mm}$

$EI_{A_\Sigma}=EI_{\overrightarrow{A}_1}+EI_{\overrightarrow{A}_2}-ES_{\overleftarrow{A}_3}$

$ES_{\overleftarrow{A}_3}=EI_{\overrightarrow{A}_1}+EI_{\overrightarrow{A}_2}-EI_{A_\Sigma}=[-0.05+(-0.1)-(-0.1)]\text{mm}$

$=-0.05\text{mm}$

$A_3=80^{-0.05}_{-0.10}\text{mm}$

11. 解　选 $\phi25^{\ 0}_{-0.10}$ mm 中心线为定位基准。左端面用自定心卡盘夹持，右端用顶尖支持，则封闭环为 $5^{+0.05}_{\ 0}$ mm，为测量方便，选圆柱体的下素线为测量基准，画出尺寸链图见答图8。A_1 为 $\phi25$mm 的一半，$T_{A1}=(0.10/2)\text{mm}=0.05\text{mm}$，则 $A_1=12.5^{\ 0}_{-0.05}$mm。

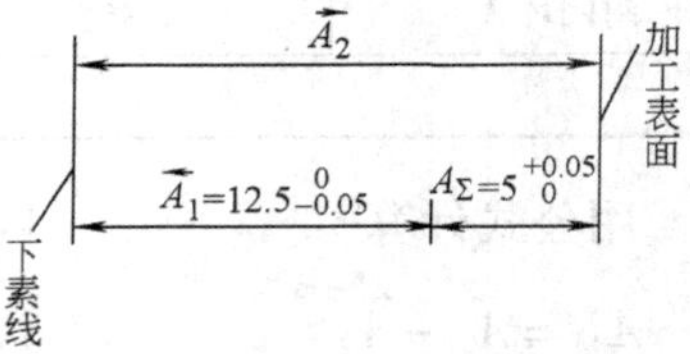

答图 8

由尺寸链图中可以看出，封闭环公差 $T_\Sigma=0.05$mm，而组成环公差（不将 A_2 计入）已为 $\sum T_i=0.05$mm，显然 $\sum T_i>T_\Sigma$。因此，必须压缩组成环的公差。

用等公差法，按封闭环公差及计算法分配各组成环公差。

组成环平均公差　$T_M=T_\Sigma/(n-1)=0.05\text{mm}/(3-1)=0.025\text{mm}$

按加工情况调整分配各组成环公差如下：

$T_1=0.03\text{mm}\quad A_1=12.5^{\ 0}_{-0.03}\text{mm}$

用极值法竖式计算 （单位：mm）

环	公称尺寸	上极限偏差 B_S	下极限偏差 B_X
增环$\overrightarrow{A}_2$	17.5	+0.02	0
减环$\overleftarrow{A}_1$	−12.5	+0.03	0
封闭环 A_Σ	5	+0.05	0
$A_2=17.5^{+0.02}_{\ 0}$			

用公式计算

$A_{\Sigma} = \overrightarrow{A}_2 - \overleftarrow{A}_1$

$\overrightarrow{A}_2 = A_{\Sigma} + \overleftarrow{A}_1 = (5 + 12.50)\text{mm} = 17.50\text{mm}$

$ES_{A_{\Sigma}} = ES_{\overrightarrow{A}_2} - EI_{\overleftarrow{A}_1}$

$ES_{\overrightarrow{A}_2} = ES_{A_{\Sigma}} + EI_{\overleftarrow{A}_1} = [0.05 + (-0.03)]\text{mm} = 0.02\text{mm}$

$EI_{A_{\Sigma}} = EI_{\overrightarrow{A}_2} - ES_{\overleftarrow{A}_1}$

$EI_{\overrightarrow{A}_2} = ES_{\overleftarrow{A}_1} + EI_{A_{\Sigma}} = (0 + 0)\text{mm} = 0\text{mm}$

$A_2 = 17.5^{+0.02}_{0}\text{mm}$

12. 解　按调整法加工，直接保证尺寸为 A 和尺寸 $50^{\ 0}_{-0.10}$mm，故尺寸 $40^{+0.20}_{0}$mm 为封闭环。尺寸链图见答图 9。

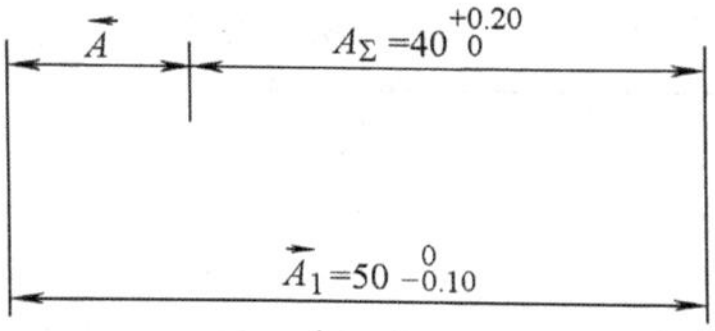

答图　9

用极值法竖式计算　　　　（单位：mm）

环	公称尺寸	上极限偏差 B_S	下极限偏差 B_X
增环 $\overrightarrow{A}_1$	50	0	-0.10
减环 $\overleftarrow{A}$	-10	+0.20	+0.10
封闭环 A_{Σ}	40	+0.20	0
$A = 10^{-0.10}_{-0.20}$			

用公式计算

$A_{\Sigma} = \overrightarrow{A}_1 - \overleftarrow{A}$

$\overleftarrow{A} = \overrightarrow{A}_1 - A_{\Sigma} = (50 - 40)\text{mm} = 10\text{mm}$

$ES_{A_{\Sigma}} = ES_{\overrightarrow{A}_1} - EI_{\overleftarrow{A}}$

$EI_{\overleftarrow{A}} = BS_{\overrightarrow{A}_1} - BS_{A_{\Sigma}} = (0 - 0.20)\text{mm} = -0.20\text{mm}$

$EI_{A_{\Sigma}} = EI_{\overrightarrow{A}_1} - ES_{\overleftarrow{A}}$

$ES_{\overleftarrow{A}} = EI_{\overrightarrow{A}_1} - EI_{A_{\Sigma}} = (-0.10 - 0)\text{mm} = -0.10\text{mm}$

$A = 10^{-0.10}_{-0.20}\text{mm}$

13. 解 （1）画尺寸链简图

根据工艺过程可知，磨削内孔时保证A_3尺寸的同时也间接保证了A_4尺寸，且A_4尺寸随其他尺寸变化而变化，所以A_4是封闭环。从A_4尺寸的两界面向前找出各有关加工尺寸，直至形成封闭形式，镗孔与磨孔尺寸之半在轴线上形成封闭，可作出尺寸链简图(答图10)。

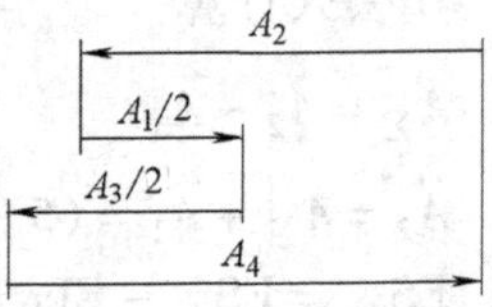

答图 10

（2）判别减增环

A_4——封闭环，A_2、$A_3/2$——增环，$A_1/2$——减环

（3）计算

1）用极值法竖式计算

（单位:mm）

环	公称尺寸	上极限偏差	下极限偏差
$\vec{A}_2$	45.8	+0.2875	+0.05
$\vec{A}_3/2$	20	+0.0125	0
$\overleftarrow{A}_1/2$	-(19.8)	(0)	-(+0.05)
A_4 （A_0）	46	+0.3	0

则 $A_2=45.8^{+0.2875}_{+0.05}$ mm ~ $45.85^{+0.2375}_{0}$ mm

2）用公式计算

$A_4=(\vec{A}_2+\vec{A}_3/2)-\overleftarrow{A}_1/2$

$46=(\vec{A}_2+40/2)-39.6/2$

$\vec{A}_2=(46+19.8-20)\text{mm}=45.8\text{mm}$

$ES_{A_4}=(ES_{\vec{A}_2}+ES_{\vec{A}_3}/2)-EI_{\overleftarrow{A}_1}/2$

$0.3=(ES_{\vec{A}_2}+0.025/2)-0/2$

$ES_{\vec{A}_2}=(0.3-0.0125)\text{mm}=0.2875\text{mm}$

$EI_{A_4}=(EI_{\vec{A}_2}+EI_{\vec{A}_3}/2)-ES_{\overleftarrow{A}_1}/2$

$0=(EI_{\vec{A}_2}+0/2)-0.10/2$

$EI_{\vec{A}_2}=(0.10/2-0/2)\text{mm}=0.05\text{mm}$

$A_2=45.8^{+0.2875}_{+0.05}$ mm。

14. 解 （1）画尺寸链简图

由于键槽的深度 t 是磨削后间接得到的，它是封闭环。同时车削与磨削存在同轴度误差，故还存在 $L=\pm0.02$ 环，尺寸链见答图 11。

（2）判别增减环

t——封闭环；H、$A_2/2$、L——增环；$A_1/2$——减环。

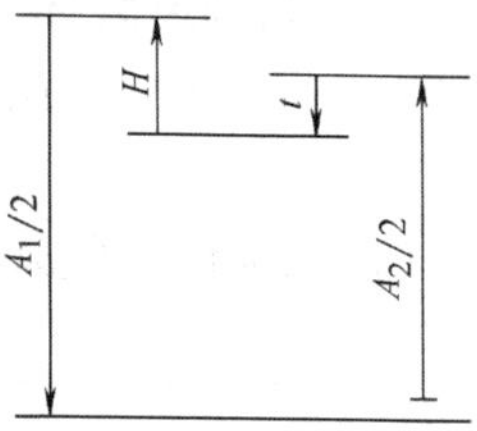

答图　11

（3）计算

1）用极值法竖式计算

（单位：mm）

环	公称尺寸	上极限偏差	下极限偏差
$\overrightarrow{H}$	4.25	+0.078	+0.016
$\overrightarrow{A}_2/2$	14	+0.012	+0.004
$\overrightarrow{L}$	0	+0.02	-0.02
$\overleftarrow{A}_1/2$	-(14.25)	-(-0.05)	(0)
t	4	+0.16	0

则 $H=4.25^{+0.078}_{+0.016}$mm。

2）用公式计算

$t=(\overrightarrow{H}+\overrightarrow{A}_2/2+\overrightarrow{L})-\overleftarrow{A}_1/2$

$4=(\overrightarrow{H}+28/2+0)-28.5/2$

$\overrightarrow{H}=(4+14.25-14)\text{mm}=4.25\text{mm}$

$ES_t=(ES_{\overrightarrow{H}}+ES_{\overrightarrow{A}_2}/2+ES_{\overrightarrow{L}})-EI_{\overleftarrow{A}_1}/2$

$0.16=(ES_{\overrightarrow{H}}+0.024/2+0.02)-(-0.10/2)$

$ES_{\overrightarrow{H}}=(0.16-0.012-0.05-0.02)\text{mm}=0.078\text{mm}$

$EI_t=(EI_{\overrightarrow{H}}+EI_{\overrightarrow{A}_2}/2+EI_{\overrightarrow{L}})-ES_{\overleftarrow{A}_1}/2$

$0=[0.008/2+EI_{\overrightarrow{H}}+(-0.02)]-0/2$

$EI_{\overrightarrow{H}}=(0+0.02-0.004)\text{mm}=0.016\text{mm}$

$H=4.25^{+0.078}_{+0.016}$mm。

15. 解　（1）画尺寸链简图

$\phi20^{+0.05}_{0}$mm 与 $\phi50^{0}_{-0.10}$mm 有同轴度误差，所以存在 $L=0\pm0.01$ 的环。因为 $3-R5^{+0.30}_{0}$mm 槽至外圆处 $A=0^{+0.80}_{+0.30}$mm 不能测量，所以选取 H 测量来间接得到 $3-R5^{+0.30}_{0}$mm槽至外圆的尺寸，尺寸链见答图 12。

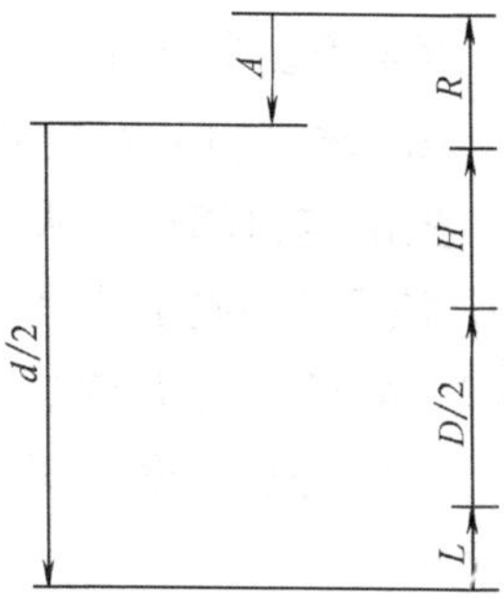

答图　12

（2）判别增减环

A——封闭环；L、$D/2$、H、R——增环；$d/2$——减环。

（3）计算

1）用极值法竖式计算

（单位：mm）

环	公称尺寸	上极限偏差	下极限偏差
$\vec{L}$	0	+0.01	-0.01
$\vec{D}/2$	10	+0.025	0
$\vec{H}$	10	+0.415	+0.31
$\vec{R}$	5	+0.30	0
$\overleftarrow{d}/2$	-25	+0.05	0
A	0	+0.80	+0.30

则 $H=10^{+0.415}_{+0.31}$mm。

2）用公式计算

$$A=(\vec{L}+\vec{D}/2+\vec{H}+\vec{R})-\overleftarrow{d}/2$$

$$0=(0+20/2+\vec{H}+5)-50/2$$

$$\vec{H}=\{50/2-(0+20/2+5)\}\text{mm}=10\text{mm}$$

$$ES_A=(ES_{\vec{L}}+ES_{\vec{D}}/2+ES_{\vec{H}}+ES_{\vec{R}})-EI_{\overleftarrow{d}}/2$$

$$0.8=(0.01+0.05/2+ES_{\vec{H}}+0.3)-(-0.1/2)$$

$$ES_{\vec{H}}=(0.8-0.05-0.3-0.01-0.025)\text{mm}=0.415\text{mm}$$

$$EI_A=(EI_{\vec{L}}+EI_{\vec{D}}/2+EI_{\vec{H}}+EI_{\vec{R}})-ES_{\overleftarrow{d}}/2$$

$$0.3=-0.01+0/2+EI_{\vec{H}}+0-0/2$$

$$EI_{\vec{H}}=(0.3+0.01-0-0-0)\text{mm}=0.31\text{mm}$$

$$H=10^{+0.415}_{+0.31}\text{mm。}$$

16. 解 （1）画尺寸链简图

先确定封闭环。从工艺过程看，在精磨后要保证 $A_1=\phi145^{+0.04}_{0}$ mm，该尺寸由测量获得，而渗氮层深度 A_2 为间接获得，是封闭环，$A_1/2$、$A_3/2$、A_4 是组成环，尺寸链见答图 13。

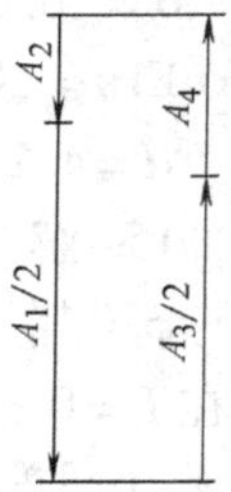

答图 13

（2）判别增减环 A_2——封闭环，$A_3/2$、A_4 是增环，$A_1/2$ 是减环。

（3）计算

1）用极值法竖式计算

（单位：mm）

环	公称尺寸	上极限偏差	下极限偏差
$\overrightarrow{A}_3/2$	+72.38	+0.02	0
$\overrightarrow{A}_4$	+0.42	+0.18	+0.02
$\overleftarrow{A}_1/2$	-(72.50)	(0)	-(+0.02)
A_2 （A_0）	+0.30	+0.2	0

则 $A_4=0.42_{+0.02}^{+0.18}$mm，按入体分布 $A_4=0.60_{-0.16}^{0}$mm。

2）用公式计算

$A_2=(\overrightarrow{A}_3/2+\overrightarrow{A}_4)-\overleftarrow{A}_1/2$

$0.3=(72.38+\overrightarrow{A}_4)-72.50$

$\overrightarrow{A}_4=(0.3+72.5-72.38)\text{mm}=0.42\text{mm}$

$ES_{A_2}=(ES_{\overrightarrow{A}_3}/2+ES_{\overrightarrow{A}_4})-EI_{\overleftarrow{A}_1}/2$

$0.2=(0.04/2+ES_{\overrightarrow{A}_4})-0/2$

$ES_{\overrightarrow{A}_4}=(0.2+0-0.02)\text{mm}=0.18\text{mm}$

$EI_{A_2}=(EI_{\overrightarrow{A}_3}/2+EI_{\overrightarrow{A}_4})-ES_{\overleftarrow{A}_1}/2$

$0=(0/2+EI_{\overrightarrow{A}_4})-0.04/2$

$EI_{\overrightarrow{A}_4}=(0+0.02-0)\text{mm}=0.02\text{mm}$

$A_4=0.42_{+0.02}^{+0.18}$mm。

17. 解　此工序的工序基准为外圆下素线，而定位基准是外圆中心线，属基准不符，则定位误差为

$$\Delta_{定位}=(\delta_d/2)\times\left[\left(1/\sin\frac{\alpha}{2}\right)-1\right]$$

$$=(0.12/2)\times[(1/\text{smin}45°)-1]\text{mm}=0.025\text{mm}$$

定位误差为0.025mm，而加工公差为0.25mm，故此工序能满足精度要求。

18. 解　（1）工件在水平放置的90°V形块中定位

1）工序基准为工件中心线，定位基准为工件中心线，两基准不重合距离为0，所以基准不重合误差 $\Delta_B=0$。

2）工件以圆柱表面在V形块中定位，所以基准位移误差

所以
$$\Delta_Y=\frac{\delta_D}{2\sin\frac{\alpha}{2}}=\frac{0.2}{2\sin\frac{90°}{2}}=0.099\text{mm}$$

3）定位误差　$\Delta_D = \Delta_B \pm \Delta_Y$

因　$\Delta_B = 0$

所以　$\Delta_D = \Delta_Y = 0.099\text{mm} > T/2 = 0.1/2 = 0.05\text{mm}$

显然，该定位方案不可行。

（2）工件侧放置的90°V形块中定位

1）工序基准为工件中心线，定位基准为工件中心线，两基准不重合距离为0，所以基准不重合误差 $\Delta_B = 0$。

2）当工件外圆直径有变化时，工件中心是沿V形块对称面水平方向移动，而加工尺寸垂直方向的位移为零，所以基准位移误差 $\Delta_Y = 0$。

3）定位误差 $\Delta_D = \Delta_B \pm \Delta_Y$

因　$\Delta_B = 0$，$\Delta_Y = 0$

所以　$\Delta_D = 0 < T/2 = 0.1/2 = 0.05\text{mm}$

此定位方案可行。

19. 解　（1）工件在水平放置的90°V形块中定位

1）工序基准为工件左素线，定位基准为工件中心线，两基准不重合距离为50/2mm，所以基准不重合误差 $\Delta_B = \delta_d/2 = 0.2\text{mm}/2 = 0.1\text{mm}$

2）工件以圆柱表面在V形块中定位，所以在 $20_{-0.1}^{\ 0}$ mm 尺寸方向基准位移误差

$$\Delta_Y = 0$$

3）定位误差　$\Delta_D = \Delta_B \pm \Delta_Y$

因　$\Delta_Y = 0$

所以　$\Delta_D = \Delta_B = 0.1\ \text{mm}$

（2）工件以支承板定位

1）工序基准为工件左素线，定位基准也为工件左素线，两基准不重合距离为0，所以基准不重合误差 $\Delta_B = 0$。

2）因工件以支承板定位，所以基准位移误差 $\Delta_Y = 0$。

3）定位误差　$\Delta_D = \Delta_B \pm \Delta_Y$

因　$\Delta_B = 0$，$\Delta_Y = 0$

所以　$\Delta_D = 0$

20. 解　（1）工件在水平放置的心轴上定位

1）工序基准为工件下素线，定位基准为工件中心线，两基准不重合距离为50/2mm，所以基准不重合误差　$\Delta_B = \delta_d/2 = 0.025\text{mm}/2 = 0.0125\text{mm}$

2）基准位移误差

$$\Delta_Y = (\delta_D + \delta_d)/2 = (0.02 + 0.02)\text{mm}/2 = 0.02\text{mm}$$

3）定位误差 $\Delta_D = \Delta_B \pm \Delta_Y$

因　工序基准不在工件定位面上

所以　$\Delta_D = \Delta_B + \Delta_Y = (0.0125 + 0.02)\text{mm} = 0.0325\text{mm}$

(2) 工件以自定心卡盘装夹

1) 工序基准为工件下素线，定位基准为工件中心线，两基准不重合距离为50/2mm，所以基准不重合误差　$\Delta_B = \delta_d/2 = 0.025\text{mm}/2 = 0.0125\text{mm}$

2) 所以基准位移误差 $\Delta_Y = 0$。

3) 定位误差 $\Delta_D = \Delta_B \pm \Delta_Y$

因　$\Delta_Y = 0$

所以　$\Delta_D = \Delta_B = 0.0125\text{mm}$

21.

```
O0001;
T0101;
M04 S1200;
G00 X42.0 Z2.0;
G00 X-2.98 Z2.0;
G03 X21.02 Z-10.0 R12.0 F0.1;
G01 X21.02 Z-19.0;
G01 X27.99 Z-29.0;
G01 X27.99 Z-41.0;
G01 X31.314 ;
G02 X36.0 Z-48.0 R12.0;
G01 X36.0 Z-56.0;
G01 X42.0 ;
G00 X100.0 Z50.0;
M30;
```

22.

```
O0002;
T0101;
M04 S1200;
G00 X42.0 Z2.0;
G00 X0.02 Z2.0;
G03 X30.02 Z-13.0 R15.0 F0.1;
G01 X30.02 Z-28.0;
G01 X38.0 Z-48.0;
G01 X38.0 Z-56.0;
```

```
G02 X38.0 Z-70.0 R16.0;
G01 X38.0 Z-78.0;
G01 X42.0;
G00 X100.0 Z50.0;
M30;
```

23.

```
O0003;
T0101;
M04 S1000;
G00 X42.0 Z2.0;
G00 X0.02 Z2.0;
G03 X16.02 Z-6.0 R8.0 F0.1;
G01 X16.02 Z-16.0;
G01 X17.6 Z-16.0;
G01 X24.0 Z-28.0;
G01 X28.0 Z-28.0;
G01 X28.0 Z-38.0;
G02 X36.0 Z-42.0 R4.0;
G01 X36.0 Z-60.0;
G01 X42.0 ;
G00 X100.0 Z50.0;
M30;
```

24.

```
O0004;
T0101;
M04 S1000;
G00 X42.0 Z2.0;
G00 X14.0 Z2.0;
G01 X14.0 Z0 F0.1;
G02 X24.0 Z-5.0 R5.0;
G01 X30.0 Z-40.0;
G03 X35.0 Z-60.0 R18.0;
G01 X35.0 Z-65.0;
G01 X42.0;
G00 X100.0 Z50.0;
```

```
M30;
```

25.

```
O0005;
G54 G00 X100.0 Z50.0;
G97 M03 S800 T0101;
G00 X42.0 Z4.0 M08;
G00 X0 Z4.0;
G03 X32.0 Z-18.75 R17.0 F0.1;
G01 X30.0 Z-28.0;
X37.987 Z-48.0;
Z-56.0;
G02 X37.987 Z-70.0 R16.0;
G01 Z-78.0;
X42.0;
G00 X100.0 Z50.0;
M09;
M30;
```

26.

```
O0006;
G54;
M03 S800;
G00 X-24.658 Y11.0 Z5.0;
G01 Z-3.0 F100.0;
G01 X-14.612 Y33.519;
G02 X0 Y43.0 R16.0;
G02 X-5.613 Y-42.632 R-43.0;
G02 X-18.862 Y-31.325 R16.0;
G01 X-25.883 Y-7.687;
G02 X-24.658 Y11.0 R27.0;
G00 Z50.0;
M30;
```

27.

```
O0007;
G54;
M03 S1000;
```

```
G00 X0 Y0 Z5.0;
G01 Z-4.0 F50.0;
G41G01X8.0 Y5.0 D01 F100.0;
Y74.0;
X26.576;
G02 X30.146 Y72.5 R5.0;
G03 X65.854 Y72.5 R25.0;
G02 X69.424 Y74.0 R5.0;
G01 X86.0;
Y64.0;
G03 X96.0 Y54.0 R10.0;
G01 Y26.0;
G03 X86.0 Y16.0 R10.0;
G01 Y6.0;
X46.0;
X8.0; Y10.182;
G40 G01 X0 Y0;
G00 Z100.0;
M30;
```

28.

```
O0008;
G54;
M03 S1000;
G00 X-30.0 Y-50.0 Z5.0;
G01 Z-3.025 F60.0;
G41 X-16.05 Y-40.0 D01F80.0;
G01 Y5.0;
G03 X-8.0 Y20.0 R18.0;
G01 Y29.0;
G02 X7.649 Y31.345 R8.0;
G03 X11.99 Y26.405 R8.0;
G02 X11.99 Y-26.405 R29.0;
G03 X7.649 Y-31.345 R8.0;
G02 X-8.0 Y-29.0 R8.0;
G01 Y-20.0;
```

```
G03 X-16.05 Y-5.0 R18.0;
G01 Y40.0;
G40 X-30.0 Y50.0;
G00 Z100.0;
M30;
```

29.

```
O0009;
G55;
M03 S800;
G00 X-50.0 Y-40.0 Z5.0;
G01 Z-3.0 F60.0;
G41X-42.0 Y-10.0 D01F80.0;
Y0;
G02 X-32.088 Y20.904 R27.0;
G03X-28.375Y24.518R30.0;
G02 X28.375 R37.5;
G03 X32.088 Y20.904 R30.0;
G02 Y-20.904 R27.0;
G03 X28.375 Y-24.518 R30.0;
G02 X-28.375 R37.5;
G03X-32.088 Y-20.904 R30.0;
G02 X-42.0 Y0 R27.0;
G01 Y40.0;
G40 X-60.0;
G00 Z50.0;
M00;
M30;
```

30.

```
O0010;
G56;
M03 S800;
G00 X-40.0 Y-40.0 Z5.0;
G01 Z-4.0 F80.0;
G41 X-35.0 Y-10.0 D01;
Y0;
```

```
G02 X-28.783 Y19.914 R35.0;
G02 X-23.848 Y22.5 R6.0;
G01 X23.848;
G02 X28.783 Y19.914 R6.0;
G02 Y-19.914 R35.0;
G02 X23.848 Y-22.5 R6.0;
G01 X-23.848;
G02 X-28.783 Y-19.914 R6.0;
G02 X-35.0 Y0 R35.0;
G01 Y10.0;
G40 X-45.0 Y20.0;
G00 Z5.0;
M00;
G56;
M03 S800;
G00 X0 Y0 Z5.0;
G01 Z-4.0 F50.0;
G41 X15.0 Y19.5 D02;
X-15.0;
G03 X-21.360 Y8.025 R7.5;
G01 X-6.360 Y-15.975;
G03 X6.360 R7.5;
G01 X21.360 Y8.025;
G03 X15. Y19.5 R7.5;
G01 X-15.0;
G40 X0 Y0;
G00 Z50.0;
M30;
```

《机械基础（中级）》适用于下列职业

中级：车工、铣工、磨工、钳工、机修钳工、模具工、数控车工、数控铣工/加工中心操作工、数控机床维修工

国家职业资格培训教材

丛书介绍： 深受读者喜爱的经典培训教材，依据最新国家职业标准，按初级、中级、高级、技师（含高级技师）分册编写，以技能培训为主线，理论与技能有机结合，书末有配套的试题库和答案。所有教材均免费提供PPT电子教案，部分教材配有VCD实景操作光盘（注：标注★的图书配有VCD实景操作光盘）。

读者对象： 本套教材是各级职业技能鉴定培训机构、企业培训部门、再就业和农民工培训机构的理想教材，也可作为技工学校、职业高中、各种短训班的专业课教材。

- ◆ 机械识图
- ◆ 机械制图
- ◆ 金属材料及热处理知识
- ◆ 公差配合与测量
- ◆ 机械基础（实级、中级、高级）
- ◆ 液气压传动
- ◆ 数控技术与AutoCAD应用
- ◆ 机床夹具设计与制造
- ◆ 测量与机械零件测绘
- ◆ 管理与论文写作
- ◆ 钳工常识
- ◆ 电工常识
- ◆ 电工识图
- ◆ 电工基础
- ◆ 电子技术基础
- ◆ 建筑识图
- ◆ 建筑装饰材料
- ◆ 车工（初级★、中级、高级、技师和高级技师）
- ◆ 铣工（初级★、中级、高级、技师和高级技师）
- ◆ 磨工（初级、中级、高级、技师和高级技师）
- ◆ 钳工（初级★、中级、高级、技师和高级技师）
- ◆ 机修钳工（初级、中级、高级、技师和高级技师）
- ◆ 锻造工（初级、中级、高级、技师和高级技师）
- ◆ 模具工（中级、高级、技师和高级技师）
- ◆ 数控车工（中级★、高级★、技师和高级技师）
- ◆ 数控铣工/加工中心操作工（中级★、高级★、技师和高级技师）
- ◆ 铸造工（初级、中级、高级、技师和高级技师）
- ◆ 冷作钣金工（初级、中级、高级、

技师和高级技师）
◆ 焊工（初级★、中级★、高级★、技师和高级技师★）
◆ 热处理工（初级、中级、高级、技师和高级技师）
◆ 涂装工（初级、中级、高级、技师和高级技师）
◆ 电镀工（初级、中级、高级、技师和高级技师）
◆ 锅炉操作工（初级、中级、高级、技师和高级技师）
◆ 数控机床维修工（中级、高级和技师）
◆ 汽车驾驶员（初级、中级、高级、技师）
◆ 汽车修理工（初级★、中级、高级、技师和高级技师）
◆ 摩托车维修工（初级、中级、高级）
◆ 制冷设备维修工（初级、中级、高级、技师和高级技师）
◆ 电气设备安装工（初级、中级、高级、技师和高级技师）
◆ 值班电工（初级、中级、高级、技师和高级技师）
◆ 维修电工（初级★、中级★、高级、技师和高级技师）
◆ 家用电器产品维修工（初级、中级、高级）
◆ 家用电子产品维修工（初级、中级、高级、技师和高级技师）
◆ 可编程序控制系统设计师（一级、二级、三级、四级）
◆ 无损检测员（基础知识、超声波探伤、射线探伤、磁粉探伤）
◆ 化学检验工（初级、中级、高级、技师和高级技师）
◆ 食品检验工（初级、中级、高级、技师和高级技师）
◆ 制图员（土建）
◆ 起重工（初级、中级、高级、技师）
◆ 测量放线工（初级、中级、高级、技师和高级技师）
◆ 架子工（初级、中级、高级）
◆ 混凝土工（初级、中级、高级）
◆ 钢筋工（初级、中级、高级、技师）
◆ 管工（初级、中级、高级、技师和高级技师）
◆ 木工（初级、中级、高级、技师）
◆ 砌筑工（初级、中级、高级、技师）
◆ 中央空调系统操作员（初级、中级、高级、技师）
◆ 物业管理员（物业管理基础、物业管理员、助理物业管理师、物业管理师）
◆ 物流师（助理物流师、物流师、高级物流师）
◆ 室内装饰设计员（室内装饰设计员、室内装饰设计师、高级室内装饰设计师）
◆ 电切削工（初级、中级、高级、技师和高级技师）
◆ 汽车装配工
◆ 电梯安装工
◆ 电梯维修工

变压器行业特有工种国家职业资格培训教程

丛书介绍：由相关国家职业标准的制定者——机械工业职业技能鉴定指导中心组织编写，是配套用于国家职业技能鉴定的指定教材，覆盖变压器行业5个特有工种，共10种。

读者对象：可作为相关企业培训部门、各级职业技能鉴定培训机构的鉴定培训教材，也可作为变压器行业从业人员学习、考证用书，还可作为技工学校、职业高中、各种短训班的教材。

- ◆ 变压器基础知识
- ◆ 绕组制造工（基础知识）
- ◆ 绕组制造工（初级、中级、高级技能）
- ◆ 绕组制造工（技师、高级技师技能）
- ◆ 干式变压器装配工（初级、中级、高级技能）
- ◆ 变压器装配工（初级、中级、高级、技师、高级技师技能）
- ◆ 变压器试验工（初级、中级、高级、技师、高级技师技能）
- ◆ 互感器装配工（初级、中级、高级、技师、高级技师技能）
- ◆ 绝缘制品件装配工（初级、中级、高级、技师、高级技师技能）
- ◆ 铁心叠装工（初级、中级、高级、技师、高级技师技能）

国家职业资格培训教材——理论鉴定培训系列

丛书介绍：以国家职业技能标准为依据，按机电行业主要职业（工种）的中级、高级理论鉴定考核要求编写，着眼于理论知识的培训。

读者对象：可作为各级职业技能鉴定培训机构、企业培训部门的培训教材，也可作为职业技术院校、技工院校、各种短训班的专业课教材，还可作为个人的学习用书。

- ◆ 车工（中级）鉴定培训教材
- ◆ 车工（高级）鉴定培训教材
- ◆ 铣工（中级）鉴定培训教材
- ◆ 铣工（高级）鉴定培训教材
- ◆ 磨工（中级）鉴定培训教材
- ◆ 磨工（高级）鉴定培训教材
- ◆ 钳工（中级）鉴定培训教材
- ◆ 钳工（高级）鉴定培训教材
- ◆ 机修钳工（中级）鉴定培训教材
- ◆ 机修钳工（高级）鉴定培训教材
- ◆ 焊工（中级）鉴定培训教材
- ◆ 焊工（高级）鉴定培训教材
- ◆ 热处理工（中级）鉴定培训教材
- ◆ 热处理工（高级）鉴定培训教材

- ◆ 铸造工（中级）鉴定培训教材
- ◆ 铸造工（高级）鉴定培训教材
- ◆ 电镀工（中级）鉴定培训教材
- ◆ 电镀工（高级）鉴定培训教材
- ◆ 维修电工（中级）鉴定培训教材
- ◆ 维修电工（高级）鉴定培训教材
- ◆ 汽车修理工（中级）鉴定培训教材
- ◆ 汽车修理工（高级）鉴定培训教材
- ◆ 涂装工（中级）鉴定培训教材
- ◆ 涂装工（高级）鉴定培训教材
- ◆ 制造设备维修工（中级）鉴定培训教材
- ◆ 制造设备维修工（高级）鉴定培训教材

国家职业资格培训教材——操作技能鉴定实战详解系列

丛书介绍：用于国家职业技能鉴定操作技能考试前的强化训练。特色：

● 重点突出，具有针对性——依据技能考核鉴定点设计，目的明确。

● 内容全面，具有典型性——图样、评分表、准备清单，完整齐全。

● 解析详细，具有实用性——工艺分析、操作步骤和重点解析详细。

● 练考结合，具有实战性——单项训练题、综合训练题，步步提升。

读者对象：可作为各级职业技能鉴定培训机构、企业培训部门的考前培训教材，也可供职业技能鉴定部门在鉴定命题时参考，也可作为读者考前复习和自测使用的复习用书，还可作为职业技术院校、技工院校、各种短训班的专业课教材。

- ◆ 车工（中级）操作技能鉴定实战详解
- ◆ 车工（高级）操作技能鉴定实战详解
- ◆ 车工（技师、高级技师）操作技能鉴定实战详解
- ◆ 铣工（中级）操作技能鉴定实战详解
- ◆ 铣工（高级）操作技能鉴定实战详解
- ◆ 钳工（中级）操作技能鉴定实战详解
- ◆ 钳工（高级）操作技能鉴定实战详解
- ◆ 钳工（技师、高级技师）操作技能鉴定实战详解
- ◆ 数控车工（中级）操作技能鉴定实战详解
- ◆ 数控车工（高级）操作技能鉴定实战详解
- ◆ 数控车工（技师、高级技师）操作技能鉴定实战详解
- ◆ 数控铣工/加工中心操作工（中级）操作技能鉴定实战详解
- ◆ 数控铣工/加工中心操作工（高级）操作技能鉴定实战详解
- ◆ 数控铣工/加工中心操作工（技师、高级技师）操作技能鉴定实战详解
- ◆ 焊工（中级）操作技能鉴定实战详解

◆ 焊工（高级）操作技能鉴定实战详解
◆ 焊工（技师、高级技师）操作技能鉴定实战详解
◆ 维修电工（中级）操作技能鉴定实战详解
◆ 维修电工（高级）操作技能鉴定实战详解
◆ 维修电工（技师、高级技师）操作技能鉴定实战详解
◆ 汽车修理工（中级）操作技能鉴定实战详解
◆ 汽车修理工（高级）操作技能鉴定实战详解

技能鉴定考核试题库

丛书介绍：根据各职业（工种）鉴定考核要求分级编写，试题针对性、通用性、实用性强。

读者对象：可作为企业培训部门、各级职业技能鉴定机构、再就业培训机构培训考核用书，也可供技工学校、职业高中、各种短训班培训考核使用，还可作为个人读者学习自测用书。

◆ 机械识图与制图鉴定考核试题库
◆ 机械基础技能鉴定考核试题库
◆ 电工基础技能鉴定考核试题库
◆ 车工职业技能鉴定考核试题库
◆ 铣工职业技能鉴定考核试题库
◆ 磨工职业技能鉴定考核试题库
◆ 数控车工职业技能鉴定考核试题库
◆ 数控铣工/加工中心操作工职业技能鉴定考核试题库
◆ 模具工职业技能鉴定考核试题库
◆ 钳工职业技能鉴定考核试题库
◆ 机修钳工职业技能鉴定考核试题库
◆ 汽车修理工职业技能鉴定考核试题库
◆ 制冷设备维修工职业技能鉴定考核试题库
◆ 维修电工职业技能鉴定考核试题库
◆ 铸造工职业技能鉴定考核试题库
◆ 焊工职业技能鉴定考核试题库
◆ 冷作钣金工职业技能鉴定考核试题库
◆ 热处理工职业技能鉴定考核试题库
◆ 涂装工职业技能鉴定考核试题库

机电类技师培训教材

丛书介绍：以国家职业标准中对各工种技师的要求为依据，以便于培训为前提，紧扣职业技能鉴定培训要求编写。加强了高难度生产加工，复杂设备的安装、调试和维修，技术质量难题的分析和解决，复杂工艺的编制，故障诊断与排除以及论文写作和答辩的内容。书中均配有培训目标、复习思考题、培训内容、

试题库、答案、技能鉴定模拟试卷样例。

读者对象：可作为职业技能鉴定培训机械、企业培训部门、技师学院培训鉴定教材，也可供读者自学及考前复习和自测使用。

- ◆ 公共基础知识
- ◆ 电工与电子技术
- ◆ 机械制图与零件测绘
- ◆ 金属材料与加工工艺
- ◆ 机械基础与现代制造技术
- ◆ 技师论文写作、点评、答辩指导
- ◆ 车工技师鉴定培训教材
- ◆ 铣工技师鉴定培训教材
- ◆ 钳工技师鉴定培训教材
- ◆ 焊工技师鉴定培训教材
- ◆ 电工技师鉴定培训教材
- ◆ 铸造工技师鉴定培训教材
- ◆ 涂装工技师鉴定培训教材
- ◆ 模具工技师鉴定培训教材
- ◆ 机修钳工技师鉴定培训教材
- ◆ 热处理工技师鉴定培训教材
- ◆ 维修电工技师鉴定培训教材
- ◆ 数控车工技师鉴定培训教材
- ◆ 数控铣工技师鉴定培训教材
- ◆ 冷作钣金工技师鉴定培训教材
- ◆ 汽车修理工技师鉴定培训教材
- ◆ 制冷设备维修工技师鉴定培训教材

特种作业人员安全技术培训考核教材

丛书介绍：依据《特种作业人员安全技术培训大纲及考核标准》编写，内容包含法律法规、安全培训、案例分析、考核复习题及答案。

读者对象：可用作各级各类安全生产培训部门、企业培训部门、培训机构安全生产培训和考核的教材，也可作为各种企事业单位安全管理和相关技术人员的参考书。

- ◆ 起重机司索指挥作业
- ◆ 企业内机动车辆驾驶员
- ◆ 起重机司机
- ◆ 金属焊接与切割作业
- ◆ 电工作业
- ◆ 压力容器操作
- ◆ 锅炉司炉作业
- ◆ 电梯作业
- ◆ 制冷与空调作业
- ◆ 登高作业

读者信息反馈表

亲爱的读者：

您好！感谢你购买《机械基础（中级）第2版》（夏奇兵主编）一书。为了更好地为您服务，我们希望了解您的需求以及对我社教材的意见和建议，愿这小小的表格为我们之间架起一座沟通的桥梁。另外，如果您在培训中选用了本教材，我们将免费为您提供与本教材配套的电子课件。

姓　名		所在单位名称	
性　别		所从事工作(或专业)	
通信地址		邮　编	
办公电话		移动电话	
E-mail		QQ	

1. 您选择图书时主要考虑的因素(在相应项后面画✓)

出版社(　　) 内容(　　) 价格(　　) 其他:________

2. 您选择我们图书的途径(在相应项后面画✓)

书目(　　) 书店(　　) 网站(　　) 朋友推介(　　) 其他：________

希望我们与您经常保持联系的方式：

☐ 电子邮件信息　☐ 定期邮寄书目　☐ 通过编辑联络　☐ 定期电话咨询

您关注(或需要)哪些类图书和教材：

您对本书的意见和建议（欢迎您指出本书的疏漏之处）：

您近期的著书计划：

请联系我们——

地　　址　北京市西城区百万庄大街22号　机械工业出版社技能教育分社

邮　　编　100037

社长电话　(010)88379083　88379080

传　　真　(010) 68329397

营销编辑　(010) 88379534　88379535

免费电子课件索取方式：

网上下载　www. cmpedu. com

邮箱索取　jnfs@ cmpbook. com

为中华崛起传播智慧

To disseminate intelligence for the rise of China

机工传媒

China Machine Media